Hufnagel/Burgfeld-Schächer

Einführung in die Buchführung und Bilanzierung

Online-Version inklusive!

Stellen Sie dieses Buch jetzt in Ihre „digitale Bibliothek" in der NWB Datenbank und nutzen Sie Ihre Vorteile:

- Ob am Arbeitsplatz, zu Hause oder unterwegs: Die Online-Version dieses Buches können Sie jederzeit und überall da nutzen, wo Sie Zugang zu einem mit dem Internet verbundenen PC haben.
- Die praktischen Recherchefunktionen der NWB Datenbank erleichtern Ihnen die gezielte Suche nach bestimmten Inhalten und Fragestellungen.
- Die Anlage Ihrer persönlichen „digitalen Bibliothek" und deren Nutzung in der NWB Datenbank online ist kostenlos. Sie müssen dazu nicht Abonnent der Datenbank sein.

Ihr Freischaltcode:

PDCOCRYMGPZOZTSCWP

Hufnagel, Einführung i.d.Buchführung u.Bilanzierung

So einfach geht's:

1. Rufen Sie im Internet die Seite **www.nwb.de/go/online-buch** auf.
2. Geben Sie Ihren Freischaltcode ein und folgen Sie dem Anmeldedialog.
3. Fertig!

Die NWB Datenbank – alle digitalen Inhalte aus unserem Verlagsprogramm in einem System.

www.nwb.de

NWB Studium Betriebswirtschaft

Einführung in die Buchführung und Bilanzierung

- Buchführung
- Grundlagen des handels- und steuerrechtlichen Jahresabschlusses
- Grundlagen der Jahresabschlussanalyse
- IFRS

Von
Prof. Dr. Wolfgang Hufnagel
Prof. Dr. Beate Burgfeld-Schächer

6., vollständig überarbeitete und erweiterte Auflage

nwb STUDIUM

Kein Produkt ist so gut, dass es nicht noch verbessert werden könnte. Ihre Meinung ist uns wichtig! Was gefällt Ihnen gut? Was können wir in Ihren Augen noch verbessern? Bitte verwenden Sie für Ihr Feedback einfach unser Online-Formular auf:

www.nwb.de/go/feedback_bwl.

Als kleines Dankeschön verlosen wir unter allen Teilnehmern einmal pro Quartal ein Buchgeschenk.

ISBN 978-3-482-**61712**-6 (online)
ISBN 978-3-482-**53836**-0 (print)
6., vollständig überarbeitete und erweiterte Auflage 2012

Satz: Griebsch & Rochol Druck GmbH & Co. KG, Hamm
Druck: Beltz Druckpartner, Hemsbach

VORWORT ZUR 6. AUFLAGE

Mit dem Bilanzrechtsmodernisierungsgesetz (BilMoG) erfolgte die umfangreichste Modernisierung des Handelsbilanzrechts seit dem Bilanzrichtliniengesetz (BiRiLiG) im Jahr 1985. Durch diese Änderungen erfolgten umfangreiche Deregulierungsmaßnahmen in Form der Streichung bzw. Modifizierung zahlreicher handelsrechtlicher Ansatz-, Bewertungs- und Ausweiswahlrechte. Die Ziele der Reform lauten: weniger Bürokratie, niedrigere Kosten und größere Transparenz sowie Annäherung des deutschen Bilanzrechts an international übliche Methoden und Standards der Rechnungslegung. Dadurch soll der handelsrechtliche Jahresabschluss an Aussagekraft und Vergleichbarkeit gewinnen.

Diese Änderungen im Bilanzrecht erforderten eine weitere Überarbeitung des vorliegenden Werkes nach 2010. Neben den handelsrechtlichen Vorschriften waren auch weitere Anpassungen aufgrund steuerrechtlicher Änderungen – wie beispielsweise die Änderungen der Behandlung von geringwertigen Wirtschaftsgütern – notwendig.

Dieses Lehrbuch vermittelt umfassende Kenntnisse über das System der doppelten Buchführung; es wurde die bewährte Konzeption der vorherigen Auflagen beibehalten. Im ersten Teil des Buches wird das System der doppelten Buchführung vermittelt. Anhand zahlreicher Beispiele wird die buchungstechnische Behandlung von Geschäftsvorfällen im Handels- und Industriebetrieb dargestellt.

Im Anschluss daran sollen dem Leser in einer praxisorientierten Weise umfassende Kenntnisse des aktuellen handels- und steuerrechtlichen Jahresabschlusses vermittelt werden. Er soll in die Lage versetzt werden, anhand von Jahresabschlüssen eine Beurteilung durch eine einführende Bilanzanalyse treffen zu können.

Alle deutschen börsennotierten Unternehmen haben gemäß EU-Verordnung vom 19.06.2002 ihren Konzernabschluss in Übereinstimmung mit den Grundsätzen und Vorschriften der International Financial Reporting Standards (IFRS) aufzustellen. Aus diesem Grunde weist das vorliegende Lehrbuch einen separaten Teil zur IFRS-Rechnungslegung auf. Der Teil 4 des Buches wurde für die 6. Auflage grundlegend überarbeitet.

Das Buch richtet sich vornehmlich an Studierende an Hochschulen, Berufsakademien, Verwaltungs- und Wirtschaftsakademien und vergleichbaren Bildungseinrichtungen. Das Buch zeigt anhand umfangreicher Übungsaufgaben mit Musterlösungen die Anwendung des Gesetzestextes auf.

Münster/Verl, im März 2012 Die Autoren

INHALTSVERZEICHNIS

Vorwort zur 6. Auflage V
Inhaltsverzeichnis VII
Abbildungsverzeichnis XIII
Abkürzungsverzeichnis XVII

Teil 1: Buchführung 1

1. Grundlagen 1
1.1 Begriff und Notwendigkeit des betrieblichen Rechnungswesens 1
1.2 Bestandteile des Rechnungswesens und ihre Aufgaben 2
1.3 Gesetzliche Grundlagen der Buchführung 5
1.4 Die Grundsätze ordnungsmäßiger Buchführung (GoB) 6
1.5 Der Weg von der Inventur über das Inventar zur Bilanz 9
1.5.1 Die Inventur 9
1.5.1.1 Erleichterungen hinsichtlich des Inventurzeitpunkts 9
1.5.1.2 Erleichterungen hinsichtlich der Inventurart 11
1.5.2 Das Inventar 12
1.5.3 Die Bilanz 13
1.6 Gewinn und Gewinnermittlung 15

2. Die Auswirkungen von Geschäftsvorfällen auf die Bilanz 16
2.1 Erfolgsneutrale Vermögensumschichtungen 17
2.1.1 Aktiv-Tausch 17
2.1.2 Passiv-Tausch 18
2.1.3 Aktiv-Passiv Tausch 18
2.1.3.1 Aktiv-Passiv-Mehrung 18
2.1.3.2 Aktiv-Passiv Minderung 18
2.2 Betriebsvermögensveränderungen 19
2.3 Grundlegende Begriffe des Rechnungswesens 20
2.4 Sachliche Abgrenzung von Aufwendungen und Erträgen 22

3. Kontoeröffnung und Buchungstechnik 23
3.1 Das Konto und die Buchungsregeln 23
3.2 Kontenrahmen und Kontenplan 24
3.3 Der Buchungssatz 26
3.4 Die Kontoeröffnung 27
3.5 Das Buchen auf Bestandskonten 27
3.6 Das Buchen auf Erfolgskonten 28
3.7 Übersicht über den Zusammenhang der Konten und ihren Abschluss 32
3.8 Das System der Doppelten Buchführung 33

3.9 Übungsaufgaben 34

4. Buchungen im Geschäftsbetrieb 44
4.1 Führen und Abschluss getrennter Warenkonten 44
4.1.1 Die Behandlung von Preisnachlässen und Erlösschmälerungen 47
4.1.2 Die Behandlung von Anschaffungsnebenkosten 48
4.1.3 Die Buchung der Umsatzsteuer 49
4.2 Die Buchung der Personalaufwendungen 54

5. Buchungen zum Jahresabschluss 57
5.1 Vorbereitende Abschlussbuchungen 57
5.1.1 Abschreibungen 57
5.1.2 Methoden der planmäßigen Abschreibungen 58
5.1.2.1 Lineare Abschreibung 58
5.1.2.2 Degressive Abschreibungen 59
5.1.2.3 Abschreibung nach Leistungseinheiten 60
5.1.2.4 Abschreibung von geringwertigen Wirtschaftsgütern (GWG) 61
5.1.3 Außerplanmäßige Abschreibungen 65
5.2 Zeitliche Abgrenzung von Aufwand und Ertrag 67
5.2.1 Die Bildung von Rechnungsabgrenzungsposten (RAP) und sonstigen Forderungen/Verbindlichkeiten 67
5.2.2 Die Bildung von Rückstellungen 71
5.3 Erstellung des Jahresabschlusses in der Hauptabschlussübersicht (HÜ) 72
5.4 Übungsaufgaben 78

Teil 2: Grundlagen des handels- und steuerrechtlichen Jahresabschlusses 91

1. Rechtliche Grundlagen 91
1.1 Zielsetzung handels- und steuerrechtlicher Bilanzierungsvorschriften 91
1.2 Grundsätze ordnungsmäßiger Bilanzierung 94
1.3 Das Prinzip der Maßgeblichkeit der Handelsbilanz für die Steuerbilanz 96

2. Bilanzierungsfähigkeit von Vermögensgegenständen und Schulden 97
2.1 Abstrakte Aktivierungs- und Passivierungsfähigkeit 98
2.2 Konkrete Bilanzierungsfähigkeit (Ansatzgebote, -verbote und -wahlrechte) 100

3. Bewertungsmaßstäbe für Vermögensgegenstände und Schulden 101
3.1 Zugangs- und Folgebewertung 101
3.2 Anschaffungs- und Herstellungskosten 104
3.3 Bewertungsvereinfachungsverfahren 109
3.3.1 Festwert 110
3.3.2 Gruppenbewertung 110

3.3.3 Verbrauchsfolgeverfahren (FiFo, LiFo) 111
3.4 Beizulegender Zeitwert 112
3.5 Börsen-/Marktpreis und beizulegender Wert 112
3.6 Teilwert 113
3.7 Wertaufholung 114

4. Aufbau des Jahresabschlusses und Ausweis von Bilanzpositionen 115

5. Wesentliche Bilanzierungsgrundsätze zur Bewertung der Aktiva und Passiva 117
5.1 Das Vorsichts- und Realisationsprinzip 117
5.2 Das Imparitätsprinzip mit dem Niederst- und Höchstwertprinzip 119

6. Bilanzierung und Bewertung der Aktiva 121
6.1 Immaterielle Vermögensgegenstände 123
6.2 Abnutzbares Sachanlagevermögen 125
6.3 Nicht abnutzbare Sach- und Finanzanlagen 126
6.4 Bilanzierung und Bewertung des Umlaufvermögens 127
6.5 Vorräte 128
6.6 Forderungen, sonstige Vermögensgegenstände 129
6.7 Wertpapiere und Liquide Mittel 131

7. Bilanzierung und Bewertung der Passiva 132
7.1 Bewertung des Eigenkapitals 132
7.2 Bilanzausweis des Eigenkapitals 132
7.3 Nicht durch Eigenkapital gedeckter Fehlbetrag (§ 268 Abs. 3 HGB) 135
7.4 Bewertung von Rückstellungen 135
7.5 Bewertung von Verbindlichkeiten 138

8. Übungsaufgaben 141

9. Gewinn- und Verlustrechnung, Anhang, Lagebericht 158
9.1 Gestaltungsmöglichkeiten und unterschiedlicher Aussagegehalt der Gewinn- und Verlustrechnung 159
9.2 Gesamtkosten- oder Umsatzkostenverfahren 159
9.2.1 Gesamtkostenverfahren 159
9.2.2 Umsatzkostenverfahren 160
9.3 Anhang und Lagebericht als Pflichtbestandteile des Jahresabschlusses bei Kapitalgesellschaften 163
9.3.1 Erstellung des Anhangs 164
9.3.2 Erstellung des Lageberichts 164

10. Prüfungs- und Publizitätspflicht 167
10.1 Größenklassenabhängige Erleichterungen 167
10.2 Umfang der Rechnungslegungspflichten 168

Teil 3: Grundlagen der Jahresabschlussanalyse **169**

1. Auswertung des Jahresabschlusses 169
   1.1 Erkenntnisziele, Adressaten und Grenzen 169
   1.2 Aufbereitung und Erstellung einer Strukturbilanz 172
      1.2.1 Gliederung der Aktivseite 173
      1.2.2 Gliederung der Passivseite 174
      1.2.3 Aufstellung der Strukturbilanz 175
   1.3 Unternehmens- und Bilanzanalyse 175
   1.4 Finanzwirtschaftliche Bilanzanalyse 176
      1.4.1 Investitionsanalyse (Vermögensstruktur) 176
      1.4.2 Kennzahlen der Investitions- und Abschreibungspolitik 178
      1.4.3 Finanzierungsanalyse (Kapitalstruktur) 178
      1.4.4 Liquiditätsanalyse (Investition – Finanzierung) 179
         1.4.4.1 Grundsatz der Fristenkongruenz 180
         1.4.4.2 Dynamische Liquiditätsanalyse 181
   1.5 Erfolgswirtschaftliche Bilanzanalyse 183
      1.5.1 Earnings-before-Kennzahlen 184
      1.5.2 Erfolgsquellenanalyse 185
      1.5.3 Rentabilitätsanalyse 186
   1.6 Strategische Bilanzanalyse 188
      1.6.1 Branchen-Bilanzkennzahlen 189
      1.6.2 Überblick wichtiger Kennzahlen 191

2. Übungsaufgaben 192

Teil 4: IFRS (International Financial Reporting Standards) **199**

1. Einführung 199
   1.1 Ziele 199
   1.2 Entstehung 200
   1.3 Anwendung 201

2. Aufbau eines IFRS-Standards 202
   2.1 Framework 203
   2.2 Standards 205
   2.3 Interpretations 208

3. Grundlagen der IFRS Rechnungslegung 209
   3.1 Grundprinzipien 209
      3.1.1 Periodenabgrenzung 209
      3.1.2 Unternehmensfortführung (going-concern-Prinzip) 209
   3.2 Qualitative Anforderungen 210
      3.2.1 Grundsatz der Verständlichkeit 210
      3.2.2 Grundsatz der Relevanz 211

3.2.3 Grundsatz der Verlässlichkeit 211
3.2.4 Grundsatz der Vergleichbarkeit 212
3.2.5 Weitere qualitative Anforderungen 212
3.3 Vergleich Rechnungslegungsgrundsätze nach HGB und IFRS 213

4. Jahresabschluss nach IFRS (Presentation of Financial Statement) 215
4.1 Bilanz (Balance sheet) 216
4.1.1 Vermögenswerte (Assets) 219
4.1.2 Eigenkapital (Equity) 220
4.1.3 Schulden 221
4.2 Gesamtergebnisrechnung (Income statement – IAS 1.81) 223
4.2.1 Gesamtkostenverfahren nach IFRS (Nature of Expense Method – IAS 1.102) 225
4.2.2 Umsatzkostenverfahren nach IFRS (Income by function – IAS 1.103) 227
4.3 Eigenkapitalveränderungsrechnung (Statement of changes in equity) 229
4.4 Kapitalflussrechnung (Cashflow statement) 231
4.4.1 Cashflow aus laufender Betriebstätigkeit 233
4.4.2 Cashflow für die Investitionstätigkeit 234
4.4.3 Cashflow für die Finanzierungstätigkeit 235
4.5 Anhang (Notes) 235
4.6 Geschäftssegmente 236

5. Bewertung von einzelnen Wirtschaftsgütern in der Bilanz im Vergleich HGB zu IFRS 239
5.1 Allgemeines 239
5.2 Bilanzierung und Bewertung einzelner Vermögenswerte 239
5.2.1 Bewertung von Sachanlagen 240
5.2.2 Bewertung von Vorräten 244
5.2.3 Bewertung von Verbindlichkeiten als Element der Schulden 247
5.2.4 Bewertung von Rückstellungen 248

6. IFRS und Steuerbilanz 249

7. Abschließende tabellarische Zusammenfassung der Unterschiede/Gleichheiten HGB – IFRS 250

8. Wiederholungsfragen 252

9. Übungsaufgaben 253

Literaturverzeichnis 261
Stichwortverzeichnis 263

ABBILDUNGSVERZEICHNIS

ABB. 1: Bestandteile des betrieblichen Rechnungswesens 4
ABB. 2: Schätzung der Besteuerungsgrundlage 8
ABB. 3: Stichtagsbezogene Wertermittlung 11
ABB. 4: Größenklassen bei Kapitalgesellschaften gemäß § 267 Abs. 1-3 HGB 14
ABB. 5: Einteilung der Geschäftsvorfälle 20
ABB. 6: Einteilung neutraler Aufwendungen 22
ABB. 7: Einteilung neutraler Erträge 23
ABB. 8: Überblick über Eröffnung, lfd. Führung und Abschluss der Bestandskonten 28
ABB. 9: Kapitaländerungen auf dem Eigenkapitalkonto 28
ABB. 10: Übersicht über Führung und Abschluss der Erfolgskonten 30
ABB. 11: Zusammenhang der Konten 32
ABB. 12: Zusammensetzung der Personalaufwendungen 54
ABB. 13: Monatliche Gehaltsabrechnung 55
ABB. 14: Beispiel Anlagenverzeichnis Sammelposten GWG 63
ABB. 15: GWG-Wahlrecht zwischen Sammelposten und Sofortabschreibung 64
ABB. 16: Die Bildung von Rechnungsabgrenzungsposten (RAP), sonstigen Forderungen und Verbindlichkeiten 71
ABB. 17: Hauptabschlussübersicht 75
ABB. 18: Buchungen in der Hauptabschlussübersicht 77
ABB. 19: Adressaten des Jahresabschlusses 91
ABB. 20: Einteilung der Grundsätze ordnungsgemäßer Bilanzierung 94
ABB. 21: Bilanzierungsgrundsätze 95
ABB. 22: Zugangsbewertung (Ausgangswerte) 101
ABB. 23: Abschreibungen 102
ABB. 24: Bewertungsmaßstäbe der Folgebewertung 103
ABB. 25: Schema Anschaffungskosten 104
ABB. 26: Bestandteile der Herstellungskosten 107
ABB. 27: Aktivierung von Forschungs- und Entwicklungskosten 108
ABB. 28: Bewertungsvereinfachungsverfahren 109
ABB. 29: Orientierung am Beschaffungs- und/oder Absatzmarkt 113
ABB. 30: Bilanzgliederung nach § 266 HGB (teilweise verkürzt) 116
ABB. 31: Niederstwertprinzip 120
ABB. 32: NWP für AV, UV und Finanzanlagen 121
ABB. 33: Bewertung abnutzbares und nicht abnutzbares AV 122
ABB. 34: Einteilung Rücklagen 134

ABB. 35: Arten von Rückstellungen 135
ABB. 36: Aufwandsrückstellungen (Innenverpflichtung) 136
ABB. 37: Verbindlichkeitsrückstellungen (Außenverpflichtung) 136
ABB. 38: Rückstellungen für ungewisse Verbindlichkeiten 136
ABB. 39: Zusammensetzung des Jahresabschlusses 158
ABB. 40: GuV in Kontoform 159
ABB. 41: GuV in Staffelform nach GKV (§ 275 Abs. 2 HGB) 160
ABB. 42: Gliederung der GuV nach Umsatzkosten- und Gesamtkostenverfahren 161
ABB. 43: Elemente des Lageberichtes 166
ABB. 44: Größenklassen der Kapitalgesellschaften 167
ABB. 45: Umfang der Rechnungslegungspflichten 168
ABB. 46: Offenlegung 168
ABB. 47: Grenzen der Bilanzanalyse 170
ABB. 48: Aufbereitungsinstrumente der Bilanzanalyse 173
ABB. 49: Strukturbilanz 175
ABB. 50: Bilanzanalyse im Kontext der Unternehmensanalyse 175
ABB. 51: Finanzwirtschaftliche Bilanzanalyse 176
ABB. 52: Liquiditätsanalyse 179
ABB. 53: Instrumente der Erfolgsanalyse 183
ABB. 54: EBITDA 184
ABB. 55: Buchhalterische und wertorientierte Perspektive 188
ABB. 56: Wertsteigerung 189
ABB. 57: Kennzahlen 2001-2008 190
ABB. 58: Jahresabschlussverpflichtung nach IFRS 201
ABB. 59: Grundaufbau der IFRS 202
ABB. 60: Aufbau der Standards 203
ABB. 61: Inhalte des Frameworks 204
ABB. 62: Inhalte ausgewählter Standards 205
ABB. 63: Bestandteile eines IFRS Abschlusses 208
ABB. 64: Unterschiede HGB – IFRS 214
ABB. 65: Aktivierungskriterien für assets 220
ABB. 66: Passivierungskriterien für liabilities 221
ABB. 67: Grundgliederung der Gewinn- und Verlustrechnung nach GKV 225
ABB. 68: Grundgliederung der Gewinn- und Verlustrechnung nach UKV 227
ABB. 69: Eigenkapitalveränderungsrechnung (statement of changes in equity) 229
ABB. 70: Rücklagen nach IFRS 230
ABB. 71: Einflussfaktoren des Zahlungsmittelbestands 232
ABB. 72: Quantitative Segmentberichtspflicht 237

ABB. 73: Wahlrecht der Folgebewertung 242
ABB. 74: Herstellungskosten nach HGB und IFRS 245

ABKÜRZUNGSVERZEICHNIS

A

A	Aktiva
a. LuL	aus Lieferungen und Leistungen
AB	Anfangsbestand
ABK	Aktive Bestandskonten
Abschr.	Abschreibung
abzgl.	abzüglich
AfA	Absetzung für Abnutzung
AG	Aktiengesellschaft
AK	Anschaffungskosten
AktG	Aktiengesetz
Altersv.	Altersvorsorge
ANK	Anschaffungsnebenkosten
ao	außerordentlich
AO	Abgabenordnung
AP	Abgrenzungsposten
apl.	außerplanmäßig
ARAP	Aktive Rechnungsabgrenzungsposten
ARC	Accounting Regulatory Committee
Aufw.	Aufwand
AV	Anlagevermögen

B

BAB	Betriebsabrechnungsbogen
BEK	Betriebsergebniskonto
Bf.	Buchführung
BGA	Betriebs- und Geschäftsausstattung
BGB	Bürgerliches Gesetzbuch
bil.	bilanziell
BilMoG	Bilanzrechtsmodernisierungsgesetz
BilReG	Bilanzrechtsreformgesetz

E

EB	Endbestand
EBK	Eröffnungsbilanzkonto
EFRAG	European Financial Reporting Advisory Group
EK	Eigenkapital
EStG	Einkommensteuergesetz
EStH	Einkommensteuer-Hinweise
EStR	Einkommensteuer-Richtlinien
etc.	et cetera

F

FA	Finanzamt
Fert.	Fertigung
FiBu	Finanzbuchhaltung
FK	Fremdkapital
Ford.	Forderungen

G

GenG	Genossenschaftsgesetz
GewStDV	Gewerbesteuerdurchführungsverordnung
GJ	Geschäftsjahr
GK	Gemeinkosten
GKV	Gesamtkostenverfahren
GmbHG	GmbH-Gesetz
GoB	Grundsätze ordnungsmäßiger Buchführung
GoI	Grundsätze ordnungsmäßiger Inventur
GuV	Gewinn- und Verlustrechnung
GV	Geschäftsvorfälle
GwG	geringwertige Wirtschaftsgüter

H

HB	Handelsbilanz
HGB	Handelsgesetzbuch
HK	Herstellungskosten
HÜ	Hauptabschlussübersicht

I

IAS	International Accounting Standards
IASB	International Accounting Standard Board
IASC	International Accounting Standards Committee
IASCF	International Accounting Standards Committee Foundation
IFRIC	International Financial Reporting Interpretations Committee
IFRS	International Financial Report Standards
IFRS for SMEs	IFRS for small and medium entities
IOSCO	International Organization of Securities Commissions
i. S. d.	im Sinne des
i. S. v.	im Sinne von

J

JA	Jahresabschluss
JF	Jahresfehlbetrag
JÜ	Jahresüberschuss

K

kalk.	kalkulatorische
KapGes	Kapitalgesellschaft
KGaA	Kommanditgesellschaft auf Aktien
KoRe	Kostenrechnung
KSt.	Kirchensteuer
KStG	Körperschaftsteuergesetz

L

LSt.	Lohnsteuer
LuL	Lieferungen und Leistungen

M

Masch.	Maschinen
Masch. Anl.	Maschinelle Anlagen
Mat.	Material
MwSt.	Mehrwertsteuer

N

ND	Nutzungsdauer
NEK	Neutrales Ergebniskonto
NWP	Niederstwertprinzip

O

OHG	Offene Handelsgesellschaft

P

P	Passiva
PBK	Passive Bestandskonten
PersGes	Personengesellschaften
PRAP	Passive Rechnungsabgrenzungsposten
PublG	Publizitätsgesetz
PWB	Pauschalwertberichtigung

R

RAP	Rechnungsabgrenzungsposten
RBW	Restbuchwert
RHB	Roh-, Hilfs- und Betriebsstoffe
RW	Rechnungswesen

S

SAC	Standard Advisory Council
SBK	Schlussbilanzkonto
SIC	Standing Interpretation Committee
SME	small and medium-sized entities

T

T€	Tausend Euro

U

UE	Umsatzerlöse
UKV	Umsatzkostenverfahren
US-GAAP	Rechnungslegungsstandard für an amerikanischen Börsen notierte Konzerne: United States Generally Accepted Accounting Principles
USt.	Umsatzsteuer
UStDV	Umsatzsteuer-Durchführungsverordnung
UStG	Umsatzsteuergesetz
UV	Umlaufvermögen

V

Verb.	Verbindlichkeiten
verr.	verrechnete
VG	Vermögensgegenstände

W

WEK	Wareneinkaufskonto
WES	Wareneinsatz
WG	Wirtschaftsgüter
WUS	Warenumsatz
WVK	Warenverkaufskonto

Teil 1: Buchführung

1. Grundlagen

„Es gibt Leute, die halten Unternehmer für einen räudigen Wolf, den man totschlagen muss. Andere meinen, der Unternehmer sei eine Kuh, die man ununterbrochen melken kann. Nur ganz wenige sehen in ihm das Pferd, das den Karren zieht!“

Winston Churchill

Aus diesen Gründen muss der Unternehmer stets verschiedenen Interessensgruppen Rechenschaft über seine Zahlen liefern. Um das zu können benötigt er das Rechnungswesen, welches Ihnen auf den folgenden Seiten näher gebracht werden soll.

1.1 Begriff und Notwendigkeit des betrieblichen Rechnungswesens

MERKE:

Das betriebliche Rechnungswesen beinhaltet alle Maßnahmen zur zahlenmäßigen Erfassung, systematischen Aufbereitung und Abbildung wirtschaftlicher Vorgänge innerhalb eines Unternehmens und zwischen einem Unternehmen und seiner Umwelt (Lieferanten, Kunden, Banken, Staat). Es liefert Informationen sowohl über den betrieblichen Prozess der Leistungserstellung, als auch über die finanziellen und leistungsmäßigen Beziehungen des Unternehmens zu seinen Märkten.

Das Rechnungswesen ist das „Röntgengerät“ des Managements, mit dessen Hilfe die Wirkungen von Entscheidungen durchleuchtet und transparent werden. Damit ist das Rechnungswesen ein Instrument sowohl der Erfolgsermittlung als auch der Entscheidungsvorbereitung.

Die Notwendigkeit eines solchen Systems zur Ermittlung und Aufschlüsselung des Erfolges ergibt sich aus dem bestehenden Informationsbedürfnis zweier Adressatenkreise: Einmal ist es die Pflicht des Unternehmers, außenstehenden Interessenten, wie z. B. dem Staat, Aktionären, Gesellschaftern und Gläubigern, Rechenschaft über den Erfolg des betrieblichen Geschehens abzulegen. Zum anderen dienen die gewonnenen Informationen über das Zustandekommen des betrieblichen Erfolges auch als Grundlage von Planungs- und Prognoserechnungen und tragen auf diese Weise gleichzeitig zur Entscheidungsverbesserung im Hinblick auf künftige Erfolge bei.

1.2 Bestandteile des Rechnungswesens und ihre Aufgaben

Aus der Notwendigkeit des Rechnungswesens lassen sich vier Hauptzwecke und entsprechend vier Teilbereiche ableiten:

- Ermittlung der Bestände (Vermögens- und Schuldteile) und des Erfolges am Ende des Jahres (Jahresbestands- und Erfolgsrechnung) und unterjährig während der Betriebsperiode (kurzfristige Erfolgsrechnung),
- Kostenermittlung, Preisbildung und Preisprüfung,
- Überwachung der Wirtschaftlichkeit des Betriebsgeschehens,
- Informationsbasis für Entscheidungen zur Festlegung des künftigen betrieblichen Geschehens (z. B. Entscheidungen über Produktionsprogramm, Kapazitätserweiterung etc.).

Diesen vier Hauptzwecken entsprechen die Bereiche

- Buchführung und Jahresabschluss (Zeitrechnung),
- Kostenrechnung (Stück- und Zeitrechnung),
- Statistik (Vergleichsrechnung),
- Planung (Vorschaurechnung).

Buchführung und Jahresabschluss (Geschäfts- und Finanzbuchhaltung)

Die Buchführung und ihr Ergebnis, der Jahresabschluss (Bilanz einschließlich Gewinn- und Verlustrechnung), erfüllen im Wesentlichen die Funktion der Rechenschaftslegung nach außen hin. Daher liefert sie eine lückenlose, zeitlich und sachlich geordnete Aufzeichnung aller Geschäftsvorfälle, damit jederzeit Stand und Veränderung des Vermögens und des Kapitals sowie der Geschäftserfolg ermittelt werden können. Da dieses jeweils nur für bzw. zwischen Stichtagen möglich ist, bezeichnet man die Buchführung auch als stichtagsbezogene Zeitraumrechnung. Im Hinblick auf die externen Dokumentationsaufgaben müssen sich Buchführung und Jahresabschluss nach gesetzlichen Vorschriften richten.

Kostenrechnung (Betriebsabrechnung)

Die Kostenrechnung dient in erster Linie der internen Rechenschaftslegung, liefert gleichzeitig aber auch die Grundlage für die Bewertung selbst geschaffener Vermögensgegenstände in der Bilanz. Im Gegensatz zur Geschäftsbuchhaltung erfasst die Kostenrechnung nur den Teil des Werteverzehrs und Wertezuwachses, der in direktem Zusammenhang mit der eigentlichen Betriebstätigkeit entsteht. Im Hinblick auf ihre Hauptzwecke, Wirtschaftlichkeitskontrolle und Selbstkostenermittlung, gliedert sich die Kostenrechnung in

- **Kostenartenrechnung:** Erfassung der im Betrieb angefallenen Kosten nach Arten (z. B. Personalkosten, Materialkosten etc.),
- **Kostenstellenrechnung:** Erfassung der Kosten differenziert nach Arten **am Ort ihrer Entstehung im Betrieb** (= Kostenstelle; z. B. Verwaltung, Fertigung, Vertrieb) und
- **Kostenträgerrechnung:** Die Kostenträgerrechnung wird sowohl als Zeitrechnung als auch als Stückrechnung durchgeführt. Die **Kostenträgerstückrechnung (Kalkulation)** ermittelt aufbauend auf Kostenarten- und Kostenstellenrechnung die Kosten für eine Leistungseinheit (Kostenträger, Produkt). Die **Kostenträgerzeitrechnung (Betriebsergebnisrechnung, kurzfristige Erfolgsrechnung)** ermittelt den kurzfristigen Periodenerfolg (Betriebsergebnis) durch Gegenüberstellung von Erlösen aus verkauften Produkten und den entsprechenden Kosten. Da die

Kostenrechnung der internen Rechenschaftslegung dient, unterliegt sie keinen gesetzlichen Vorschriften.

Statistik

Die betriebliche Statistik sammelt sowohl innerbetriebliche Daten (aus Buchhaltung und Kostenrechnung) als auch für die Unternehmensführung relevante außerbetriebliche Daten und analysiert und bereitet sie für die Entscheidungsfindung in Form von Tabellen, Grafiken, Kennziffern etc. (z. B. Umsatzstatistik, Rentabilitätskennziffern, Verhalten der Nachfrager) auf.

Planung

Planung bedeutet die Verwendung innerbetrieblicher und außerbetrieblicher Daten zur Vorausschätzung (Prognose) und Vorausbestimmung (Entscheidung) der künftigen betrieblichen Entwicklung. Ohne Planung sind Wirtschaftlichkeit und Wirtschaftlichkeitskontrolle nicht erreichbar. Denn zum einen ermöglicht die Planung die systematische Ausrichtung der Unternehmensführung an den Unternehmenszielen (im Gegensatz zur Improvisation), zum anderen ermöglicht sie die wirksamste Form der Wirtschaftlichkeitskontrolle, den Soll-Ist-Vergleich. Während nämlich bei Zeitvergleich und Betriebsvergleich (beides Ist-Ist-Vergleiche) die Gefahr besteht, „Schlendrian mit Schlendrian zu vergleichen", werden im Soll-Ist-Vergleich die realisierten Ist-Werte an den zuvor gesetzten Normen gemessen. Durch die Analyse von Abweichungsursachen wird die künftige Entscheidungsfindung wesentlich erleichtert und verbessert.

Die Bestandteile des betrieblichen Rechnungswesens verdeutlicht das folgende Schaubild:

ABB. 1: Bestandteile des betrieblichen Rechnungswesens

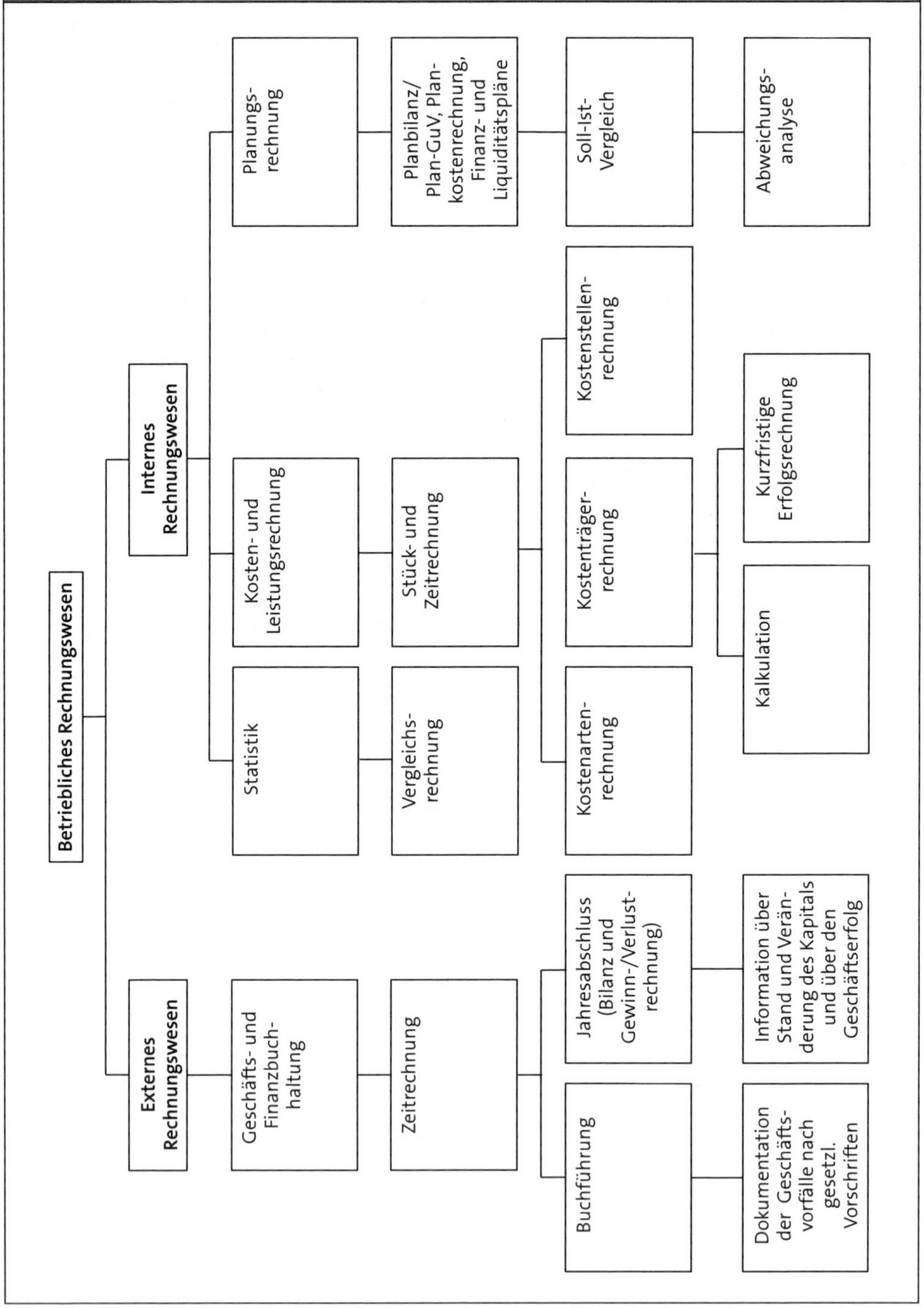

1.3 Gesetzliche Grundlagen der Buchführung

Die laufende Aufzeichnung der Geschäftsvorfälle und der daraus abzuleitende Jahresabschluss haben sich nach gesetzlichen Vorschriften zu richten. Dadurch werden einerseits die Interessen der externen Bilanzadressaten (Staat, Aktionäre, Banken, aber auch Arbeitnehmer, Kunden und Lieferanten haben ein Interesse an Informationen über die wirtschaftliche Lage des bilanzierenden Unternehmens) geschützt, andererseits aber auch die Bilanzierenden selbst vor dem Gesetz gleichgestellt.

Die grundlegenden Vorschriften sind weitgehend im 3. Buch des HGB (§§ 238-241a HGB) zusammengefasst. Sie verpflichten Einzelkaufleute und Gesellschaften, Bücher nach den Vorschriften des HGB zu führen und regelmäßig Abschlüsse zu machen. Mit der Einführung des BilMoG (Bilanzrechtsmodernisierungsgesetz) wurden für Einzelkaufleute Deregulierungsmaßnahmen geschaffen, die bei Unterschreitung folgender Kriterien zur Befreiung der Buchführungspflicht führen:

Befreiungsgrenze:

An zwei aufeinander folgenden Abschlussstichtagen

nicht mehr als **500.000 €** Umsatz

und

nicht mehr als **50.000 €** Jahresüberschuss.

Beide Kriterien müssen **gemeinsam** erfüllt sein, damit die Befreiung der Buchführungspflicht gegeben ist. Hierdurch fand eine Annäherung an die steuerlichen Grenzwerte gemäß § 141 AO statt. Für Personenhandelsgesellschaften gelten die genannten Kriterien nicht, ebenso sind diese nicht für kapitalmarktorientierte Einzelkaufleute i. S. d. § 264d HGB anzuwenden.

Das 3. Buch des HGB ist in drei Abschnitte eingeteilt. Der 1. Abschnitt (§§ 238-263 HGB) befasst sich mit den Vorschriften, die für Kaufleute gelten.

Kaufleute sind verpflichtet, Bücher nach den Grundsätzen ordnungsmäßiger Buchführung (GoB) zu führen:

„Die Buchführung muss so beschaffen sein, dass sie einem sachverständigen Dritten innerhalb angemessener Zeit einen Überblick über die Geschäftsvorfälle und über die Lage des Unternehmens vermitteln kann. Die Geschäftsvorfälle müssen sich in ihrer Entstehung und Abwicklung verfolgen lassen. Dies bedeutet, dass vom Beleg (z. B. einer Lieferantenrechnung) bis hin zum Bilanzansatz (z. B. Warenbestand) jede Buchung nachvollziehbar sein muss." (§ 238 Abs. 1 Satz 2 und 3 HGB)

Im Einzelnen beinhaltet dies z. B.

- Handelsbriefe (Korrespondenz) aufzubewahren (§ 238 Abs. 2 HGB),
- Handelsbücher und sonstige Aufzeichnungen in einer lebenden Sprache zu führen (§ 239 Abs. 1 Satz 1 HGB),
- die Eintragungen in Büchern „vollständig, richtig, zeitgerecht und geordnet" vorzunehmen (§ 239 Abs. 2 HGB) und

- den ursprünglichen Inhalt einer Eintragung nicht unleserlich zu machen oder solche Veränderungen vorzunehmen, „deren Beschaffenheit es ungewiss lässt, ob sie bei der ursprünglichen Eintragung oder erst später gemacht worden sind“ (§ 239 Abs. 3 HGB).

Der Einführung moderner Buchführungsformen trägt § 239 Abs. 4 HGB Rechnung, indem ausdrücklich die Führung der Handelsbücher auf Datenträgern erlaubt wird, wenn diese den GoB bzw. den Grundsätzen ordnungsgemäßer Speicherbuchführung entsprechen.

Die §§ 240 und 242 HGB verpflichten den Kaufmann, zu Beginn seines Handelsgewerbes und dann jährlich, ein Inventar und eine Bilanz aufzustellen.

Nach den allgemeinen Vorschriften für alle Kaufleute im 1. Abschnitt des 3. Buches des HGB finden sich im 2. und 3. Abschnitt ergänzende Vorschriften für Kapitalgesellschaften und Genossenschaften. Aufgrund der Haftungsbegrenzung bei Kapitalgesellschaften sind dort viele Rechnungslegungsvorschriften strenger gefasst und dienen somit dem Gläubigerschutz.

Die Buchführungspflicht für Zwecke der Besteuerung richtet sich nach den §§ 140 ff. AO. Die Grenzen gibt der § 141 AO vor. Diese entsprechen den handelsrechtlichen Kriterien.

1.4 Die Grundsätze ordnungsmäßiger Buchführung (GoB)

Nach den §§ 238 Abs. 1 HGB und 140 ff. AO haben Buchführungspflichtige ihre Bücher nach den Grundsätzen ordnungsmäßiger Buchführung (GoB) zu führen und abzuschließen. Damit sind die GoB handels- wie steuerrechtlich von grundlegender Bedeutung. Dennoch sind sie nur teilweise, wie z. B. in den §§ 239 Abs. 2, 246 und 252 HGB, kodifiziert (in gesetzliche Form gefasst).

Die GoB lassen sich einteilen in

- Grundsätze der Dokumentation und
- Grundsätze der Rechenschaftslegung.

Denn Grundsätze dienen der Erreichung eines Zweckes, und Zweck der Buchführung und Bilanzierung ist die Rechenschaftslegung, die ihrerseits eine entsprechende Aufzeichnung (Dokumentation) der Geschäftsvorfälle voraussetzt.

Die Grundsätze der Dokumentation beinhalten die formalen Regeln für die laufende Buchführung, die Aufstellung des Inventars, die Eröffnungsbilanz und die Ableitung von Periodenabschlüssen.

Eine Buchführung ist dann als ordnungsmäßig zu bezeichnen, wenn

- sämtliche Geschäftsvorfälle lückenlos aufgezeichnet werden

  → Grundsatz der **Vollständigkeit** der Buchführung

  und

- ein Dritter die Buchführung übersehen und die Aufzeichnungen überprüfen kann.

  → Grundsätze der **Klarheit und Übersichtlichkeit** in der Buchführung; dies bedingt u. a.:

  - Die Buchführung muss auf einem System basieren (in der Wirtschaftspraxis finden wir fast ausschließlich das System der Doppelten Buchführung, obwohl sie nicht ausdrücklich vorgeschrieben ist),

- sie muss auf einem systematischen Kontenrahmen (z. B. DATEV SKR 03, DATEV SKR 04 oder SAP) basieren,
- es darf keine Buchung ohne Beleg vorgenommen werden,
- die Posten des Jahresabschlusses sind durch Inventur zu belegen.

Folgen bei Verstößen gegen die Buchführungspflichten

Buchführungs- und Aufzeichnungsmängel (z. B. durch falsch, unvollständig oder gar nicht aufgezeichnete Geschäftsvorfälle) bewirken, dass die Ordnungsmäßigkeit nicht gegeben ist. In einfachen Fällen kann dies dazu führen, dass eine Steuerordnungswidrigkeit (§ 377 AO) vorliegt, die mit einem Bußgeld bis 50.000 € geahndet werden kann (§ 378 Abs. 2 AO). In schwerwiegenden Fällen, z. B. bei Steuerhinterziehung, liegt eine Steuerstraftat (§§ 369 ff. AO) vor, die mit einer Freiheitsstrafe bis zu fünf Jahren oder mit einer Geldstrafe bestraft wird.

Leichte Fehler können durch entsprechende Belege berichtigt werden. Wenn Bücher oder Aufzeichnungen vom Steuerpflichtigen (= Steuerbürger) nicht oder nicht vollständig vorgelegt werden können, wird die Besteuerungsgrundlage von der Finanzbehörde geschätzt (vgl. § 162 AO; s. auch Abbildung 2).

Für Kapitalgesellschaften gilt: Kann der Wirtschaftsprüfer die Gesetz- und Ordnungsmäßigkeit der Rechnungslegung einer Kapitalgesellschaft nicht bestätigen, kann der Jahresabschluss nicht rechtlich wirksam werden.

ABB. 2: Schätzung der Besteuerungsgrundlage

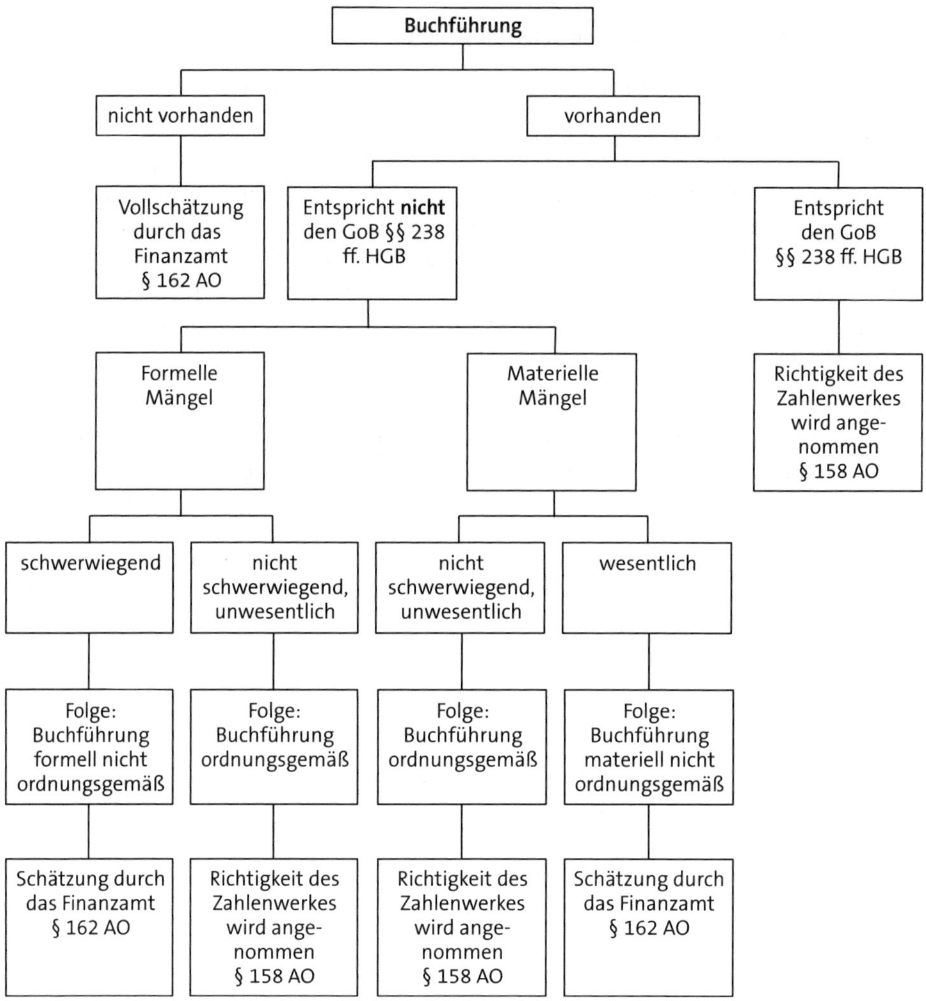

1.5 Der Weg von der Inventur über das Inventar zur Bilanz

1.5.1 Die Inventur

MERKE:

Als Inventur bezeichnet man die Tätigkeit der mengen- und wertmäßigen Aufnahme aller Vermögensgegenstände. Sie erfolgt bei körperlichen Gegenständen durch Messen, Zählen, Wiegen, ggf. durch Schätzen, bei unkörperlichen Vermögensteilen (Forderungen, Schulden) mit Hilfe der Belege (Stichwort „Buchinventur").

Stichtagsinventur

Nach § 240 HGB ist ein Kaufmann zur jährlichen Durchführung einer Inventur zum Bilanzstichtag verpflichtet, da er sonst ein Inventar (s. u.) nicht aufstellen kann (mit Ausnahme der kleinen Einzelunternehmen, vgl. § 241a HGB). Zur Vereinfachung kann die Inventur regelmäßig für die Zwecke der Besteuerung (zeitnah) innerhalb einer Frist von 10 Tagen vor oder nach dem Bilanzstichtag durchgeführt werden. Dabei muss sichergestellt sein, dass Bestandsänderungen zwischen dem Bilanzstichtag und dem Tag der Bestandsaufnahme anhand von Belegen oder Aufzeichnungen ordnungsmäßig berücksichtigt werden (R 5.3 EStR 2008 und H 5.3 „Inventur" EStH 2008).

Inventurerleichterungen

Die Durchführung der Inventur an einem Stichtag ist insbesondere bei größeren Betrieben mit verschiedenartigem Vorratsvermögen mit wirtschaftlich vertretbarem Aufwand nicht durchführbar. Daher sieht das Gesetz sowohl zeitliche Erleichterungen (permanente und zeitlich verlegte Inventur) als auch Erleichterungen bezüglich der Aufnahmeart (Stichprobeninventur, Festwert- und Gruppenbildung) vor.

1.5.1.1 Erleichterungen hinsichtlich des Inventurzeitpunkts

Permanente Inventur

§ 241 Abs. 2 HGB erlaubt die permanente Inventur:

- Für jeden Vermögensgegenstand ist nach wie vor jährlich eine körperliche Bestandsaufnahme notwendig,
- lediglich der Zeitpunkt der Bestandsaufnahme kann für jeden Vermögensgegenstand frei gewählt werden, sofern durch eine ordnungsmäßige Bestandsfortschreibung (Lagerbuchführung) Art, Wert und Menge der Vermögensgegenstände zum Bilanzstichtag festgestellt werden können.

Vorteil:

Die Inventurarbeiten können ohne nennenswerte Störungen des Geschäftsablaufes auf das ganze Jahr verteilt werden. Bei entsprechend großen Betrieben lohnt es sich sogar, hierfür besonders geschulte Fachkräfte zu beschäftigen.

Steuerlich muss bei der permanenten Inventur zwischen Anlagevermögen (§ 247 Abs. 2 HGB) und Umlaufvermögen unterschieden werden:

- **Anlagevermögen**

  Nach § 240 Abs. 2 HGB, §§ 140, 141 AO müssen Gegenstände des beweglichen Anlagevermögens in ein Bestandsverzeichnis (= Anlagenverzeichnis) aufgenommen werden, s. a. R 5.4 Abs. 1 EStR 2008.

  Auf die jährliche Inventur kann dann gänzlich verzichtet werden, wenn die Zu- und Abgänge beim Anlagevermögen in einem Bestandsverzeichnis festgehalten werden, das folgende Inhalte aufweist:

  - Genaue Bezeichnung des Gegenstandes,
  - Bilanzwert am Bilanzstichtag,
  - Tag der Anschaffung oder Herstellung,
  - Anschaffungs- oder Herstellungskosten,
  - Abgangstag,
  - Nutzungsdauer, Abschreibungsmethode, Zuschreibungen.

- **Umlaufvermögen**, hier: **Vorratsvermögen**

  Beim Vorratsvermögen (H 5.3 „Permanente Inventur") ist eine laufende Lagerbuchführung (Lagerbücher, Lagerkarteien) erforderlich. Aus den Unterlagen müssen alle Bestände und alle Zugänge und Abgänge einzeln nach Tag, Art und Menge entnommen werden können. Alle Eintragungen müssen belegmäßig nachgewiesen werden. Einmal jährlich muss eine körperliche Bestandsaufnahme erfolgen. Diese ist zu protokollieren und das Protokoll ist aufzubewahren.

  R 5.3 Abs. 3 EStR 2008 verbietet jedoch die permanente Inventur beim Umlaufvermögen für besonders wertvolle Güter und für Wirtschaftsgüter, die durch Schwund, Verderb, leichte Zerbrechlichkeit oder ähnliche Vorgänge einem unkontrollierten Abgang unterliegen.

Zeitverschobene Inventur

Eine andere Erleichterung der Bestandsaufnahme ist die so genannte zeitlich verlegte Inventur (§ 241 Abs. 3 HGB). Hierbei können Unternehmen den Stichtag der Bestandsaufnahme für die verschiedenen Bestände frei innerhalb der letzten **drei Monate vor** oder der ersten **zwei Monate nach dem Schluss des Geschäftsjahres** (Bilanzstichtag) wählen, sofern

- eine Stichtagsinventur zum Schluss des Jahres auf Schwierigkeiten stößt und sich keine großen Bestandsveränderungen um den Bilanzstichtag herum ergeben,
- die Bestands**werte** auf den Bilanzstichtag fortgeschrieben bzw. zurückgerechnet werden können.

Im Gegensatz zur permanenten Inventur bedarf es hier also nur einer wertmäßigen Bestandsfortschreibung.

Auch das Steuerrecht (R 5.3 Abs. 2 EStR 2008) lässt eine zeitverschobene Inventur zu, wenn die Zusammensetzung des Warenbestands am Bilanzstichtag von der des Warenbestands am Inventurstichtag nicht wesentlich abweicht. Dann kann die Fortschreibung des Warenbestands nach folgender Formel vorgenommen werden:

ABB. 3: Stichtagsbezogene Wertermittlung	
Wertfortschreibung	**Wertrückrechnung**
Wert am Tag der Inventur (z. B. 15. 10.)	Wert am Tag der Inventur (z. B. 28. 02.)
+ Wert der Zugänge für den Zeitraum 15. 10.-31. 12.	- Wert der Zugänge für den Zeitraum 01. 01.-28. 02.
- Wert der Abgänge für den Zeitraum 15. 10.-31. 12.	+ Wert der Abgänge für den Zeitraum 01. 01.-28. 02.
= Wert am Abschluss-Stichtag	**= Wert am Abschluss-Stichtag**

Wie bei der permanenten Inventur ist die zeitlich verlegte Inventur bei Wirtschaftsgütern, die einem unkontrollierten Abgang unterliegen und für besonders wertvolle Wirtschaftsgüter nicht zulässig.

1.5.1.2 Erleichterungen hinsichtlich der Inventurart

Stichprobeninventur

Bei der Aufstellung des Inventars darf der Bestand der Vermögensgegenstände nach Art, Menge und Wert auch mit Hilfe anerkannter mathematisch-statistischer Methoden (u. a. Auswahl der Stichprobenelemente nach dem Zufallsprinzip) auf Grund von Stichproben ermittelt werden (§ 241 Abs. 1 HGB). Das gewählte Verfahren muss den GoB entsprechen. Der Aussagewert des so erstellten Inventars muss dem eines durch körperliche Bestandsaufnahme erstellten Inventars gleichkommen.

Festwert- und Gruppenbildung

Festwertbildung (§ 240 Abs. 3 HGB) und Gruppenbildung (§ 240 Abs. 4 HGB) bilden zwei Ausnahmen vom Grundsatz der Einzelbewertung von Vermögensgegenständen (§ 240 Abs. 1 HGB).

Unter bestimmten Voraussetzungen (regelmäßige Ersetzung, nachrangige Bedeutung des Gesamtwertes für das Unternehmen und geringfügige Änderung des Bestandes nach Wert, Menge und Zusammensetzung) können Vermögensgegenstände des Sachanlagevermögens und Roh-, Hilfs- und Betriebsstoffe mit einer gleich bleibenden Menge und einem gleich bleibenden Wert angesetzt werden (Festwertbildung). Eine aufwändige körperliche Bestandsaufnahme ist nur noch alle drei Jahre durchzuführen.

Gleichartige Vermögensgegenstände des Vorratsvermögens sowie andere gleichartige oder annähernd gleichwertige bewegliche Vermögensgegenstände können jeweils zu einer Gruppe zusammengefasst und mit dem gewogenen Durchschnittswert angesetzt werden (Gruppenbewertung). Siehe hierzu auch H 5.4 „Festwert“ und H 6.8 ff. EStH 2008.

1.5.2 Das Inventar

MERKE:

Das Inventar ist das schriftliche Ergebnis der Inventur, d. h., die ins Detail gehende vollständige Aufzeichnung über Vermögen und Schulden, nach Art, Menge und unter Angabe ihres Wertes.

Das Inventar

- ist im Hinblick auf die Bilanz (§ 266 Abs. 2 HGB) gegliedert (Anlage- und Umlaufvermögen nach Geldnähe, Schulden nach Fristigkeit absteigend sortiert),
- enthält eine genaue Bezeichnung der Posten unter Angabe von Menge und Wert, einschließlich der völlig abgeschriebenen Gegenstände und
- ist mit Ortsangabe, Datum, Hinweis auf evtl. Anlagen und der Unterschrift des Kaufmannes versehen (Anmerkung: Eine gesetzliche Pflicht zur Unterzeichnung des Inventars besteht jedoch nicht.).

BEISPIEL: für ein Inventar

A. Vermögensgegenstände		
I. Anlagevermögen		
1. Maschinen und techn. Anlagen		20.000 €
- Maschine 1	4.000 €	
- Maschine 2	16.000 €	
2. Fahrzeuge (Lkw)		35.000 €
- Mercedes Benz	10.000 €	
- MAN	14.000 €	
- Scania	11.000 €	
3. Büro- und Geschäftsausstattung		8.000 €
- EDV-Anlage	3.000 €	
- Büromöbel	3.500 €	
- Kleingegenstände	1.500 €	
II. Umlaufvermögen		
1. Warenbestand lt. Inventurliste		15.000 €
2. Forderungen a. LuL		12.000 €
- Kunde 10001	3.000 €	
- Kunde 10002	3.000 €	
- Kunde 10003	6.000 €	
3. Guthaben Sparkasse		3.000 €
4. Kassenbestand		1.000 €
	Summe des Vermögens:	94.000 €

B. Schulden		
I. Langfristige Schulden		
1. Darlehen Volksbank		30.000 €
II. Kurzfristige Schulden		
1. Verbindlichkeiten a. LuL		12.000 €
- Lieferant 70001	6.000 €	
- Lieferant 70002	6.000 €	
2. Umsatzsteuerverbindlichkeit		8.000 €
	Summe der Schulden:	50.000 €
C. Ermittlung des Reinvermögens		
Summe des Vermögens		94.000 €
./. Summe der Schulden		50.000 €
= Reinvermögen (= Eigenkapital)		44.000 €

1.5.3 Die Bilanz

MERKE:

Die Bilanz ist eine systematisch gegliederte Gegenüberstellung von Vermögen und Schulden (ebenfalls mit Ort, Datum und Unterschrift versehen).

Hierfür bedient man sich der T-Kontoform, wobei die linke Seite (Aktiva) die Vermögensgegenstände (Mittelverwendung) und die rechte Seite (Passiva) die Schulden (Mittelherkunft) darstellt, wobei man das Eigenkapital als „Schulden" des Unternehmens dem Unternehmer gegenüber ansehen kann. Vermögensgegenstände sind alle Sachgüter und Rechte, über die ein Unternehmen verfügt. Die Bilanz ist daher eine übersichtliche Zusammenfassung des Inventars unter Verzicht auf Einzelangaben über die Mengen, und unter Zusammenfassung mehrerer Inventarposten zu Gruppen.

Vereinfachte Darstellung:

Aktiva (A) — Bilanz zum... — Passiva (P)

Aktiva (A)	Passiva (P)
A. Anlagevermögen	A. Eigenkapital
B. Umlaufvermögen	B. Fremdkapital
Summe der Aktiva	Summe der Passiva
(Mittelverwendung)	(Mittelherkunft)

Der Begriff „Bilanz" stammt aus dem Italienischen (il bilancia) und bedeutet „Waage". Damit wird ausgedrückt, dass eine Bilanz immer ausgeglichen ist, d. h. es gilt:

Summe der Aktiva = Summe der Passiva.

Für diesen Ausgleich sorgt das Eigenkapital. Bei Betrachtung des vorstehenden Bilanzschemas wird sofort deutlich, dass der nicht mit Schulden finanzierte Teil des Vermögens mit Eigenmitteln finanziert sein muss.

Das Eigenkapital (EK) entspricht folglich der Differenz aus Vermögen (Anlage- und Umlaufvermögen) und Schulden.

Gliederung der Bilanz

Die Bilanz ist in Kontoform aufzustellen. Ihre Gliederung ist abhängig von der Rechtsform und der Unternehmensgröße. Für große und mittelgroße Kapitalgesellschaften gilt das Bilanzschema nach § 266 Abs. 2 und 3 HGB, für kleine Kapitalgesellschaften das Schema einer verkürzten Bilanz nach § 266 Abs. 1 Satz 3 HGB.

ABB. 4: Größenklassen bei Kapitalgesellschaften gemäß § 267 Abs. 1-3 HGB

	Klein	Mittelgroß	Groß
Bilanzsumme	≤ 4,84 Mio.	≤ 19,25 Mio.	> 19,25 Mio.
Umsatz	≤ 9,68 Mio.	≤ 38,50 Mio.	> 38,50 Mio.
Mitarbeiter	≤ 50	≤ 250	> 250
Folge	Keine Prüfungspflicht	Erleichterungen im Anhang, Zusammenfassung bestimmter Bilanzposten	Bei IFRS Abschluss nur HGB-Bilanz und -GuV

Personengesellschaften und Einzelkaufleute müssen sich nicht nach einem vorgeschriebenen Schema bei der Gliederung ihrer Bilanz richten. Für sie gilt lediglich § 247 Abs. 1 HGB: Anlage- und Umlaufvermögen, Eigenkapital, Schulden und Rechnungsabgrenzungsposten sind gesondert auszuweisen und hinreichend aufzugliedern.

Gliederung der Bilanz (für Kapitalgesellschaften) nach § 266 Abs. 2 HGB (verkürzte Darstellung):

Aktivseite
A. Anlagevermögen
I. Immaterielle Vermögensgegenstände
II. Sachanlagen
III. Finanzanlagen
B. Umlaufvermögen
I. Vorräte
II. Forderungen und sonstige Vermögensgegenstände
III. Wertpapiere
IV. Schecks, Kassenbestand, Guthaben bei Kreditinstituten
C. Rechnungsabgrenzungsposten
D. Aktive latente Steuern
E. Aktiver Unterschiedsbetrag aus der Vermögensverrechnung

Passivseite
A. Eigenkapital
I. Gezeichnetes Kapital
II. Kapitalrücklagen
III. Gewinnrücklagen
IV. Gewinnvortrag/Verlustvortrag
V. Jahresüberschuss/Jahresfehlbetrag
B. Rückstellungen
C. Verbindlichkeiten
D. Rechnungsabgrenzungsposten
E. Passive latente Steuern

§ 265 HGB legt weitere Grundsätze für die Gliederung der Bilanz fest. Neben einer übersichtlichen Darstellung soll auch eine sachliche und zeitliche Vergleichbarkeit von Bilanzen gewährleistet werden. Das bedeutet

- die Form der Darstellung, insbesondere die Gliederung der aufeinander folgenden Bilanzen und Gewinn- und Verlustrechnungen, ist beizubehalten (§ 265 Abs. 1 Satz 1 HGB)

  → Grundsatz der formellen Bilanzkontinuität;

- die Vorjahreszahlen sind in der Bilanz und der Gewinn- und Verlustrechnung mit anzugeben (§ 265 Abs. 2 Satz 1 HGB)

  → Vorjahresbezug.

1.6 Gewinn und Gewinnermittlung

Im Rahmen des externen Rechnungswesens ist der Begriff des Handels- und/oder Steuerbilanzgewinns relevant. Bei seiner Bestimmung ist vom Zweck der externen Rechenschaftslegung auszugehen. Buchführung und Jahresabschluss müssen außenstehenden Informationsberechtigten (Gläubigern, Aktionären, Staat) objektiv nachprüfbare Informationen vermitteln. Daher sind die Modalitäten der Gewinnermittlung gesetzlich bzw. in den rechtsverbindlichen GoB fixiert. Danach entsteht Gewinn im Verkaufszeitpunkt unabhängig vom Zahlungszeitpunkt. Gewinn ist also keineswegs mit Bargeld bzw. Liquidität gleichzusetzen. Nach den GoB entspricht die Höhe des Gewinns der Differenz von Erträgen und Aufwendungen – unabhängig vom Zeitpunkt der Zahlungen.

BEISPIEL:

Ein Großhändler liefert und berechnet einem Kunden Ware, die er – der Großhändler – selbst noch nicht bezahlt hat. Egal, wann der Kunde und der Großhändler die Rechnungen bezahlen, bei Auslieferung der Ware entsteht beim Großhändler Ertrag. Die Höhe des Gewinns entspricht der Differenz zwischen der späteren Einzahlung des Kunden und der Auszahlung des Großhändlers für die Beschaffung der Ware (wir unterstellen vereinfachend, dass der Großhändler keine weiteren Ausgaben für Personal, Ladenmiete etc. hat), selbst wenn ein Teil dieses Gewinns durch inflatorische Preissteigerungen kein voller Kaufkraftzuwachs des Großhändlers ist.

Der Anfänger muss sich hieran sicherlich erst mühsam gewöhnen. Doch keine Angst – in den weiteren Ausführungen und Übungen werden diese Zusammenhänge immer wieder vertieft.

Halten wir zunächst nur fest:

Gewinn ist Eigenkapitalmehrung.

Eigenkapitalmehrung ist Ertrag.

Verlust ist Eigenkapitalminderung.

Eigenkapitalminderung ist Aufwand.

Damit lässt sich der Gewinn auf zweierlei Weise ermitteln: durch einen Betriebsvermögensvergleich und durch eine Gegenüberstellung der Aufwendungen und Erträge. Beide Gewinnermittlungsarten sind gesetzlich vorgeschrieben.

Gewinnermittlung durch Betriebsvermögensvergleich

Hierbei wird über Inventur, Inventar und Bilanz das Eigenkapital an zwei verschiedenen Stichtagen als Differenz zwischen Vermögen und Schulden ermittelt und verglichen.

Die **Eigenkapitaländerung** ist Gewinn oder Verlust.

Formel:

  Eigenkapital am Schluss des Wirtschaftsjahres
- Eigenkapital am Schluss des vorangegangenen Wirtschaftsjahres
= Gewinn oder Verlust

(Siehe hierzu auch § 4 Abs. 1 Satz 1 EStG, wobei der Begriff „Betriebsvermögen“ durch den Begriff „Eigenkapital“ ersetzt werden kann.)

Gewinnermittlung durch Gegenüberstellung von Aufwendungen und Erträgen einer Periode

Durch laufende, separate Aufzeichnung aller Geschäftsvorfälle (GV), die Eigenkapitaländerungen bewirken, lässt sich der Gewinn auch als Differenz zwischen Erträgen und Aufwendungen einer Periode ermitteln. Bei korrekter Buchführung führen beide Ermittlungsarten zu demselben Gewinn.

Damit haben wir schon ein Wesensmerkmal der Doppelten Buchführung kennen gelernt:

Doppelte Buchführung bedeutet auch doppelte Gewinnermittlung, und zwar durch

- Betriebsvermögensvergleich mit Hilfe der Bilanz und
- Gegenüberstellung von Aufwendungen und Erträgen in der Gewinn- und Verlustrechnung.

2. Die Auswirkungen von Geschäftsvorfällen auf die Bilanz

Vorbemerkungen

Kaufleute sind verpflichtet (bis auf die Befreiten gemäß § 241a HGB) bei der Gründung eines Gewerbebetriebes ein Inventar und eine Bilanz aufzustellen (§ 240 Abs. 1 HGB). Der dann einsetzende laufende Geschäftsbetrieb (Wareneinkauf, -verkauf, Produktion, Darlehensaufnahme etc.) führt zu permanenten Veränderungen in Wert und Struktur der einzelnen Bilanzpositionen.

Nach der Art ihrer Wirkung auf das Eigenkapital lassen sich **erfolgsneutrale** und **erfolgswirksame** Geschäftsvorfälle unterscheiden.

MERKE:

Zur Feststellung der Wirkung von Geschäftsvorfällen (und auch für die richtige Bildung von Buchungssätzen) sind immer die folgenden gedanklichen Schritte zu gehen:

1. Welche Bilanzpositionen ändern sich wie? (Zunahme/Abnahme? Um welchen Betrag?)
2. Ändert sich die Summe des Vermögens (Bilanzsumme)?

   Wenn ja, um wie viel?
3. Ändert sich die Höhe der Schulden?

   Wenn ja, um wie viel?
4. Ändern sich die Differenz zwischen Vermögen und Schulden, das Eigenkapital?

   Wenn nein → erfolgsneutraler Geschäftsvorfall,

   wenn ja → Eigenkapitalerhöhung durch Ertrag, oder Eigenkapitalminderung durch Aufwand.

2.1 Erfolgsneutrale Vermögensumschichtungen

2.1.1 Aktiv-Tausch

BEISPIELE:

(1) Kauf einer Maschine durch Barzahlung

Wirkung:

Zwei Bilanzposten der Aktivseite verändern sich um denselben Betrag, und zwar erhöht sich die Position „Maschinen", während der „Kassenbestand" um denselben Betrag abnimmt. Die Bilanzsumme ändert sich nicht, ein Passivposten wird nicht berührt, also ändert sich auch nicht die Differenz zwischen Vermögen und Schulden, das Betriebsvermögen bzw. Eigenkapital, also auch nicht die Differenz zwischen den Betriebsvermögen an zwei Stichtagen, die ja dem Gewinn (Verlust) entspricht. Weil bei diesem Vorfall zwei Bilanzposten der Aktivseite ihre Positionen tauschen, spricht man vom Aktiv-Tausch.

(2) Der Kunde unseres Großhändlers (siehe Kapitel 1.5) bezahlt 90 Tage später die Rechnung durch Banküberweisung.

Versuchen Sie zunächst, die Wirkung selbst herauszufinden!

- Forderungen aus Lieferungen und Leistungen (LuL) nehmen ab,
- liquide Mittel (Bankguthaben) nehmen um denselben Betrag zu,
- die Bilanzsumme bleibt unverändert,
- die Höhe der Schulden ändert sich nicht,
- die Differenz zwischen Vermögen und Schulden, das Eigenkapital, bleibt unverändert.

→ Erfolgsneutraler Aktiv-Tausch

Wir hatten oben gesagt, Gewinn entsteht bei Verkauf unabhängig vom Zahlungszeitpunkt. Also darf die spätere Zahlung des Kunden unseres Großhändlers nicht mehr gewinnwirksam sein. Das haben sie gerade selbst herausgefunden.

2.1.2 Passiv-Tausch

BEISPIEL:

Eine Lieferantenschuld wird durch Banküberweisung mit Hilfe eines Bankdarlehens (Kontoüberziehung) beglichen.

Wirkung:

Die „Verbindlichkeiten aus Lieferungen und Leistungen" nehmen in gleicher Höhe ab wie der Posten „kurzfristige Bankkredite" zunimmt. Keine Gewinnauswirkung; die Erklärung ist analog zu den obigen Ausführungen im Zusammenhang mit dem Aktiv-Tausch. In diesem Falle spricht man vom Passiv-Tausch. Der Passiv-Tausch ist relativ selten, wie im obigen Beispiel oder bei der Umwandlung kurzfristiger in langfristige Schulden.

2.1.3 Aktiv-Passiv-Tausch

Bei einem Aktiv-Passiv-Tausch wird zwischen einer Aktiv-Passiv-Mehrung und einer Aktiv-Passiv-Minderung unterschieden, die im Folgenden näher erläutert werden.

2.1.3.1 Aktiv-Passiv-Mehrung

BEISPIEL:

Wareneinkauf auf Ziel, d. h. ohne sofortige Zahlung wie bei unserem Großhändler.

Wirkung:

Der Aktivposten „Waren" nimmt in gleicher Höhe zu wie der Passivposten „Lieferantenverbindlichkeiten". Da sich Vermögen und Schulden um denselben Betrag erhöhen, bleibt die Differenz aus Vermögen und Schulden gleich. Es entsteht also keine Gewinnwirkung. Weil beide Bilanzseiten von dem Vorgang berührt werden, nennt man ihn Aktiv-Passiv-Tausch, und weil sich die Bilanzsumme erhöht, spricht man von einer Bilanz**verlängerung**.

Wir sehen, der Einkauf gegen Zahlung (Aktiv-Tausch) und der Einkauf auf Ziel (Bilanzverlängerung) sind beide erfolgsneutral. Es gilt also generell, jeder Einkauf ist erfolgsneutral, oder anders ausgedrückt: Die gekauften Wirtschaftsgüter werden „aktiviert", d. h. auf der Aktivseite der Bilanz ausgewiesen. „Aktivieren" heißt, die entsprechende Zahlung in ihrer Gewinnwirkung (bis zum Verkauf) vorübergehend zu neutralisieren.

2.1.3.2 Aktiv-Passiv-Minderung

BEISPIEL:

Nach vier Wochen wird die auf Ziel gekaufte Ware bar bezahlt.

Wirkung:

Die Posten „Kasse" (Aktiva) bzw. „Verbindlichkeiten" (Passiva) nehmen jeweils um denselben Betrag ab. Eine Gewinnwirkung tritt wieder nicht ein. Da die Bilanzsumme kleiner wird, handelt es sich hier um eine Bilanz**verkürzung**.

2.2 Betriebsvermögensveränderungen

Erfolgswirksame Vermögensänderungen durch Aufwendungen und Erträge

Gewinn ist die Differenz zwischen dem Betriebsvermögen (= Reinvermögen = Eigenkapital) an zwei verschiedenen Stichtagen. Folglich müssen alle Geschäftsvorfälle, die zu einer Erhöhung des Betriebsvermögens am Ende eines Jahres führen, den Gewinn erhöhen (umgekehrtes gilt entsprechend). Da das Betriebsvermögen = Vermögen (Aktiva) - Schulden (Passiva) ist, kann eine Gewinnerhöhung (-verminderung) durch Aktiva-Erhöhung (-Minderung) bzw. Passiva-Minderung (-Erhöhung) eintreten. Hierzu folgende Beispiele:

BEISPIELE:

(1) Warenverkauf auf Ziel. Einkaufspreis der Ware 100 €, Verkaufspreis 150 €.

Wirkung:

Die „Waren" nehmen um 100 € ab, die „Ford. a. LuL" um 150 € zu. Insgesamt ergibt sich damit eine Aktiva-Erhöhung um 50 €. Da kein Passivposten berührt wird, die Gleichheit von Aktiva und Passiva aber immer gegeben ist, muss sich auf der Passivseite der Ausgleichsposten „Eigenkapital" bzw. der Gewinn um den Ertrag von 50 € erhöhen. Es entsteht also Gewinn, ohne dass Geld fließt.

(2) Barzahlung einer Lieferantenrechnung unter Abzug von 3 % Skonto.

Wirkung:

„Lieferantenverbindlichkeiten" vermindern sich; ebenfalls nimmt die „Kasse", allerdings um einen 3 % geringeren Betrag, ab. Da die Schulden stärker abnehmen als das Vermögen, erhöhen sich das Eigenkapital und damit der Gewinn um den einbehaltenen Skontobetrag (Ertrag).

(3) Verkauf von Ware unter Einkaufspreis.

Wirkung:

Aktivabnahme und damit Gewinnminderung (Aufwand).

Zusammenfassung

Die verschiedenen Arten von Geschäftsvorfällen lassen sich (hier ohne Berücksichtigung von Kapitaländerungen durch Privatvorgänge) unter dem Gesichtspunkt der Gewinnwirkung in erfolgsneutrale **Betriebsvermögensumschichtungen**, und zwar Aktiv-Tausch, Passiv-Tausch, Bilanzverkürzung, Bilanzverlängerung und erfolgswirksame **Betriebsvermögensänderungen** durch Ertrag bzw. Aufwand einteilen.

ABB. 5: Einteilung der Geschäftsvorfälle

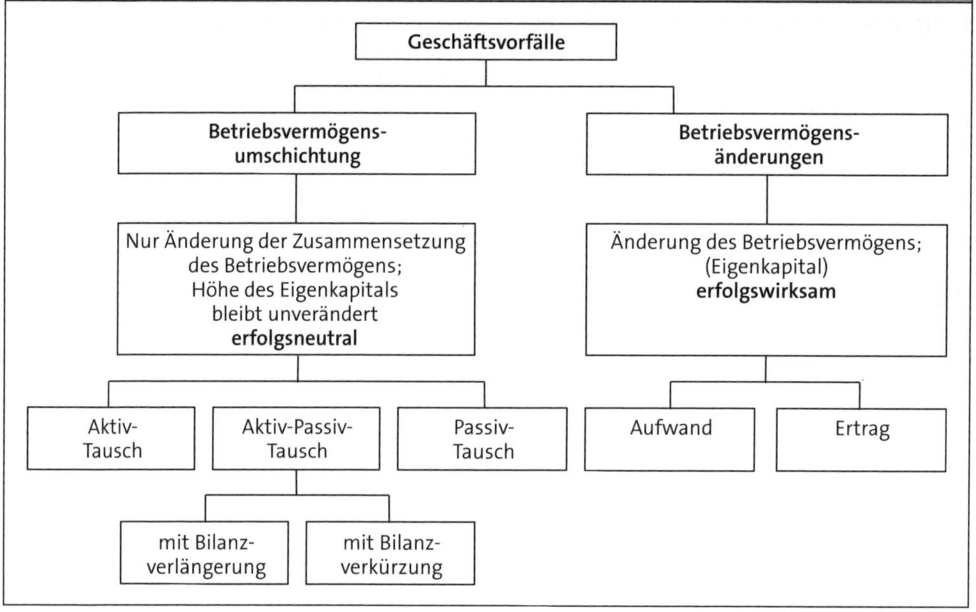

2.3 Grundlegende Begriffe des Rechnungswesens

Nach der Beschäftigung mit der Auswirkung von Geschäftsvorfällen auf die Bilanz, sind die Grundlagen für das Verständnis unterschiedlicher Begriffe des Rechnungswesens gelegt worden. Daher werden Ihnen die folgenden Definitionen nicht mehr völlig abstrakt erscheinen. Es geht um die Begriffspaare

Auszahlung – Ausgabe – Aufwand;

Einzahlung – Einnahme – Ertrag.

Als **Auszahlung** bezeichnet man den Abfluss liquider Mittel aus dem Betrieb durch Barauszahlung, Banküberweisung, Scheckeinlösung, Lastschrifteinzug. **Einzahlung** ist entsprechend der Zufluss liquider Mittel.

Der Begriff **Ausgabe** ist weiter gefasst, da er neben Zahlungsvorgängen auch Forderungsabgänge (z. B. bei Konkurs eines Kunden) und Schuldenzugänge (z. B. Wareneinkauf auf Ziel) umfasst. Eine Ausgabe entspricht einer Abnahme des monetären Vermögens. Eine **Einnahme** ist eine Zunahme des monetären Vermögens.

Das **monetäre Vermögen** ist die Summe aus liquiden Mitteln und kurzfristigen Forderungen abzüglich der kurzfristigen Verbindlichkeiten.

Abgrenzung: Auszahlung – Ausgabe

BEISPIELE:

(1) Einkauf gegen Barzahlung

ist eine Auszahlung, da ein Abfluss liquider Mitteln besteht und eine Ausgabe, da die Abnahme des monetären Vermögens vorliegt.

(2) Einkauf auf Ziel

ist keine Auszahlung aber eine Ausgabe, da durch die Erhöhung der kurzfristigen Verbindlichkeiten das monetäre Vermögen sinkt.

(3) Begleichung einer Lieferantenrechnung

ist eine Auszahlung aber keine Ausgabe, da liquide Mittel und Verbindlichkeiten um denselben Betrag abnehmen, das monetäre Vermögen also konstant bleibt.

Wir sehen, Ausgabe und Auszahlung sind nicht zwingend gleich. Dennoch wollen wir im Folgenden, wie in der Praxis, beide Begriffe synonym verwenden.

Aufwand ist der gesamte Verzehr an Gütern (z. B. Rohstoffen) und Dienstleistungen (z. B. Löhne, Fremdleistungen), der einer Abrechnungsperiode wirtschaftlich zuzurechnen ist (unabhängig vom Zeitpunkt der Zahlung). **Ertrag** ist der gesamte Wertezuwachs einer Periode.

Aufwand und Ertrag bilden das zentrale Begriffspaar der Geschäfts- und Finanzbuchhaltung, denn der ermittelte Gewinn entspricht der Differenz aus Aufwand und Ertrag.

Abgrenzung: Aufwand – Ausgabe

Aufwand ist der Teil der Ausgaben, der einer Periode wirtschaftlich gewinnwirksam zuzurechnen ist. Daher sind Ausgaben und Aufwand größtenteils identisch (z. B. lfd. Mietzahlungen etc.). Unterschiede entstehen durch zeitliches Auseinanderfallen von Ausgabe und Aufwand. Zwei Möglichkeiten sind denkbar:

► **Ausgabe früher – Aufwand später**

BEISPIELE:

(1) Im Zeitpunkt der Anschaffung einer Maschine fällt in Höhe des Anschaffungspreises eine Ausgabe an (Aktiv-Tausch oder Bilanzverlängerung). Aufwand (Eigenkapital-Minderung) entsteht erst durch Abnutzung (Wertverzehr) der Maschine in Höhe der Abschreibungen während der Nutzungsdauer.

(2) Einkauf von Ware = Auszahlung oder Ausgabe

Aufwand entsteht bei Verkauf der Ware (s. o.), wenn mit dem Verkaufspreis der Ware (Ertrag) der Einstandspreis (Aufwand) verrechnet wird.

► **Aufwand früher – Ausgabe später**

BEISPIELE:

(1) Im Januar wird an einen Vertreter für das vergangene Geschäftsjahr eine Umsatzprovision gezahlt. Der Aufwand entstand im vergangenen Geschäftsjahr, die Ausgabe erfolgt später.

(2) Unser Großhändler verkauft Ware, die er selbst noch nicht bezahlt hat. Bei Verkauf wird mit dem Verkaufspreis der noch nicht gezahlte Einkaufspreis der Ware als Aufwand verrechnet (s. o.). Die Auszahlung erfolgt später.

2.4 Sachliche Abgrenzung von Aufwendungen und Erträgen

In den bisherigen Ausführungen wurde nicht unterschieden, ob die betrieblich verursachten Geschäftsvorfälle mit dem eigentlichen Betriebszweck zusammenhängen oder davon losgelöst verursacht wurden. Die Abgrenzung hinsichtlich des Betriebszweckes ist jedoch von großer praktischer Bedeutung. Entstehen betrieblich verursachte Aufwendungen und Erträge im Zusammenhang mit dem eigentlichen Betriebszweck, so werden sie als Kosten bzw. Leistungen bezeichnet und gehen in die Kosten- und Leistungsrechnung ein (darauf werden wir im internen Rechnungswesen zurückgreifen). Entstehen jedoch Aufwendungen und Erträge die nicht im Zusammenhang mit dem eigentlichen Betriebszweck stehen, werden sie als **neutrale Aufwendungen und Erträge** bezeichnet. Für die Verbuchung dieser neutralen Aufwendungen und Erträge gibt es spezielle Konten in der Kontenklasse 2 des SKR 03.

Die neutralen Aufwendungen werden in zwei Gruppen unterteilt:

ABB. 6: Einteilung neutraler Aufwendungen

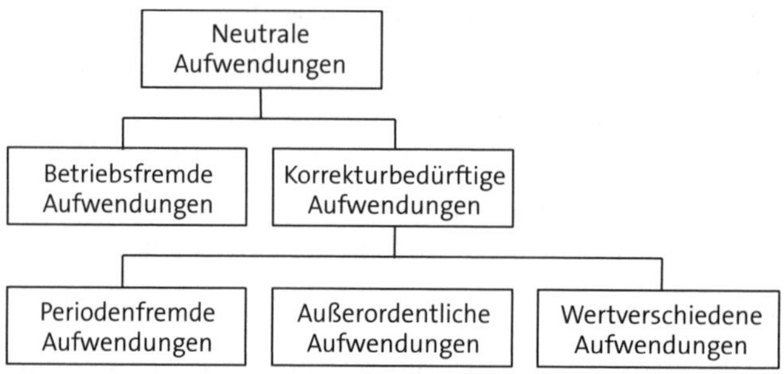

- **Betriebsfremde Aufwendungen:**

  Aufwendungen, die mit dem Betriebszweck in keinem Zusammenhang stehen, Verlust aus dem Handel mit Wertpapieren eines produzierenden Gewerbebetriebes.

- **Korrekturbedürftige Aufwendungen:**
  - **Periodenfremde Aufwendungen** sind Aufwendungen, die durch betriebliche Vorgänge entstehen, jedoch entsprechend ihrer Verursachung einer anderen Abrechungsperiode zugerechnet werden müssen. Zum Beispiel: Steuernachzahlungen, Prozesskosten etc., wenn diese die dafür gebildete Rückstellung übersteigen.
  - **Außerordentliche Aufwendungen** sind Aufwendungen, die außerhalb der gewöhnlichen Geschäftstätigkeit anfallen (§ 277 Abs. 4 HGB). Die Entstehung dieser Aufwendungen ist ungewöhnlich und/oder selten. Beispiele: Verluste aus dem Verkauf von Teilbetrieben, von Beteiligungen oder Stilllegung. Hierzu zählen **nicht** Verluste aus dem Verkauf von Anlagegütern, Abschreibungen auf Forderungen oder Wertpapiere, außerplanmäßige Abschreibungen. Diese sind gemäß § 275 Abs. 2 Nr. 7 HGB sonstige betriebliche Aufwendungen.
  - **Wertverschiedene Aufwendungen** sind Aufwendungen, die in der Finanzbuchhaltung mit anderen Werten erfasst werden, als im internen Rechnungswesen in der Kostenrechnung.

Analog zu den neutralen Aufwendungen werden auch die neutralen Erträge in zwei Gruppen unterteilt:

ABB. 7: Einteilung neutraler Erträge

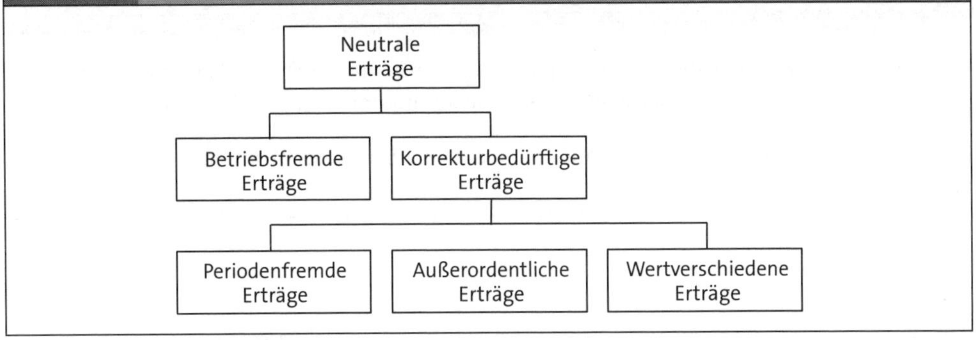

- **Betriebsfremde Erträge** sind Erträge, die nicht mit dem Betriebszweck im Zusammenhang stehen. Beispiel: Gewinn aus Wertpapierverkäufen eines produzierenden Gewerbebetriebes.
- Die **korrekturbedürftigen Erträge** unterteilen sich auch hier wie folgt:
  - **Periodenfremde Erträge** sind Erträge, die aus dem Betriebszweck resultieren, jedoch nicht der laufenden Periode zugerechnet werden können, z. B. Steuererstattungen für das Vorjahr.
  - **Außerordentliche Erträge** (§ 277 Abs. 4 HGB) sind Erträge, die außerhalb des gewöhnlichen Geschäftsbetriebes entstehen und ihrem Charakter nach ungewöhnlich und/oder selten sind. Beispiele: Gewinne aus dem Verkauf von Teilbetrieben, Beteiligungen, Sanierungsgewinne, etc.
  - **Wertverschiedene Erträge** sind Erträge, die in der Finanzbuchhaltung mit anderen Werten erfasst werden als in der Leistungsrechnung. Sie sind in der Praxis eher unbedeutend.

3. Kontoeröffnung und Buchungstechnik

3.1 Das Konto und die Buchungsregeln

Mit dem Inventar und der Bilanz ist die Grundlage der laufenden Buchführung erarbeitet. Eine Fortschreibung der Bilanz nach jedem Geschäftsvorfall ist praktisch undurchführbar. Man richtet daher für jeden Bilanzposten ein **Konto als Verrechnungsstelle zur Aufnahme der Veränderungen während des Geschäftsjahres** ein. Der Saldo entspricht dem Endbestand, der in die Schlussbilanz zu übernehmen ist.

Obwohl in der Praxis die EDV-gestützte Buchführung ausschließlich tabellarisch erfolgt, wird hier zum leichteren Verständnis die T-Form verwendet, wobei die Seiten nun nicht mehr als Aktiva bzw. Passiva sondern mit Soll und Haben bezeichnet werden.

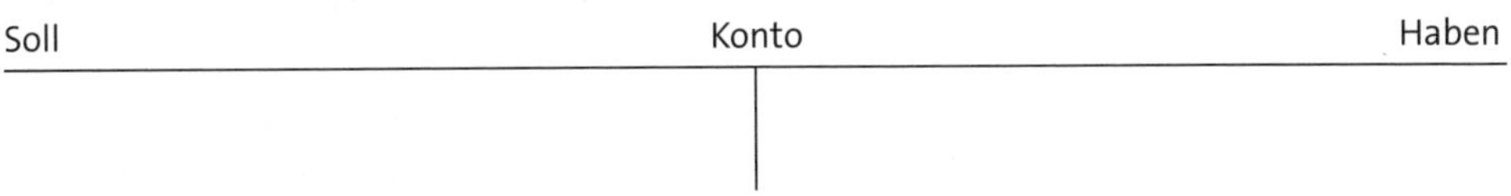

Die Konten sind in Anlehnung an einen Kontenplan nach sachlichen Gesichtspunkten aufgeschlüsselt. Man bezeichnet sie daher als Sachkonten.

HINWEIS:

In den folgenden Buchungsbeispielen werden zur Orientierung auch Sachkontennummern, z. B. für das Sachkonto „Kundenforderungen“ die Sachkontennummer „(1400)“, mit angegeben.

Es handelt sich dabei um Sachkontennummern, die dem DATEV-Sachkontenrahmen SKR 03 entnommen wurden.

MERKE:

Das Buchen auf den Konten geschieht nach folgenden Buchungsregeln:

1. Anfangsbestände (AB) stehen auf derselben Seite wie in der Bilanz.
2. Bestandsmehrungen stehen auf derselben Seite wie die Anfangsbestände.
3. Bestandsminderungen stehen auf der den Anfangsbeständen gegenüberliegenden Seite.
4. Jeder Geschäftsvorfall wird zweimal gebucht, und zwar zuerst im Soll und dann im Haben.
5. Der Saldo, d. h. der zum Ausgleich von Soll und Haben notwendige Betrag, steht auf der kleineren Kontoseite.

3.2 Kontenrahmen und Kontenplan

Zur Organisation und Vereinfachung der Buchführung werden im Zeitalter der EDV-Buchführung diverse Kontenrahmen bzw. Kontenpläne benutzt.

Kontenrahmen enthalten eine geordnete Übersicht aller Konten, die in einem Industrie-/Handelszweig vorkommen können.

Beispiele für Kontenrahmen: Gemeinschaftskontenrahmen der Industrie, Einheitskontenrahmen für das deutsche Handwerk, DATEV-Sachkontenrahmen 03 und 04, Kontenrahmen für den deutschen Einzelhandel, etc.

Da nicht jeder Betrieb alle Konten benötigt, werden die betriebsnotwendigen Konten in einem Kontenplan zusammengefasst.

Der Aufbau der einzelnen Sachkontennummern ist in allen Kontenrahmen gleich und soll an dieser Stelle am Beispiel des Kontos (0210) Maschinen und (1400) Forderungen aus Lieferungen und Leistungen erläutert werden:

	(0210) Maschinen		(1400) Forderungen a. LuL	
Kontenklasse	0	Anlage- und Kapitalkonten	1	Finanzkonten
Kontengruppe	02	Technische Anlagen und Maschinen	14	Kurzfristige Forderungen
Kontenuntergruppe	021	Maschinen	140	Kundenforderungen
Kontenart	0210		1400	

In der Regel werden in den einzelnen Kontenrahmen die folgenden Kontenklassen geführt:

Klasse 0 = Anlagevermögen und Kapital

In der Kontenklasse „0" wird das Anlagevermögen und das Eigen- und langfristige Fremdkapital dargestellt, denn Sachanlagen (Grund und Boden, Gebäude, Maschinen, Fahrzeuge, Betriebs- und Geschäftsausstattung, etc.) und Kapital (Hypotheken- und Anschaffungsdarlehen) bilden die Grundlage eines jeden Betriebes.

Diese Konten weisen die Anfangsbestände aus, sind somit „aktive" und „passive" Bestandskonten.

Zur Kontenklasse 0 gehören zusätzlich die Konten der Rechnungsabgrenzung.

Klasse 1 = Finanz- und Privatkonten

Um wirtschaften zu können, benötigt ein Unternehmer außer den Anlage- und Kapitalkonten auch Geldkonten (Forderungen aus Lieferungen und Leistungen, Bankguthaben, Kassenbestand, etc.) und Kreditkonten (kurzfristige Bankkredite, Verbindlichkeiten aus Lieferungen und Leistungen, etc.).

Über die Kontenklasse 1 werden demnach sämtliche Geldgeschäfte und kurzfristige Kreditgeschäfte gebucht.

Auch bei diesen Konten handelt es sich um reine Bestandskonten.

Klasse 2 = Abgrenzungskonten

In dieser Kontenklasse werden das Finanzergebnis, außerordentliche Ergebnisse, sonstige betriebliche Aufwendungen und Erträge erfasst. Es handelt sich somit um Erfolgskonten.

Klasse 3 = Waren-, Materialeingangs- und Bestandskonten

Aus den Mitteln der Klasse 1 werden die erforderlichen Materialien, Waren, Roh-, Hilfs- und Betriebsstoffe beschafft und in der Kontenklasse 3 gebucht.

Dabei werden die Waren- und Materialeingangskonten als Erfolgskonten (Aufwand) und die Waren- bzw. Materialkonten als reine Bestandskonten geführt.

Klasse 4 bis Klasse 6 = Betriebliche Aufwendungen

Diese Kontenklasse hat eine besondere Bedeutung für das interne Rechnungswesen (Kostenarten-, -stellen- und -trägerrechnung), da sie die gesamten betrieblichen Aufwendungen enthält, die für die betriebliche Kostenrechnung (insbesondere für die Preiskalkulation) von Bedeutung sind.

Klasse 7 = Bestände an Erzeugnissen

Im produzierenden Gewerbe werden hier die Bestände der unfertigen und fertigen Erzeugnisse erfasst.

Klasse 8 = Erlöskonten

Erlöskonten sind Erfolgskonten. Im Haben dieser Konten werden die erzielten Umsatzerlöse gebucht, z. B. Warenverkäufe, Erlöse aus erbrachten Dienstleistungen, Provisionserlöse, etc. Erlösschmälerungen, z. B. Kundenskonti (= Skontiaufwendungen), werden auch in der Kontenklasse 8, auf dem Konto gewährte Skonti erfasst.

Klasse 9 = Abschlusskonten

Dazu zählen insbesondere das Eröffnungsbilanzkonto sowie das Schlussbilanzkonto.

3.3 Der Buchungssatz

Vor dem Buchen eines jeden Geschäftsvorfalls ist zu prüfen, welche Bilanzposten wie berührt werden. Das Ergebnis dieser Überlegung wird in einer kurzen Anweisung, dem Buchungssatz, schriftlich festgehalten.

MERKE:

Der Buchungssatz nennt unter Angabe der jeweils zu buchenden Beträge

- zuerst das Konto mit der Sollbuchung;
- zuletzt das Konto mit der Habenbuchung;
- dazwischen steht das Wort „an".

Sind nur zwei Konten betroffen, bildet man „einfache Buchungssätze", sind es mehr als zwei Konten, bildet man „zusammengesetzte Buchungssätze".

BEISPIELE:

(1) Wareneinkauf im Wert von 100 € gegen Barzahlung.
Waren stehen auf der Aktivseite der Bilanz
→ Warenkonto = aktives Bestandskonto
→ Wareneinkauf = Bestandsmehrung
→ Buchung im Soll des Warenkontos
Kasse = aktives Bestandskonto
→ Barzahlung an Lieferanten = Bestandsminderung
→ Buchung im **Haben**

Buchungssatz:

(3400)	Wareneingang	100 €	an	(1000)	Kasse	100 €

(2) Wareneinkauf im Wert von 100 €. Bezahlung: 50 € bar, 50 € durch Banküberweisung.

Buchungssatz:

(3400)	Wareneingang	100 €	an	(1000)	Kasse	50 €
			an	(1200)	Bank	50 €

3.4 Die Kontoeröffnung

Die Eröffnung der laufenden Buchführung geschieht dadurch, dass für jeden Bilanzposten ein Konto eingerichtet wird, das nach den genannten Regeln die Anfangsbestände übernimmt. Zur Aufnahme der Gegenbuchungen kann man ein Eröffnungsbilanzkonto als Spiegelbild der Bilanz einrichten. Die Bilanz selbst ist kein Konto (sie hat nur Kontoform), weil auf ihr keine laufenden Buchungen vorgenommen werden.

3.5 Das Buchen auf Bestandskonten

Alle Konten, die Bestände nach den o. g. Regeln aus der Bilanz aufnehmen, bezeichnet man als Bestandskonten. Folglich gibt es aktive bzw. passive Bestandskonten. Das Buchen auf reinen Bestandskonten ist einfach.

BEISPIELE:

(1) Ein Kunde begleicht eine Rechnung über 10.000 € durch Banküberweisung.
Was passiert?
Liquide Mittel nehmen zu, Forderungen a. LuL nehmen jeweils um 10.000 € ab.

Buchungssatz:

(1200)	Bank	10.000 €	an	(1400)	Forderungen a. LuL	10.000 €

(2) Wir begleichen eine Lieferantenrechnung über 10.000 €.

Buchungssatz:

(1600)	Verbindlichkeiten a. LuL	10.000 €	an	(1200)	Bank	10.000 €

Die Bestandskonten werden durch Saldierung über die Schlussbilanz der Abrechnungsperiode abgeschlossen.

Buchungssätze für den Abschluss der Bestandskonten:

Schlussbilanzkonto (SBK)	an	aktive Bestandskonten
Passive Bestandskonten	an	SBK

ABB. 8: Überblick über Eröffnung, lfd. Führung und Abschluss der Bestandskonten

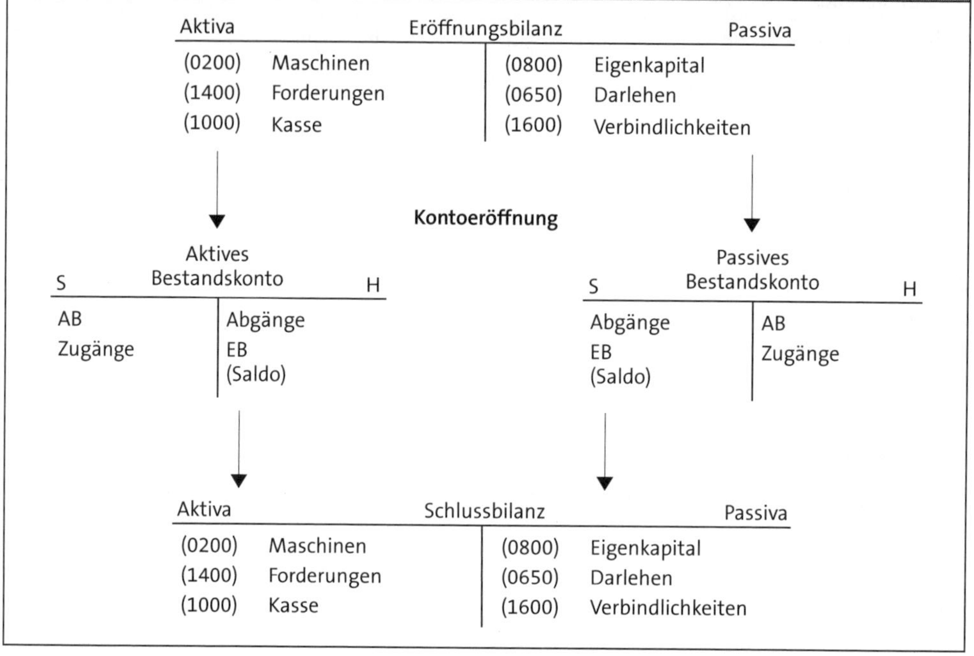

3.6 Das Buchen auf Erfolgskonten

Bei den Bestandskonten nimmt das Eigenkapitalkonto eine besondere Stellung ein. Wir haben gesehen, dass eine Vielzahl von Geschäftsvorfällen das Vermögen nicht nur in seiner Struktur verändern (umschichten), sondern auch das Eigenkapital (= Differenz aus Vermögen und Schulden!) durch Aufwendungen und Erträge verändern. Würde man alle Kapitaländerungen auf dem Eigenkapitalkonto festhalten, so ginge jede Übersicht verloren; insbesondere wäre es nicht möglich, die Ursachen der Kapitaländerungen sachlich geordnet anzugeben. Aus diesem Grunde lässt man das Eigenkapitalkonto ruhen und bildet Unterkonten, die beim Jahresabschluss ihre Salden an das Eigenkapitalkonto abgeben, und zwar

- das Gewinn- und Verlustkonto (GuV-Konto) für betrieblich bedingte Kapitaländerungen,
- Privatkonten für Kapitaländerungen aufgrund von Entnahmen oder Einlagen (Privatvorgänge werden hier nicht behandelt).

ABB. 9: Kapitaländerungen auf dem Eigenkapitalkonto

Soll — Eigenkapitalkonto	Haben
Verluste (betriebl. Aufwand)	Anfangskapital (z. B. 01.01.*)
Privatentnahmen	Gewinne (betriebl. Erträge)
Eigenkapital (z. B. 31.12.*)	Privateinlagen

* Vom Kalenderjahr abweichendes Wirtschaftsjahr möglich, z. B. in der Landwirtschaft.

Aufwands- und Ertragskonten

Für die Zwecke der internen und externen Rechnungslegung wird eine sachliche Aufschlüsselung der Erfolgsursachen benötigt (z. B. nach Verkaufserlösen für verschiedenen Produkte, Mieterträgen, Zinserträgen, sowie z. B. nach Personalaufwendungen, Materialaufwendungen etc.). Die alleinige Führung eines GuV-Kontos, das in zeitlicher Reihenfolge alle Aufwendungen und Erträge festhielte, würde dieses noch nicht gewährleisten. Man schaltet daher dem Gewinn- und Verlustkonto Aufwands- und Ertragskonten vor. Grundsätzlich sollte man für jede Aufwands- und Ertragsart ein eigenes Konto einrichten. Da das Gewinn- und Verlustkonto nur noch die Jahressalden der Erfolgskonten ausweist, ergibt sich eine übersichtliche Aufschlüsselung des Gewinns nach seinen Entstehungsursachen.

Aufwands- und Ertragskonten haben keine Anfangsbestände. Sie werden nach den Buchungsregeln am Jahresende über das Gewinn- und Verlustkonto und dieses über das Eigenkapitalkonto abgeschlossen.

MERKE:

Aufwands- und Ertragskonten sind Unterkonten des passiven Bestandskontos „Eigenkapital“. Folglich sind Erträge (Kapitalmehrungen) im Haben und Aufwendungen im Soll zu buchen.

ABB. 10: Übersicht über Führung und Abschluss der Erfolgskonten

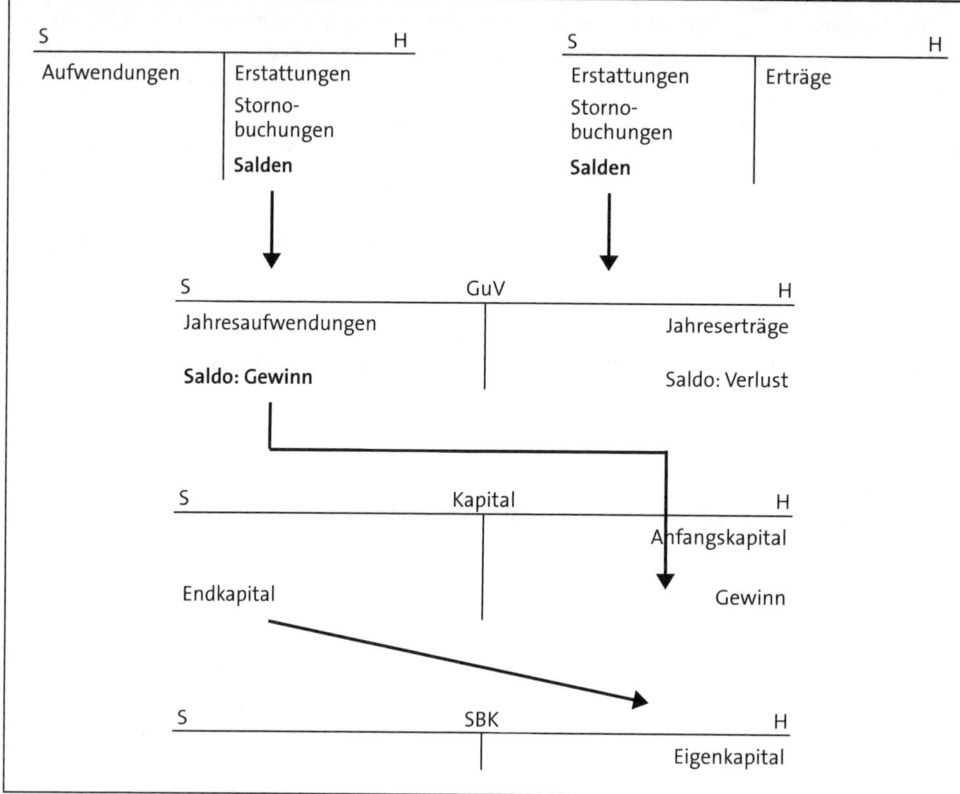

BEISPIELE: für Buchungen auf Aufwands- und Ertragskonten.

(1) Überweisung von 400 € Kfz-Steuer.

Was passiert (gehen Sie immer wieder die bekannten gedanklichen Schritte durch!)?

Liquide Mittel (Aktiva) nehmen ab. Schulden bleiben unverändert. Da immer Aktiva = Passiva gilt, muss das Eigenkapital (hier: durch Aufwand) sinken.

Buchungssatz:

(4510)	Kfz-Steuer	400 €	an	(1200)	Bank	400 €

S (1200) Bank	H
AB	400 €

S (4510) Kfz-Steuer	H
400 €	

(2) Ein Mieter überweist Miete in Höhe von 200 €.

Buchungssatz:

(1200)	Bank	200 €	an	(2750)	Mieterträge	200 €

S	(1200) Bank	H
200 €		

S	(2750) Mieterträge	H
		200 €

(3) Die Bank schreibt Zinsen in Höhe von 200 € gut.

Buchungssatz:

(1200)	Bank	200 €	an	(2650)	Zinserträge	200 €

S	(1200) Bank	H
200 €		

S	(2650) Zinserträge	H
		200 €

Das Gewinn- und Verlustkonto kann auch direkt über die Bilanz abgeschlossen werden. Das Eigenkapital erscheint dann aufgespaltet in Anfangskapital und Gewinn:

A	Bilanz	P
aktive Bestandskonten		passive Bestandskonten
		Anfangskapital
		Gewinn (= Kapitalmehrung der Periode)

(Im Falle eines Verlustes steht der Verlust auf der Aktivseite der Bilanz.)

3.7 Übersicht über den Zusammenhang der Konten und ihren Abschluss

Die bisherigen Ausführungen lassen sich zu folgender Übersicht über den Zusammenhang der Konten und ihren Abschluss bei der doppelten Buchführung zusammenfassen:

ABB. 11: Zusammenhang der Konten

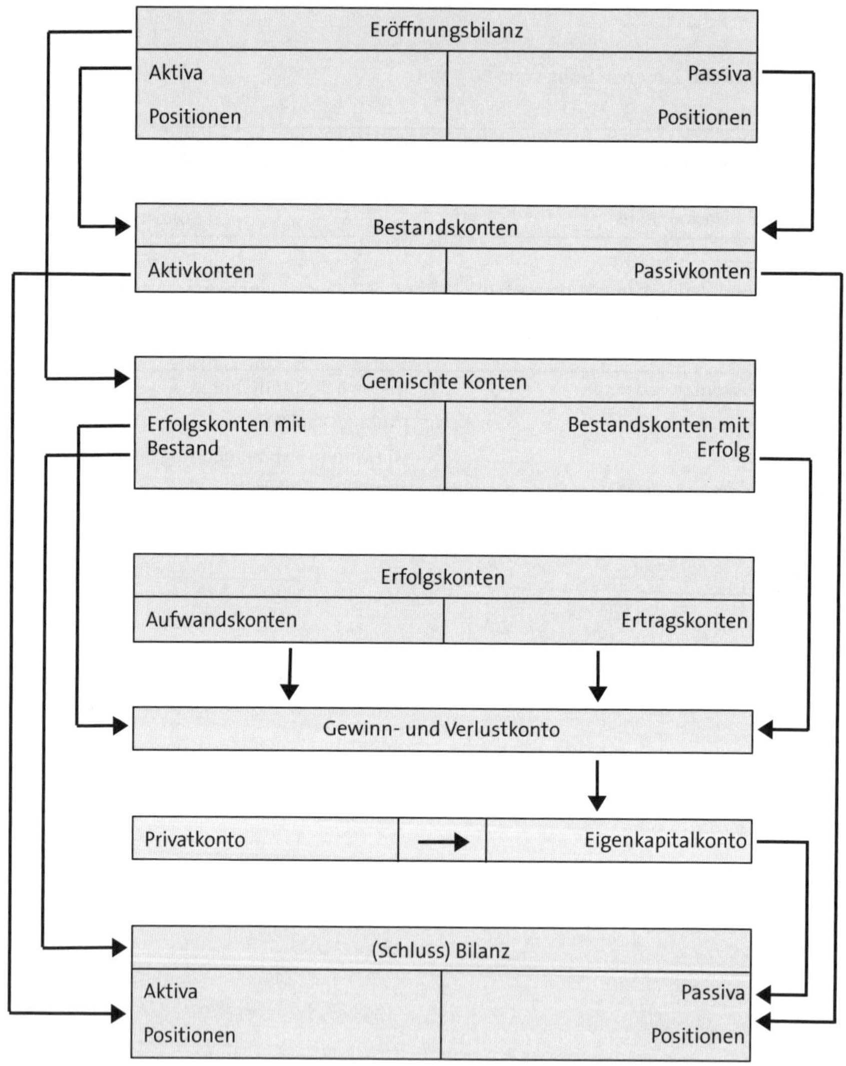

Entsprechend lauten die Buchungssätze für die Abschlussbuchungen:

Reine Erfolgskonten

GuV-Konto	an	verschiedene Aufwandskonten
verschiedene Ertragskonten	an	GuV-Konto

Unterkonten des Eigenkapitalkontos

Kapitalkonto	an	Privatkonto (Entnahmen)
Privatkonto	an	Kapitalkonto (Einlagen)

GuV-Konto	an	Eigenkapitalkonto (bei Gewinn)
Eigenkapitalkonto	an	GuV-Konto (bei Verlust)

Reine Bestandskonten

Schlussbilanzkonto	an	verschiedene Aktivkonten
verschiedene Passivkonten	an	Schlussbilanzkonto

Das Eröffnungsbilanzkonto wird als technisches Hilfsmittel der Kontoeröffnung (s. o.) meistens übergangen. Anders das Schlussbilanzkonto. Zusammen mit dem Gewinn- und Verlustkonto bildet es ein echtes Abschlusskonto. Die Schlussbilanz und die Gewinn- und Verlustrechnung sind mit dem Schlussbilanzkonto bzw. Gewinn- und Verlustkonto inhaltlich identisch.

3.8 Das System der Doppelten Buchführung

Die GoB schreiben die Buchführung nach einem System, aber nicht nach einem bestimmten System vor. Die Doppelte Buchführung hat sich wegen ihrer unübertrefflichen Vorteile gegenüber anderen Methoden in der erwerbswirtschaftlichen Praxis durchgesetzt. Die vorherigen Abschnitte bezogen sich jeweils auf Teilaspekte und Techniken des Systems der Doppelten Buchführung. Zusammenfassend kann man das Wesen der Doppelten Buchführung (Doppik) wie folgt darstellen:

- Darstellung aller Geschäftsvorfälle in zeitlicher und sachlicher Ordnung,
- Buchung auf jeweils zwei Konten, einmal im Soll und einmal im Haben,
- Darstellung der Geschäftsvorfälle in ihrer Vermögens- und Erfolgswirkung unter Verwendung von Bestands- und Erfolgskonten,
- Möglichkeit der doppelten Gewinnermittlung (vgl. Kapitel 1.6).

Durch die Technik der doppelten Buchung jedes Geschäftsvorfalles lässt sich die Bilanz im Wesentlichen durch Abschluss (Saldierung) der Bestandskonten aufstellen und der Gewinn durch Vermögensvergleich ermitteln. Gleichzeitig ermöglicht der Abschluss der systematisch gegliederten Aufwands- und Ertragskonten die Ermittlung desselben Gewinnes und dessen Aufschlüsselung nach Entstehungsursachen in der GuV-Rechnung. Auf diese Weise wird die Buchführung klarer, übersichtlicher und besser nachprüfbar. Damit entspricht die Technik der Doppelten Buchführung am ehesten den formalen Grundsätzen der Dokumentation.

3.9 Übungsaufgaben

AUFGABEN

Zum Thema: Bilanzgliederung und Gewinnermittlung

Aufgabe 1

Dem Buchhalter eines Fertigungsbetriebes sind die Inventarblätter durcheinander geraten.

Sie sollen aus den Blättern und in Anlehnung an § 266 Abs. 2 HGB eine Bilanz erstellen und den Periodengewinn ermitteln. Das Betriebsvermögen zum 31.12. des Vorjahres betrug 1 Mio. €.

Dem Buchhalter liegen die Inventurblätter in folgender Reihenfolge vor:

Forderungen aus Lieferungen und Leistungen gegen Fa. König	20.000 €
Betriebsausstattung	83.000 €
Darlehen Deutsche Hypothekenbank	350.000 €
Handelswaren	37.000 €
Maschinen	720.000 €
Waren	180.000 €
Guthaben Stadtsparkasse	15.000 €
Verbindlichkeiten aus Rohstofflieferungen	100.000 €
Geschäftsausstattung	80.000 €
Forderungen aus Lieferungen und Leistungen gegen Fa. Kaiser	150.000 €
Gebäude Friedensstraße	300.000 €

Benutzen Sie bitte bei der Erstellung der Bilanz folgende Sachkonten:

(0090)	Geschäftsbauten
(0210)	Maschinen
(0400)	Betriebs- und Geschäftsausstattung
(0650)	Hypotheken-Darlehen
(1200)	Bankguthaben
(1400)	Forderungen aus Lieferungen und Leistungen
(1600)	Verbindlichkeiten aus Lieferungen und Leistungen
(3980)	Bestand Waren
(3981)	Bestand Handelswaren

Zum Thema: Auswirkungen von Geschäftsvorfällen auf die Bilanz

Aufgabe 2

Die Art des Geschäftsvorfalls ist in der folgenden Reihenfolge zu bestimmen:

- Vermögensumschichtung oder Kapitaländerung?
- Bei Umschichtungen: Aktiv-Tausch, Passiv-Tausch, Bilanzverlängerung, Bilanzverkürzung?
- Bei Betriebsvermögensänderungen: Eigenkapital-Erhöhung durch Ertrag, Eigenkapital-Minderung durch Aufwand?

Geschäftsvorfall		Art
1.	Wareneinkauf gegen Barzahlung.	
2.	Wareneinkauf auf Ziel.	
3.	Warenverkauf auf Ziel; Einstandspreis 500 €, Verkaufspreis 300 €.	
4.	Kunde bestellt Ware und zahlt 100 € bar an (§ 266 Abs. 3, Buchst. C, Nr. 3 HGB).	
5.	Abbuchung der betrieblichen Grundsteuer.	
6.	Rohstoffeinkauf auf Ziel.	
7.	Kunde begleicht Rechnung unter Abzug von Skonto.	
8.	Begleichung einer Lieferantenrechnung unter Abzug von Skonto.	
9.	Abbuchung von 6.000 € durch die Hypothekenbank, davon 1.000 € Tilgung und 5.000 € Zinsen.	
10.	Zinsgutschrift der Bank.	
11.	Überweisung der Gehälter.	
12.	Auf dem Bankkonto befinden sich 2.000 €. Eine Lieferantenrechnung über 10.000 € wird durch Banküberweisung beglichen. Das Bankkonto wird um 8.000 € überzogen.	
13.	Eine Forderung gegen einen Kunden wird wegen Konkurs des Kunden uneinbringlich.	
14.	Die Geschäftsausstattung ist um 5.000 € abzuschreiben.	

Zum Thema: Abgrenzung von Auszahlung – Ausgabe – Aufwand beziehungsweise Einzahlung – Einnahme – Ertrag

Aufgabe 3

Ordnen Sie die folgenden Geschäftsvorfälle den oben genannten Begriffen zu:

Geschäftsvorfall	Auszahlung	Ausgabe	Aufwand	Einzahlung	Einnahme	Ertrag
1. Spende an das DRK 200 €						
2. Kunde klagt auf Gewährleistung, Leistungswert 2.000 €						
3. Einkauf von Rohstoffen auf Ziel 2.000 €						
4. Begleichung einer Lieferantenrechnung durch Banküberweisung 2.000 €						
5. Verbrauch von Rohstoffen im Wert von 2.000 € für die Erstellung von Erzeugnissen						
► die Erzeugnisse werden in der Abrechnungsperiode für 3.000 € verkauft						
► die Erzeugnisse werden in der Abrechnungsperiode nicht verkauft						
6. Verrechnung von Abschreibungen auf Technische Anlagen in Höhe von 50.000 €						
7. Kunde leistet bei Bestellung eine Anzahlung von 2.000 € in bar						
8. Eine Maschine mit einem Buchwert von 5.000 € wird für 10.000 € gegen bar verkauft						

Geschäftsvorfall	Aus-zahlung	Aus-gabe	Auf-wand	Ein-zahlung	Ein-nahme	Ertrag
9. Eine Rechnung der Kfz-Werkstatt über 1.000 € für eine Inspektion am Geschäftswagen wird durch Banküberweisung beglichen						
10. Kunde erteilt einen Auftrag auf Lieferung von Erzeugnissen im Wert von 50.000 €						

Zum Thema: Bildung von Buchungssätzen

Aufgabe 4

Für die Fälle der Aufgaben 2 und 3 sind die Buchungssätze zu bilden.

Zu Aufgabe 2

Aufgabe/Nr.	Buchungssatz
2/1	
2/2	
2/3	
2/4	
2/5	
2/6	
2/7	
2/8	
2/9	
2/10	
2/11	
2/12	
2/13	
2/14	

Zu Aufgabe 3

Aufgabe/Nr.	Buchungssatz
3/1	
3/2	
3/3	
3/4	
3/5	
3/6	
3/7	
3/8	
3/9	
3/10	

Zum Thema: Deutung von Buchungssätzen

Aufgabe 5

Welche Geschäftsvorfälle liegen diesen Buchungssätzen zugrunde?

1. Frachtkosten an Kasse 300 €
2. Wareneingangskonto an Verbindlichkeiten aus Lieferungen und Leistungen 5.000 €
3. Verbindlichkeiten aus Lieferungen und Leistungen an Darlehen 5.000 €
4. Bank an Forderungen aus Lieferungen und Leistungen 1.000 €
5. Abschreibungen an technische Anlagen 50.000 €
6. Forderungen an Umsatzerlöse 5.000 €
7. Personalaufwand an Bank 50.000 €
8. Provisionen an sonstige Verbindlichkeiten 2.000 €
9. Bank an Zinserträge 500 €
10. Beteiligungen an sonstige Ausleihungen 100.000 €

LÖSUNGEN

Zum Thema: Bilanzgliederung und Gewinnermittlung

Zu Aufgabe 1

Aktiva		Passiva	
Sachanlagen:		**(0800) Eigenkapital:**	1.135.000 €
(0050) Grundstücke	300.000 €	**Verbindlichkeiten:**	
(0210) Maschinen	720.000 €	(0650) Hypothekendarlehen	350.000 €
(0400) BGA	163.000 €	(1600) Verb. a. LuL	100.000 €
Vorräte:			
(3980) Waren	180.000 €		
(3981) Handelswaren	37.000 €		
Ford. und sonst. Vermögensgegenstände:			
(1400) Forderungen a. LuL	170.000 €		
(1200) Bank	15.000 €		
Bilanzsumme	1.585.000 €		1.585.000 €

Gewinn = Eigenkapital - Differenz von 135.000 €

Zum Thema: Auswirkungen von Geschäftsvorfällen auf die Bilanz

Zu Aufgabe 2

Geschäftsvorfall		Art	
1.	Wareneinkauf gegen Barzahlung	**Aktiv-Tausch**	
2.	Wareneinkauf auf Ziel	**Aktiv-Passiv-Mehrung**	
3.	Warenverkauf auf Ziel; Einstandspreis 500 € Verkaufspreis 300 €	Forderungen Waren = Aktivaminderung um → **Eigenkapital-Minderung** durch Aufwand um	+ 300 € - 500 € 200 € 200 €
4.	Kunde bestellt Ware und zahlt 100 € bar an (s. § 266 Abs. 3, Buchst. C, Nr. 3 HGB)	Gewinnentstehung erst bei Umsatz! Kasse erhaltene Anzahlungen → **Aktiv-Passiv-Mehrung**	 + 100 € + 100 €
5.	Abbuchung der betrieblichen Grundsteuer	**Eigenkapital-Minderung** durch Aufwand	

Geschäftsvorfall		Art
6.	Rohstoffeinkauf auf Ziel	Ware + Verbindlichkeiten a. LuL + → **Bilanzverlängerung**
7.	Kunde begleicht Rechnung unter Abzug von Skonto	Bank + kleiner als Forderungen - = Aktivaminderung → **Eigenkapital-Minderung** durch Aufwand
8.	Begleichung einer Lieferantenrechnung unter Abzug von Skonto	Verbindlichkeiten - größer als Bank - → **Eigenkapital-Erhöhung** durch Ertrag
9.	Abbuchung von 6.000 € durch die Hypothekenbank, davon 1.000 € Tilgung und 5.000 € Zinsen	Bank - 6.000 € Verbindlichkeiten - 1.000 € → **Eigenkapital-Minderung** in Höhe von 5.000 € durch Zinsaufwand
10.	Zinsgutschrift der Bank	**Eigenkapital-Erhöhung** durch Zinsertrag
11.	Überweisung der Gehälter	**Eigenkapital-Minderung** durch Personalaufwand
12.	Auf dem Bankkonto befinden sich 2.000 €. Eine Lieferantenrechnung über 10.000 € wird durch Banküberweisung beglichen. Das Bankkonto wird um 8.000 € überzogen.	Verbindlichkeiten a. LuL 10.000 € Bankverb. + 8.000 € Schulden - 2.000 € Bank - 2.000 € → erfolgsneutrale **Bilanzverkürzung** um 2.000 €
13.	Eine Forderung gegen einen Kunden wird wegen Konkurs des Kunden uneinbringlich	Forderungen - Aktiva - → **Eigenkapital-Minderung** durch Aufwand
14.	Die Geschäftsausstattung ist um 5.000 € abzuschreiben	**Eigenkapital-Minderung** durch Aufwand

Zum Thema: Abgrenzung von Auszahlung – Ausgabe – Aufwand beziehungsweise Einzahlung – Einnahme – Ertrag

Zu Aufgabe 3

Geschäftsvorfall	Auszahlung	Ausgabe	Aufwand	Einzahlung	Einnahme	Ertrag
1. Spende an das DRK 200 €	x	x	x			
2. Kunde klagt auf Gewährleistung, Leistungswert 2.000 €		x	x			
3. Einkauf von Rohstoffen auf Ziel 2.000 €		x				
4. Begleichung einer Lieferantenrechnung durch Banküberweisung 2.000 €	x					
5. Verbrauch von Rohstoffen im Wert von 2.000 € für die Erstellung von Erzeugnissen			x			
► die Erzeugnisse werden in der Abrechnungsperiode verkauft 3.000 €					x	x
► die Erzeugnisse werden in der Abrechnungsperiode nicht verkauft	Aktiv-Tausch (weder Auszahlung noch Ausgabe noch Aufwand)					
6. Verrechnung von Abschreibungen auf technische Anlagen in Höhe von 50.000 €			x			
7. Kunde leistet bei Bestellung eine Anzahlung von 2.000 € in bar				x (sonst nichts!)		
8. Eine Maschine mit einem Buchwert von 5.000 € wird für 10.000 € gegen bar verkauft				x (10.000 €)	x (10.000 €)	x (5.000 €)

	Geschäftsvorfall	Aus-zah-lung	Aus-gabe	Auf-wand	Ein-zahlung	Ein-nahme	Ertrag
9.	Eine Rechnung der Kfz-Werkstatt über 1.000 € für eine Inspektion am Geschäftswagen wird durch Banküberweisung beglichen	x		x			
10.	Kunde erteilt Auftrag auf Lieferung von Erzeugnissen im Wert von 50.000 €	Nichts, kein buchungspflichtiger Vorgang, da keine Vermögenswirkung (wohl aber rechtliche Wirkung)					

Zum Thema: Bildung von Buchungssätzen

Zu Aufgabe 4

► Zu Aufgabe 2

Aufgabe/Nr.	Buchungssatz
2/1	Wareneinkaufskonto an Kasse
2/2	Wareneinkaufskonto an Verbindlichkeiten aus Lieferungen und Leistungen
2/3	Forderungen aus Lieferungen und Leistungen an Warenverkaufskonto 300 € GuV an Wareneinkaufskonto 500 € beim Bruttoabschluss der Warenkonten
2/4	Kasse an erhaltene Anzahlungen 100 €
2/5	Grundstücksaufwand an Bank
2/6	Rohstoffe an Verbindlichkeiten a. LuL
2/7	Bank und Skontoaufwand an Forderungen
2/8	Verbindlichkeiten an Bank und Skontoertrag
2/9	Hypothekendarlehen 1.000 € und Zinsaufwand 5.000 € an Bank 6.000 €
2/10	Bank an Zinserträge
2/11	Personalaufwand an Bank
2/12	Verbindlichkeiten aus Lieferungen und Leistungen 10.000 € an Bank 2.000 € und Bankverbindlichkeiten 8.000 €
2/13	Abschreibung auf Forderungen an Forderungen
2/14	Abschreibungen an Geschäftsausstattung 5.000 €

► **Zu Aufgabe 3**

Aufgabe/Nr.	Buchungssatz
3/1	Sonstige Aufwendungen an Kasse/Bank 200 €
3/2	Gewährleistungsaufwand an Rückstellung für Gewährleistung 2.000 €
3/3	Rohstoffe an Verbindlichkeiten aus Lieferungen und Leistungen 2.000 €
3/4	Verbindlichkeiten aus Lieferungen und Leistungen an Bank 2.000 €
3/5	Materialaufwand an Rohstoffe 2.000 €
3/6	Abschreibungen an technische Anlagen 50.000 €
3/7	Kasse an erhaltene Anzahlungen auf Bestellungen 2.000 €
3/8	Kasse 10.000 € an Maschine 5.000 € und Erträge aus dem Abgang von Gegenständen des Anlagevermögens 5.000 €
3/9	Verbindlichkeiten an Bank 1.000 €
3/10	Keine Buchung s. o.

Zum Thema: Deutung von Buchungssätzen

Zu Aufgabe 5

1. Frachtkosten an Kasse 300 €
   → Spediteur erhält 300 € aus der Kasse
2. Wareneingangskonto an Verbindlichkeiten aus Lieferungen und Leistungen 5.000 €
   → Wareneinkauf auf Ziel
3. Verbindlichkeiten aus Lieferungen und Leistungen an Darlehen 5.000 €
   → Lieferantenverbindlichkeit wird in ein Darlehen umgewandelt
4. Bank an Forderungen aus Lieferungen und Leistungen 1.000 €
   → Kunde begleicht Rechnung durch Banküberweisung
5. Abschreibungen an technische Anlagen 50.000 €
   → Anlagen werden abgeschrieben
6. Forderungen an Umsatzerlöse 5.000 €
   → Warenverkauf auf Ziel zum Rechnungsbetrag von 5.000 €
7. Personalaufwand an Bank 50.000 €
   → Löhne und/oder Gehälter werden überwiesen
8. Provisionen an sonstige Verbindlichkeiten 2.000 €
   → Eine fällige Provisionszahlung erfolgt später
9. Bank an Zinserträge 500 €
   → Zinsgutschrift der Bank
10. Beteiligungen an sonstige Ausleihungen 100.000 €
   → Ein einem anderen Unternehmen gewährtes Darlehen wird in eine Beteiligung an diesem Unternehmen umgewandelt

4. Buchungen im Geschäftsbetrieb

4.1 Führen und Abschluss getrennter Warenkonten

In Handelsbetrieben wird der größte Teil des Geschäftsgeschehens auf den Warenkonten erfasst. In der Regel werden getrennte Konten für den Warenbestand (aktives Bestandskonto), Wareneinkauf/-eingang (Aufwandskonto) und den Warenverkauf/Umsatzerlöse (Ertragskonto) geführt. Darüber hinaus werden Änderungen des durch Inventur ermittelten Warenbestandes über ein so genanntes Bestandsveränderungskonto gebucht. Dabei wird die Anzahl der Wareneinkaufs- und Verkaufskonten nach dem Grundsatz der Übersichtlichkeit der Buchführung von Art und Zusammensetzung des Sortiments abhängen, z. B. Wareneingang zu 7 % Vorsteuer (z. B. für Lebensmittel oder Zeitungen), Wareneingang zu 19 % Vorsteuer, Warenverkäufe/Umsatzerlöse zu 7 % Umsatzsteuer, Warenverkäufe/Umsatzerlöse zu 19 % Umsatzsteuer, etc.

Im Einzelnen sind die Vorgänge wie folgt zu buchen:

Wareneinkaufs-/Wareneingangskonto

Das Sachkonto Wareneingang ist ein reines Aufwandskonto. Da es sich um ein Erfolgskonto handelt, werden keine Bestände ausgewiesen. Der Saldo des Kontos wird am Ende des Jahres auf das GuV-Konto umgebucht.

S (3400) Wareneinkauf (WEK)	H
Wareneinkäufe zu Einkaufspreisen	Rücksendungen an Lieferanten Saldo = zum Verkauf gelangte Ware zum Einstandspreis

Buchungssätze (ohne Berücksichtigung der Mehrwertsteuer):

(3400)	WEK	an	(1600)	Verb. a. LuL (bei Einkauf auf Ziel)

oder

(3400)	WEK	an	(1200)	Geldkonto (Bank, Kasse)

Stornobuchung z. B. bei Rücksendungen an den Lieferanten:

(1600)	Verbindlichkeiten	an	(3400)	WEK

Umsatzerlöse

Das Sachkonto Umsatzerlöse ist ein reines Erlöskonto. Da es sich um ein Erfolgskonto handelt, werden auch hier keine Bestände ausgewiesen. Der Saldo des Kontos wird am Ende des Jahres auf das GuV-Konto umgebucht.

S (8400) Umsatzerlöse	H
Rücksendungen von Kunden Saldo = Verkaufserlöse	Warenverkäufe an Kunden zu Verkaufspreisen

Buchungssätze (ohne Berücksichtigung der Mehrwertsteuer):

(1400) Forderungen a. LuL	an	(8400)	Umsatzerlöse (bei Verkauf auf Ziel)

oder

(1200) Geldkonto (Bank, Kasse)	an	(8400)	Umsatzerlöse

Stornobuchung z. B. bei Rücksendungen durch den Kunden:

WVK oder Umsatzerlöse	an	Forderungen

Warenbestandskonto

Zu Beginn des Geschäftsjahres wird der Anfangsbestand vom Eröffnungsbilanzkonto auf das Warenbestandskonto übernommen.

Am Ende des Geschäftsjahres wird der tatsächlich im Betrieb noch vorhandene Warenbestand durch die Inventur ermittelt. Dieser Inventurbestand wird sowohl in das Schlussbilanzkonto als auch in das Warenbestandskonto übernommen.

Buchungssatz (ohne Berücksichtigung der Mehrwertsteuer):

SBK	an	(3980)	Warenbestandskonto

Der Saldo des Warenbestandskontos zeigt nun an, ob eine Bestandsmehrung (Saldo steht auf der Sollseite des Kontos) oder eine Bestandsminderung (Saldo steht auf der Habenseite des Kontos) vorliegt.

S (3980) Warenbestandskonto	H
Anfangsbestand zu Beginn des Wirtschaftsjahres zu Einkaufspreisen	Warenbestand am Ende des Jahres durch Inventur ermittelt zu Einkaufspreisen
Saldo (bei Bestandsmehrung)	Saldo (bei Bestandsminderung)

Dieser Saldo des Warenbestandskontos wird nun auf das Erfolgskonto „Bestandsveränderungen" umgebucht.

Buchungssatz bei Bestandsmehrung:

(3980) Warenbestandskonto	an	(3960)	Bestandsveränderungen

Buchungssatz bei Bestandsminderung:

(3960) Bestandsveränderungen	an	(3980)	Warenbestandskonto

S (3960) Bestandsveränderungen	H
Übernommener Saldo des Warenbestandskontos bei Bestandsminderung	Übernommener Saldo des Warenbestandskontos bei Bestandsmehrung

Durch die Buchung über das Bestandsveränderungskonto wird der tatsächliche Wareneinsatz auf dem GuV-Konto berücksichtigt.

BEISPIEL:

In der Eröffnungsbilanz auf den 01. 01. 20x0 beträgt der Warenbestand der A-GmbH 17.000 €.

S	(3980) Warenbestandskonto		H
AB 01. 01. 20x0	17.000 €		

Im Laufe des Geschäftsjahres 20x0 werden Waren im Gesamtwert von 300.000 € eingekauft.
Der **gesamte** Einkauf wird über das Erfolgskonto „Wareneingang“ (= Aufwandskonto) gebucht:

S	(3400) Wareneingang		H
Wareneingang 20x0	300.000 €		

Gleichzeitig werden in 20x0 Waren im Wert von 450.000 € verkauft. Dieser Warenverkauf wird über das Erfolgskonto „Umsatzerlöse“ (= Erlöskonto) gebucht:

S	(8400) Umsatzerlöse		H
		Warenverkäufe 20x0	450.000 €

Am Ende des Jahres wird der tatsächliche Warenbestand durch die Inventur ermittelt. Es sind noch Waren im Wert von 37.000 € im Lager, d. h. ein Teil der eingekauften Waren wurde noch nicht verkauft. Der als Aufwand gebuchte Wareneingang ist um 20.000 € (Saldo Warenbestandskonto) zu hoch, denn es wurden Waren zum Einkaufspreis von 300.000 € eingekauft, wovon noch Waren im Wert von 20.000 € im Lager liegen. Mithin beläuft sich der Wareneinsatz auf 280.000 €.

S	(3980) Warenbestandskonto		H
AB 01. 01. 20x0	17.000 €	Inventurbestand	37.000 €
Saldo	20.000 €		

Der Saldo des Warenbestandskontos wird nun – wie oben beschrieben – auf das Konto „Bestandsveränderungen“ umgebucht.

Buchungssatz:

(3980)	Warenbestandskonto	20.000 €	an	(3960)	Bestandsveränderungen	20.000 €

S	(3960) Bestandsveränderungen		H
		Übernommener Saldo des Warenbestandskontos	20.000 €

Die Salden der Konten „Wareneingang“, „Umsatzerlöse“ und „Bestandsveränderungen“ werden anschließend über das GuV-Konto abgeschlossen:

S	(3400) Wareneingang		H
Wareneingang 20x0	300.000 €	Saldo	300.000 €

S	(8400) Umsatzerlöse		H
Saldo	450.000 €	Warenverkäufe 20x0	450.000 €

S	(3960) Bestandsveränderungen		H
Saldo	20.000 €	Übernommener Saldo des Warenbestandskontos	20.000 €

S	(9020) GuV-Konto		H
Saldo „Wareneingangskonto“	300.000 €	Saldo „Umsatzerlöse“	450.000 €
		Saldo „Bestandsveränderungen“	20.000 €

4.1.1 Die Behandlung von Preisnachlässen und Erlösschmälerungen

Wenn ein Handelsunternehmen bei Bezug von Waren nicht den vollen Rechnungspreis an den Lieferanten zahlt bzw. vom Kunden erhält, so ist dieses zu erfassen, weil bei der Lieferung zunächst die vollen Rechnungsbeträge gebucht werden. Preisnachlässe treten als Rabatte und Boni auf. Im Warenverkehr ist es darüber hinaus üblich, Käufe und Verkäufe auf Ziel, d. h. unter Einräumung einer bestimmten Zahlungsfrist (z. B. 30 Tage), abzuwickeln. Solche Zielumsätze berücksichtigen auf der Kundenseite die Inanspruchnahme eines Lieferantenkredits, auf der Lieferantenseite die Gewährung eines Kredits. Der Verkäufer einer Leistung wird seinen Preis für das zu verkaufende Gut unter der Annahme kalkulieren, dass der Kunde erst nach der vereinbarten Zahlungsfrist (z. B. 30 Tage) zahlt., d. h. in den Preis einen Kreditzins für das Warten auf die Bezahlung einkalkulieren. Da der Verkäufer aus Liquiditätsgründen Interesse an einer möglichst schnellen Bezahlung seiner gelieferten Waren hat, wird er dem Kunden einen Anreiz zur Barzahlung geben. Dieser Anreiz wird als Skonto bezeichnet. Bei Zahlung innerhalb einer angegebenen kurzen Frist (z. B. 5 Tage) kann der Käufer einen „Preisabzug" von z. B. 3 % vornehmen. Wird der Skontosatz in einen Jahreszins umgerechnet, zeigt sich, dass die Inanspruchnahme des Lieferantenkredits, d. h. die Zahlung ohne Skontoabzug, zu den teuersten Krediten überhaupt gehört, mit Jahreszinsen von über 30 % bei gängigen Skontoformulierungen wie 2 % bei acht Tagen, 30 Tage netto.

MERKE:

Rabatte sind Anschaffungskostenminderungen (beim Kunden) bzw. Verkaufserlösschmälerungen (beim Lieferanten) aufgrund von

- Barzahlung (Barzahlungsrabatt im Einzelhandel),
- Abnahme bestimmter Mindestmengen (Mengenrabatte),
- langjähriger Geschäftsbeziehungen (Treuerabatte).

Ein Rabatt stellt eine Preisvergünstigung dar, die **sofort** gewährt wird. Rabatte werden buchmäßig nicht besonders ausgewiesen. Der Käufer verbucht als Wareneinkauf lediglich, die um die Rabatte geminderten Beträge.

MERKE:

Boni sind eine Sonderform der Rabatte. Sie sind nachträglich gewährte Anschaffungskosten- bzw. Verkaufserlösschmälerungen, die nach der Umsatzhöhe eines Geschäftsjahres gestaffelt werden.

Als Skonto wird ein Lieferantenkredit bezeichnet, der im Rechnungswesen wie ein Rechnungsabzug für die Zahlung innerhalb einer bestimmten Frist behandelt wird.

Aus Platzgründen und im Hinblick auf die praktische Bedeutung wird im Folgenden lediglich die übliche buchmäßige Behandlung von Skonti dargestellt. Allerdings sei darauf hingewiesen, dass das Skonto betriebswirtschaftlich eigentlich einen Zins für einen Lieferantenkredit darstellt, der betriebswirtschaftlich korrekt neben dem Preis für die Leistung in einer eigenständigen Komponente (Preis für die Kreditleistung) verbucht werden müsste. In der historischen Entwicklung der Rechnungswesenpraxis wird das Skonto ähnlich wie ein Bonus behandelt, was den teuren Kreditcharakter leider verschleiert.

Im Warenverkehr werden Skonti auf gesonderten Erfolgskonten für Skontoerträge (aus dem Zahlungsverkehr mit Lieferanten) und Skontoaufwand (aus dem Zahlungsverkehr mit Kunden) erfasst.

BEISPIELE:

(1) Begleichung einer Lieferantenrechnung über 1.000 € unter Abzug von 3 % Skonto durch Banküberweisung. (Verbindlichkeiten sinken um 1.000 €, liquide Mittel sinken um 970 €, da Aktiva = Passiva gilt, steigt das Eigenkapital um 30 €.)

Buchungssatz Kunde:

(1600)	Verbindlichkeiten a. LuL	1.000 €	an	(1200)	Bank	970 €
			an	(3730)	erhaltene Skonti	30 €

S (1200) Bank	H
	970 €

S (1600) Verb.	H
1.000 €	AB 1.000 €

S (3730) erh. Skonti	H
	30 €

(2) Ein Kunde begleicht eine Rechnung über 1.000 € unter Abzug von 3 % Skonto durch Banküberweisung.

Buchungssatz Lieferant:

(1200)	Bank	970 €				
(8730)	gewährte Skonti	30 €	an	(1400)	Forderungen	1.000 €

S (1200) Bank	H
970 €	

S (8730) gew. Skonti	H
30 €	

S (1400) Forderungen	H
	1.000 €

Wie sind die Konten für Skontoerträge und -aufwendungen abzuschließen?

Nach herrschender Auffassung und Rechtssprechung sind Skonti Anschaffungskostenminderungen bzw. Erlösschmälerungen und stellen keinen Zinsaufwand dar. Demnach wären die entsprechenden Konten über die Warenkonten Wareneinkaufs- bzw. Warenverkaufskonto/Umsatzerlöse abzuschließen. Also:

(3730)	erhaltene Skonti	an	(3400)	Wareneinkaufskonto
(8400)	Umsatzerlöse	an	(8730)	gewährte Skonti

4.1.2 Die Behandlung von Anschaffungsnebenkosten

Mit dem Bezug von Waren fallen nicht nur die Rechnungsbeträge sondern auch Frachten, Zölle, Versicherungsgebühren etc., die sog. Anschaffungsnebenkosten (Bezugskosten) an. Die Anschaffungsnebenkosten sind gemäß § 255 Abs. 1 HGB Bestandteil der Anschaffungskosten, mit denen die Waren zu bilanzieren sind. Folglich sind Anschaffungsnebenkosten der verkauften Waren Bestandteile des Wareneinsatzes.

Buchungsmäßig werden die Bezugskosten aus Gründen der Kostenkontrolle auf besonderen Konten erfasst. Nach dem oben Gesagtem sind die Konten der Bezugskosten über das Wareneinkaufskonto abzuschließen.

BEISPIEL:

Ein Handelsunternehmen kauft Waren auf Ziel für 100.000 €. Es fallen Bezugskosten von 5.000 € an, die bar bezahlt werden.

Buchungssätze:

(1) (3400)	WEK	100.000 €	an	(1600)	Verbindlichkeiten a. LuL	100.000 €
(2) (3800)	Bezugskosten	5.000 €	an	(1000)	Kasse	5.000 €

Abschlussbuchungen:

(3) (3400)	WEK	5.000 €	an	(3800)	Bezugskosten	5.000 €
(4)	GuV	105.000 €	an	(3400)	WEK	105.000 €

S	(3400) Wareneingang		H
(1)	100.000 €	Saldo	105.000 €
(2)	5.000 €		

S	(3800) Bezugskosten		H
(2)	5.000 €	(3)	5.000 €

S	GuV		H
(4)	105.000 €		

4.1.3 Die Buchung der Umsatzsteuer

Das Wesen der Umsatzsteuer

Nach § 1 UStG sind **steuerbare Umsätze** „die Lieferungen und sonstigen Leistungen, die ein Unternehmer im Inland gegen Entgelt im Rahmen seines Unternehmens ausführt" (s. §§ 1, 2, 14 und 15 UStG!).

Die Umsatzsteuer wird dadurch zur Mehrwertsteuer, dass der Kaufmann grundsätzlich berechtigt ist, die von ihm auf die bezogenen Waren dem Lieferanten entrichtete Umsatzsteuer, die sog. Vorsteuer, vom Finanzamt zurückzuverlangen. Es wird daher effektiv nur eine Steuer auf die Differenz zwischen Einkaufs- und Verkaufspreis, der „Mehrwert" (Wertschöpfung), an das Finanzamt abgeführt.

Bezahlt wird die Umsatzsteuer jedoch von den Kunden, denen sie getrennt in Rechnung gestellt wird. Diese Steuerüberwälzung setzt sich bis zum Endverbraucher (Konsument) fort, der damit der eigentliche Steuerzahler ist. Die Mehrwertsteuer ist daher aus wirtschaftlicher Sicht eine Verbrauchssteuer (Allphasen-Nettoumsatzsteuer mit Vorsteuerabzug).

Durch die Möglichkeit des Vorsteuerabzugs und die Zahlung der Mehrwertsteuer durch die Kunden ist die Umsatzsteuer buchhalterisch üblicherweise ein durchlaufender Posten und damit buchhalterisch bzw. formal erfolgsneutral.

BEISPIEL:

Der Fahrradhändler U1 kauft bei seinem Großhändler G1 ein Markenfahrrad zum Einkaufspreis von 1.000 € zzgl. 190 € Umsatzsteuer. G1 stellt U1 eine ordnungsgemäße Rechnung i. S. d. § 14 UStG aus. U1 ist als Unternehmer i. S. d. § 2 UStG zum vollen Vorsteuerabzug berechtigt (s. auch § 15 Abs. 1 Nr. 1 UStG).

Das Fahrrad wird von U1 an den Privatkunden K1 für 1.500 € zzgl. 285 € Umsatzsteuer verkauft. Der Kunde bezahlt das Fahrrad bar.

Unser Fahrradhändler U1 ist verpflichtet, die in dem Verkaufsgeschäft ausgewiesene Umsatzsteuer von 285 € an das Finanzamt abzuführen. Gleichzeitig darf er die vom Großhändler in der Rechnung ausgewiesene Umsatzsteuer von 190 € als Vorsteuer abziehen. Die Umsatzsteuerzahllast beträgt mithin 95 € und resultiert aus dem Aufschlag („Mehrwert“) von 500 €, denn 500 € x 19 % = 95 €.

Diese Umsatzsteuer belastet das betriebliche Kostengefüge des U1 nicht, da der Kunde K1 letztlich wirtschaftlich mit der Umsatzsteuer belastet wird, denn er muss die 285 € zahlen und kann diese nicht als Vorsteuer geltend machen.

Dass die Umsatzsteuer tatsächlich (realökonomisch) nicht erfolgsneutral ist, lässt sich am Beispiel der Umsatzsteuererhöhung von 16 % auf 19% zum 01. 01. 2007 darstellen.

Wird die Umsatzsteuererhöhung um 3 %-Punkte auf den Preis aufgeschlagen und an den Kunden weitergegeben, kann dies zu einem Sinken des Absatzes/Umsatzes und letztlich auch zu einem Gewinnverlust führen.

Wird die Umsatzsteuererhöhung nicht an den Kunden weitergegeben, führt dies zu einer geringeren Gewinnmarge und somit ebenfalls zu einem sinkenden Nettoumsatz.

Umsatzsteuerbuchungen

Wegen der Verrechnung der Vorsteuer mit der Umsatzsteuer auf die Verkaufserlöse werden beide auf je einem „Vorsteuer-“ und einem „Umsatzsteuer-Konto“ getrennt erfasst. Sofern Umsätze mit unterschiedlichen Steuersätzen (ermäßigte Steuersätze gelten z. B. für Lebensmittel und Verlagserzeugnisse, z. Zt. 7 %) getätigt werden, empfiehlt sich die Einrichtung zusätzlicher Konten. Da die Mehrwertsteuer erfolgsneutral ist, sind auf den Warenkonten die Netto-Rechnungsbeträge zu buchen. Auf den Lieferanten- und Kundenkonten sind dagegen die Bruttobeträge (einschl. Mehrwertsteuer) zu buchen, weil die Steuer mit dem Rechnungspreis zu entrichten ist.

BEISPIELE:

(1) Wareneinkauf auf Ziel; Rechnungsbetrag 100 € + 19 % MwSt.

Buchungssatz:

(3400)	Wareneingang	100 €				
(1570)	Vorsteuer	19 €	an	(1600)	Verbindlichkeiten	119 €

S	(3400) Wareneingang	H
	100 €	

S	(1570) Vorsteuer	H
	19 €	

S	(1600) Verbindlichkeiten	H
		119 €

(2) Warenverkauf; Rechnungsbetrag 200 € + 19 % MwSt.

Buchungssatz:

(1400)	Forderungen	238 €	an	(8400)	Umsatzerlöse	200 €
			und	(1770)	USt-Schuld	38 €

S	(8400) Umsatzerlöse		H
			200 €

S	(1770) Umsatzsteuer		H
			38 €

S	(1400) Forderungen		H
	238 €		

Da die Vorsteuerbeträge mit der Umsatzsteuer-Schuld verrechnet werden, hat sich der Abschluss der Mehrwertsteuer-Konten nach dem sog. Nettoverfahren durchgesetzt, d. h.

- das Vorsteuerkonto wird auf das Umsatzsteuer-Schuldkonto abgeschlossen,
- der verbleibende Saldo wird als Umsatzsteuer-Schuld in die Bilanz aufgenommen.

Fortführung des obigen Beispiels:

(1) (1770)	Umsatzsteuer	19 €	an	(1570)	Vorsteuer	19 €
(2) (1770)	Umsatzsteuer	19 €	an		SBK	19 €

S	(1570) Vorsteuer		H
	19 €	Saldo	
		(1)	19 €

S	(1770) Umsatzsteuer		H
(1)	19 €		38 €
Saldo			
(2)	19 €		

S	SBK		H
		(2)	19 €

(Oder, wenn vor Bilanzaufstellung die Umsatzsteuer-Schuld an das FA abgeführt wird lautet die Buchung: Umsatzsteuer-Konto an Bank 19 €. Eine Umsatzsteuer-Schuld besteht nicht mehr. Daher erscheint diese also auch nicht in der Bilanz.)

Sind die auf dem Konto (1570) Vorsteuer gebuchten Beträge höher als die Beträge auf dem Umsatzsteuerkonto (1770) ergibt sich ein Erstattungsanspruch auf zuviel gezahlte Vorsteuer gegenüber dem Finanzamt (= Forderung). Dieses kommt in der Praxis häufig in der Gründungsphase vor, wenn die Kosten höher als die Einnahmen sind, oder wenn große Anschaffungen (z. B. Kauf von Maschinen) getätigt wurden, die Vorsteuer enthalten.

BEISPIEL:

Auf dem Konto Vorsteuer wurden insgesamt 1.900 € verbucht. Die Umsatzsteuer, die dem Kunden in Rechnung gestellt wurde, beträgt 1.350 €.

Buchungssätze:

(1) (1770)	Umsatzsteuer	1.900 €	an	(1570)	Vorsteuer	1.900 €
(2)	SBK	550 €	an	(1770)	Umsatzsteuer	550 €

S	(1570) Vorsteuer		H
	1.900 €	Saldo	
		(1)	1.900 €

S	(1770) Umsatzsteuer		H
(1)	1.900 €		1.350 €
		Saldo	
		(2)	550 €

S	SBK		H
(2)	550 €		

Buchungspflichtige Vorgänge im Zusammenhang mit der Mehrwertsteuer entstehen auch dann, wenn Rechnungsbeträge und Zahlungen in Folge von Rabatten, Boni oder Skonti voneinander abweichen. Denn Boni, Skonti und nachträglich gewährte Rabatte mindern das „Entgelt“ als Bemessungsgrundlage der Umsatzsteuer und damit entsprechend die Vorsteuer bzw. Umsatzsteuer-Schuldbeträge (vgl. § 17 UStG). Die notwendigen Korrekturbuchungen zeigen die folgenden Beispiele.

BEISPIELE:

(1) Beispiel für Skontoerträge

Wareneinkauf auf Ziel 10.000 € + 19 % MwSt; nach 10 Tagen Begleichung der Rechnung unter Abzug von 3 % Skonto durch Überweisung.

Buchungssätze:

(1)	(3400)	Wareneingang	10.000 €				
	(1570)	Vorsteuer	1.900 €	an	(1600)	Verbindlichkeiten	11.900 €
(2)	(1600)	Verbindlichkeiten	11.900 €	an	(1200)	Bank	11.543 €
					(3730)	erh. Skonti	357 €
(3)	(3730)	erh. Skonti	57 €	an	(1570)	Vorsteuer	57 €

S	(3400) WEK		H
(1)	10.000 €		

S	(1570) Vorsteuer		H
(1)	1.900 €	(3)	57 €

S	(3730) erh. Skonti		H
(3)	57 €	(2)	357 €

S	(1600) Verb. a. LuL		H
(2)	11.900 €	(1)	11.900 €

S	(1200) Bank		H
		(2)	11.543 €

Die Buchungsvorgänge (2) und (3) können auch in einem Vorgang erledigt werden:

(1600)	Verbindlichkeiten	11.900 €	an	(1200)	Bank	11.543 €
			an	(3730)	erh. Skonti	300 €
			an	(1570)	Vorsteuer	57 €

(2) Beispiel für Skontoaufwendungen

Warenverkauf auf Ziel 10.000 € + 19 % MwSt.; nach 10 Tagen Begleichung der Rechnung durch den Kunden unter Abzug von 3 % Skonto durch Überweisung.

Buchungssätze:

(1)	(1400)	Forderungen	11.900 €	an	(8400)	Umsatzerlöse	10.000 €
				an	(1770)	Umsatzsteuer	1.900 €
(2)	(1200)	Bank	11.543 €				
	(8730)	gew. Skonti	357 €	an	(1400)	Forderungen	11.900 €
(3)	(1770)	Umsatzsteuer	57 €	an	(8730)	gew. Skonti	57 €

S	(1400) Forderungen		H
(1)	11.900 €	(2)	11.900 €

S	(1770) Umsatzsteuer		H
(3)	57 €	(1)	1.900 €

S	(8730) gew. Skonti		H
(2)	357 €	(3)	57 €

S	(8400) Umsatzerlöse		H
		(1)	10.000 €

S	(1200) Bank		H
(2)	11.543 €		

Auch hier können die Buchungsvorgänge (2) und (3) in einem Vorgang erledigt werden:

(1200)	Bank	11.543 €				
(8730)	gew. Skonti	300 €				
(1770)	Umsatzsteuer	57 €	an	(1400)	Forderungen	11.900 €

4.2 Die Buchung der Personalaufwendungen

Die Personalaufwendungen bestehen aus den

- Bruttolöhnen der Arbeiter und den
- Bruttogehältern der Angestellten.

Die Brutto-Entgelte der Arbeitnehmer bestehen aus verschiedenen Einzelbeträgen:

ABB. 12: Zusammensetzung der Personalaufwendungen

Personalaufwendungen	
Bruttolöhne ↓	Bruttogehälter ↓
► An den Arbeitnehmer zu zahlendes Netto-Entgelt.	
► Vom Brutto-Entgelt einzubehaltende, vom Arbeitgeber für den Arbeitnehmer an das Finanzamt abzuführende Steuern.	
► Gesetzliche Beiträge zur Sozialversicherung (Arbeitnehmer- und Arbeitgeberanteile).	
► Eventuell freiwillige Sozialleistungen.	

Die monatliche Gehaltsabrechung hat dann – in der Regel – folgendes Aussehen:

	Monatslohn lt. Arbeitsvertrag
+	Sonderzahlungen, z. B. Urlaubs-, Weihnachtsgeld
+	Sachzuwendungen, z. B. Firmenwagen, Kost und Logie
=	**Bruttoarbeitslohn**
-	Lohnsteuer
-	Solidaritätszuschlag
-	Kirchensteuer
-	Arbeitnehmeranteil zur Sozialversicherung (Kranken-, Pflege-, Renten-, Arbeitslosenversicherung)
=	**Nettoarbeitslohn**

Da der Betrieb dem Arbeitnehmer den Bruttolohn schuldet, werden auf den Aufwandskonten für Löhne und Gehälter die Bruttobeträge gebucht. In der Regel werden Sozialversicherungsbeiträge (Renten-, Kranken-, Arbeitslosenversicherung) und Lohnsteuer nicht zeitgleich mit dem Nettoentgelt überwiesen. Da sie aber mit der Fälligkeit der Lohnzahlung für den Betrieb wirtschaftlich zu Aufwand werden, sind diese Beträge unter „Sonstige Verbindlichkeiten" eigenkapitalmindernd sofort erfolgswirksam zu passivieren (auf die Passivseite der Bilanz zu übernehmen). Die Zahlung selbst wird später erfolgsneutral gebucht (Verbindlichkeiten an Kasse).

Das folgende Beispiel zeigt, welche Konten zu führen sind und welche Buchungen im Regelfall vorzunehmen sind.

BEISPIEL:

Zum Arbeitnehmer Mustermann sind folgende Informationen bekannt:

- Steuerklasse: 1
- Kinderfreibeträge: 0
- Kirchensteuer: ja (NRW = 9 %)
- Solidaritätszuschlag: 5,5 %
- Beitragssatz KV: 14,6 % + 0,9 % zusätzl. AN
- Bruttogehalt: 3.000,00 €
- Wohnort: liegt in NRW

Die monatliche Lohn- und Gehaltsabrechnung 2012 hat folgendes Aussehen:

ABB. 13: Monatliche Gehaltsabrechnung

Bruttogehalt	3.000,00 €
Lohnsteuer	471,50 €
Solidaritätszuschlag 5,5 % (von LSt)	25,93 €
Kirchensteuer 9 % (von LSt)	42,43 €
Summe der Steuern	**539,86 €**
Rentenversicherung 9,8 % (1/2 von 19,6 %)	294,00 €
Arbeitslosenversicherung 1,5 % (1/2 von 3,0 %)	45,00 €
Krankenversicherung 7,3 % (1/2 von 14,6 %)	
AN-Sonderbeitrag zur KV 0,9 %	246,00 €
Pflegeversicherung 0,975 % (1/2 von 1,95 %)	36,75 €
Summe Sozialversicherung	**621,75 €**
Nettolohn	**1.838,39 €**
Arbeitgeberanteil	
► Rentenversicherung 9,8 % (1/2 von 19,6 %)	294,00 €
► Arbeitslosenversicherung 1,5 % (1/2 von 3,0 %)	45,00 €
► Krankenversicherung 7,3 % (1/2 von 14,60 %)	219,00 €
► Pflegeversicherung 0,975 % (1/2 von 1,95 %)	29,25 €
Summe Arbeitgeberanteil	**587,25 €**
Gesamtbelastung Arbeitgeber	**3.587,25 €**
Nicht berücksichtigt: Beiträge für U1, U2, Insolvenzumlage und für die Berufsgenossenschaft.	

Bis zum drittletzten Bankarbeitstag des laufenden Monats wird gemäß § 23 Abs. 1 Satz 2 SGB IV der Gesamtsozialversicherungsbeitrag (Arbeitgeber- und Arbeitnehmeranteil) vom Lohnbuchhalter für die gesamten Personalkosten des Unternehmens für den laufenden Monat geschätzt. Dieser wird mit dem Restbeitrag bzw. Erstattungsanspruch aus dem Vormonat verrechnet. Daraus ergibt sich die Sozialversicherungsvorauszahlung (SV), die an die Krankenkasse überwiesen wird. Als Verrechnungskonto dient das Konto (1759) Voraussichtliche Beitragsschuld gegenüber den Sozialversicherungsträgern. Die Beitragsforderung ist eine sog. Bringschuld (§ 270 Abs. 1 BGB). Der Beitragsschuldner trägt das Risiko des Zahlungsweges.

Die einbehaltene Lohnsteuer ist vom Arbeitgeber an das Betriebsstättenfinanzamt gemäß § 41a EStG zum 10. Tag, des auf dem Anmeldezeitraum folgenden Monats (i. d. R. monatlich), abzuführen.

Buchungssätze zum obigen Beispiel:

(1) (4100)	Lohnaufwand	3.000,00 €	an	(1200)	Bank	1.838,39 €
			an	(1741)	sonst. Verb. (Lohnst., SoldZ)	497,43 €
			an	(1741)	sonst. Verb. (Kirchenst.)	42,43 €
			an	(1759)	voraussicht. Beitragsschuld Sozialvers.	621,75 €
(2) (4130)	Arbeitgeberanteil Sozialvers.	587,25 €	an	(1759)	voraussicht. Beitragsschuld	587,25 €

Anmerkung:

Die Sozialversicherungsbeiträge sind grds. vom ArbN und ArbG je zu 50 % zu tragen. Seit 2005 müssen gesetzlich Versicherte einen Zuschlag von 0,25 % zur Pflegeversicherung bezahlen. Der ArbG beteiligt sich an diesem Zuschlag nicht und übernimmt weiterhin 0,975 % (1,95 % : 2). Für kinderlose ArbN beträgt der Beitragssatz somit 1,225 % (0,975 + 0,25 %). Auch bei der Krankenversicherung gibt es eine Kürzung für den Arbeitgeber. Seit dem 01. 01. 2012 trägt der ArbG 7,3 % und der ArbN 8,2 % des Krankenversicherungsbeitrages. Hier wurde also ebenfalls die Halbierung der Zahlungsverpflichtung der Sozialversicherung aufgehoben.

Zum Zeitpunkt der Überweisung der Steuern und Sozialversicherungen ergeben sich, bezogen auf das obige Beispiel, folgende Buchungssätze:

Buchungssatz:

(3) (1759)	voraussicht. Beitragsschuld Sozialvers.	1.209,00 €				
(1741)	Sonst. Verb. (Steuern)	539,86 €	an	(1200)	Bank	1.748,86 €

S	(4100) Lohnaufw.		H
(1)	3.000,00		

S	(1200) Bank		H
		(1)	1.838,39
		(3)	1.748,86

S	(4130) Sozialvers.		H
(2)	587,25		

S	(1741) sonst. Verb. (LSt. und KSt.)		H
(3)	539,86	(1)	497,43
		(1)	42,43

S	(1759) vor. Beitragsschuld (Sozialvers.)		H
(3)	1.209,00	(1)	621,75
		(2)	587,25

In der Praxis ist für jeden Arbeitnehmer ein eigenes Lohn- bzw. Gehaltskonto zu führen. Daher wird in größeren Betrieben zu diesem Zweck eine eigene „Lohnbuchhaltung" geführt, die regelmäßig die gesammelten Lohn- und Gehaltsaufwendungen an die Hauptbuchhaltung weitergibt.

5. Buchungen zum Jahresabschluss

5.1 Vorbereitende Abschlussbuchungen

Der Jahresabschluss soll den richtigen, periodengerechten Gewinn ausweisen. Zu diesem Zweck sind regelmäßige Buchungen vor dem eigentlichen Kontenabschluss notwendig. Hierzu zählen im Wesentlichen

- Buchungen der planmäßigen und außerplanmäßigen Abschreibungen auf Vermögensgegenstände (Anlagen, Vorräte, Forderungen),
- Buchungen zur Abgrenzung der betrieblichen und privaten Sphäre bei Personengesellschaften (hier nicht behandelt),
- Buchungen zur zeitlichen Abgrenzung von Vorgängen, bei denen Zahlung und Erfolgswirkung der Zahlung in verschiedenen Perioden liegen, durch Bildung von
  - aktiven/passiven Rechnungsabgrenzungsposten (RAP),
  - sonstigen Forderungen/sonstigen Verbindlichkeiten,
  - Rückstellungen.

5.1.1 Abschreibungen

Rechtsgrundlagen

HGB	EStG	EStR und EStH
§ 253	§ 7	R 7.1 ff.

Vermögensgegenstände des abnutzbaren Anlagevermögens sind über den Zeitraum der voraussichtlichen Nutzung planmäßig abzuschreiben (§ 253 Abs. 3 Satz 1 HGB). Auf diese Weise werden die bei Zugang erfolgsneutral erfassten Anschaffungsausgaben während der Nutzungsdauer zu Aufwand. Nach Verbuchen der jährlichen Abschreibungsbeträge verbleibt auf den Anlagekonten der Restbestand. Verbleiben die Vermögensgegenstände nach der Nutzungsdauer noch im Unternehmen, wird häufig in der Praxis nicht bis auf 0 € abgeschrieben, sondern es wird 1 € als Restbuchwert belassen, dem sogenannten Erinnerungsposten. Abschreibungen erfassen die Wertminderungen, die durch Abnutzung, technischen Fortschritt, wirtschaftliche Überholung und außergewöhnliche Ereignisse verursacht werden.

Buchung:

Abschreibungen	an	Anlagen

Zunächst ist jedoch zu prüfen, ob ein Vermögensgegenstand vorliegt. Der Begriff wird im HGB nicht näher definiert, deshalb ist auf die GoB abzustellen. Demnach müssen folgende Kriterien für das Vorliegen eines Vermögensgegenstandes erfüllt sein:

- Wirtschaftliches Gut (nützlich und knapp),
- selbstbewertbar,
- selbständig veräußerbar.

Die selbständige Veräußerbarkeit kann konkret oder abstrakt vorliegen. Konkret bedeutet das, dass das Objekt einzeln veräußerbar ist, bei abstrakter Veräußerbarkeit kann das Objekt auch – ohne veräußerbar zu sein – zur Schuldendeckung verwertet werden und ist bilanziell greifbar (z. B. durch Urkunde oder Beleg). In diesem Zusammenhang wurde die Aktivierungspflicht des Geschäfts- oder Firmenwertes und auch die der selbsterstellten EDV-Programme durch das BilMoG erfasst, indem eine fiktive Vermögensgegenstandsfähigkeit unterstellt wurde. In Abgrenzung dazu unterliegen Marken, Drucktitel, Verlagsrechte, Kundenlisten oder vergleichbare immaterielle Vermögensgegenstände des Anlagevermögens, die nicht entgeltlich erworben wurden, einem Aktivierungsverbot nach § 248 Abs. 2 Satz 2 HGB.

5.1.2 Methoden der planmäßigen Abschreibungen

Zur Ermittlung des Abschreibungsbetrages gibt es unterschiedliche Berechnungsmethoden, die je nach Gesetzesstand Gültigkeit haben. Die Abschreibungsbeträge können von den Beträgen zu Kalkulationszwecken abweichen (vgl. internes Rechnungswesen), da diese unter Umständen einen anderen Zweck verfolgen. Abschreibungen mindern den laufenden Gewinn und somit auch die Bemessungsgrundlage für die Ertragssteuer.

5.1.2.1 Lineare Abschreibung

Am einfachsten ist die sog. **lineare Abschreibung**, bei der die Anschaffungskosten (AK) in jährlich gleich bleibenden Beträgen auf die einzelnen Geschäftsjahre der Nutzungsdauer verteilt werden. Die allgemein gültige Nutzungsdauer kann aus den amtlichen AfA-Tabellen (AfA = Absetzung für Abnutzung) entnommen werden, die im Bundesgesetzblatt veröffentlicht wurden.

BEISPIEL:

Kauf einer Maschine für 100.000 € netto durch Banküberweisung.

Nutzungsdauer lt. amtlicher Abschreibungstabelle:	5 Jahre
Anschaffungskosten:	100.000 €
Nutzungsdauer:	5 Jahre
Der jährliche Abschreibungsbetrag beträgt (100.000 € / 5)	20.000 €
Der jährliche Abschreibungssatz (in %) beträgt (100 % / 5)	20 %

Buchtechnische Behandlung der Abschreibung:

- Buchung bei Kauf per Banküberweisung:

(0240)	Masch. Anlagen	100.000 €				
(1570)	Vorsteuer	19.000 €	an	(1200)	Bank	119.000 €

- Buchung des Abschreibungsbetrages am Jahresende:

(4830)	Abschreibungen auf Sachanlagen	20.000 €	an	(0240)	Masch. Anlagen	20.000 €

- Abschlussbuchungen:

	SBK	80.000 €	an	(0240)	Masch. Anlagen	80.000 €
	GuV-Konto	20.000 €	an	(4830)	Abschreibungen auf Sachanlagen	20.000 €

5.1.2.2 Degressive Abschreibungen

Die Anwendung der degressiven Abschreibung ist zurzeit steuerrechtlich nicht möglich, wenngleich diese Abschreibungsmethode handelsrechtlich zulässig ist. Es bleibt für die nächsten Jahre abzuwarten, ob die deutsche Finanzverwaltung unter steuerungsrelevanten Aspekten die Anwendung der degressiven Abschreibung erneut überdenkt.

Bei der degressiven Abschreibung handelt es sich um eine Abschreibungsmethode, bei der die Abschreibungsbeträge von Jahr zu Jahr fallen. Daher spricht man auch von einer Abschreibung – bzw. AfA (Absetzung für Abnutzung) im Steuerrecht – bei fallenden Jahresbeträgen. Es handelt sich bei der degressiven Abschreibung um eine planmäßige Abschreibungsmethode, bei der sich die Abschreibungen nach einem Abschreibungsplan richten.

Zu den wichtigsten degressiven Abschreibungsmethoden gehören:

- die geometrisch-degressive Abschreibung, bei der die jährlichen Abschreibungsbeträge um einen gleich bleibenden Prozentsatz fallen;
- die arithmetisch-degressive Abschreibung, die auch als digitale Abschreibung bezeichnet wird – hierbei fallen die jährlichen Abschreibungsbeträge um gleich bleibende Beträge (diese ist jedoch steuerrechtlich nicht zulässig);
- die kombinierte degressive/lineare Abschreibung, die dadurch gekennzeichnet ist, dass die degressive Abschreibung planmäßig zur linearen Abschreibung übergeht.

Für alle Wirtschaftsgüter (Begriff aus dem Steuerrecht entspricht in etwa dem der Vermögensgegenstände des HGB) des Anlagevermögens, die in den Jahren 2009 oder 2010 angeschafft wurden, beträgt die degressive Abschreibung das 2,5-fache der linearen Abschreibung, maximal 25 %. Bei Wirtschaftsgütern, deren Nutzungsdauer fünf Jahre oder mehr beträgt, ist die degressive Abschreibung somit günstiger als die lineare, da die lineare Abschreibung bei fünf Jahren pro Jahr 20 %, und damit weniger als der maximale degressive Abschreibungssatz von 25 %, beträgt.

Für die anschließenden Wirtschaftsjahre ist eine Zulässigkeit für die Anwendung der degressiven Abschreibung steuerrechtlich noch nicht geklärt.

Wann ist die degressive Abschreibung von Vorteil?

Die degressive Abschreibung ist besonders dann vorteilhaft, wenn ein Wirtschaftsgut über einen längeren **Zeitraum hinweg abgeschrieben** wird, wie z. B. bei vielen Maschinen, Büromöbeln oder anderen technischen Geräten.

Wie vorteilhaft die degressive Abschreibung sein kann, lässt sich am besten anhand eines praktischen Beispiels erklären.

BEISPIEL:

Ein Unternehmen kauft eine Produktionsmaschine zu einem Preis von 150.000 € netto. Laut AfA-Tabelle hat die Maschine eine Nutzungsdauer von zehn Jahren. Da die Maschine im Januar gekauft wurde, könnte das Unternehmen mit der linearen Abschreibung im ersten Jahr 15.000 € abschreiben, mit der degressiven Abschreibung sind es 37.500 €. Im zweiten Jahr sind es bei der linearen Abschreibung wieder 15.000 €, bei der degressiven Abschreibung noch 28.125 €. So ergibt sich eine große Differenz, die zusätzliche Liquidität verschafft - durch die temporäre Steuerersparnis. Erst im fünften Jahr nach der Anschaffung „überholt" die lineare Abschreibung die degressive Abschreibung.

Die Beträge der degressiven Abschreibung fallen schnell. Deshalb empfiehlt es sich, später zur linearen Abschreibung zu wechseln, sobald der Betrag der linearen Abschreibung den der degressiven Abschreibung übersteigt. Dies ist weiterhin zulässig.

Die Formel für die Ermittlung des günstigsten Jahres für den Übergang von degressiver zu linearer Abschreibung lautet:

$$i = n - \frac{100}{p} + 1$$

i = Übergangsjahr

n = Nutzungsdauer

p = degressiver AfA-Satz

5.1.2.3 Abschreibung nach Leistungseinheiten

Diese Abschreibungsmethode ist die genauste, aber auch die umständlichste. Grundlage ist die jährlich erbrachte Leistung des abzuschreibenden Vermögensgegenstandes. Dieses können z. B. die km-Anzahl oder gelaufene Maschinenstunden sein. Jedoch muss dann über die Arbeitsstunden der Maschine oder die km-Zahl des Autos genauestens Buch geführt werden.

Die Formel für den Abschreibungsbetrag lautet:

$$\frac{\text{Anschaffungskosten}}{\text{geschätzte Gesamtleistung}} \times \text{Arbeitseinheiten im Abschreibungsjahr}$$

BEISPIEL:

Betragen die Anschaffungskosten eines LKWs 80.000 € (netto) und die voraussichtliche Gesamtleistung 200.000 km, so ergibt sich daraus ein Abschreibungsbetrag je Leistungseinheit (hier km) von 80.000 € : 200.000 km = 0,40 €/km.

Ermittlung des jeweiligen Abschreibungsbetrages:

1. Jahr: 40.000 km = 16.000 €
2. Jahr: 60.000 km = 24.000 €
3. Jahr: 35.000 km = 14.000 €
4. Jahr: 65.000 km = 26.000 €

5.1.2.4 Abschreibung von geringwertigen Wirtschaftsgütern (GWG)

Ein geringwertiges Wirtschaftsgut (GWG) im Sinne des § 6 Abs. 3 EStG ist ein Wirtschaftsgut, welches

1. zum Anlagevermögen gehört,
2. Anschaffungskosten, Herstellungskosten oder einen Einlagewert hat, der 410 € nicht übersteigt,
3. beweglich und abnutzbar ist sowie
4. selbständig nutzbar ist.

Mit dem Gesetz zur Beschleunigung des Wirtschaftswachstums (Wachstumsbeschleunigungsgesetz) vom 22. 12. 2009[1] wurde die Bilanzierung der GWG erneut geändert.

Wenn die Voraussetzungen, die im Folgenden weiter erläutert werden, erfüllt sind, dann können diese Güter nach § 6 Abs. 2a EStG in voller Höhe als GWG abgesetzt werden.

Voraussetzungen

Damit ein Gut als geringwertiges Wirtschaftsgut abgeschrieben werden kann, müssen Anschaffungs- oder Herstellungskosten angefallen sein.

Der Höchstbetrag von 410 € ist ohne Mehrwertsteuer zu betrachten, unabhängig davon, ob das Unternehmen zum Vorsteuerabzug berechtigt ist, oder nicht (z. B. Kleinunternehmer i. S. d. § 19 UStG). Dieser Betrag beinhaltet allerdings alle Anschaffungskosten, d. h. laut § 255 Abs. 1 HGB auch die Anschaffungsnebenkosten. Zusammen dürfen diese Beträge 410 € nicht überschreiten. Anschaffungspreisminderungen und ein in Anspruch genommener Investitionsabzugsbetrag sind abzuziehen.

Das Wirtschaftsgut muss selbstständig nutzbar sein, d. h. dass es nicht nur im Zusammenhang mit anderen Wirtschaftsgütern genutzt werden kann, sondern auch allein. Eine selbstständige Nutzung hat oftmals die geforderte Beweglichkeit des Gegenstandes als Voraussetzung. Diese muss ebenfalls erfüllt sein. Um abgeschrieben werden zu können, muss die Anlage zudem abnutzbar sein (keine immateriellen Wirtschaftsgüter, jedoch Trivialsoftware R 5.5 EStR 2008). Solche Wirtschaftsgüter sind beispielsweise Kopierer, Einrichtungsgegenstände oder Computer. Ein Drucker für einen PC im Büro gilt daher nicht als GWG, weil er nicht selbstständig nutzbar ist, sondern für den Betrieb einen PC benötigt. Der Drucker bildet dann mit dem Computer eine wirtschaftliche Einheit. Dabei gilt es zu beachten, dass Kombigeräte, die einen Scanner und Drucker beinhalten und dadurch eine PC-unabhängige Kopierfunktion haben, als GWG angesetzt werden können.

1 Bundesgesetzblatt Jahrgang 2009 Teil I Nr. 81, ausgegeben zu Bonn am 30. Dezember 2009, S. 3950.

GWG bis 410 €

Wirtschaftsgüter bei denen die oben genannten Voraussetzungen gegeben sind, und deren Anschaffungskosten netto nicht höher als 410 € sind, können wie folgt verbucht werden:

Der **Buchungssatz** lautet bei Bankzahlung:

(0480)	GWG bis 410 € z. B. Handy	320,00 €				
(1570)	Vorsteuer	60,80 €	an	(1200)	Bank	380,80 €

Die GWG werden im Jahr der Anschaffung voll abgeschrieben und mindern somit mit den vollen Anschaffungskosten den Gewinn.

(4855)	Abschr. GWG bis 410 €	320,00 €	an	(0480)	GWG bis 410,00 €	320,00 €

Häufig wird ein Erinnerungswert in Höhe von einem 1 € im Anlageverzeichnis belassen, so kann im Fall der Vollabschreibung das Wirtschaftsgut bis zum tatsächlichen Ausscheiden aus dem Betrieb im Anlagevermögen verbleiben. Diese Vorgehensweise wird von vielen Unternehmen favorisiert, da GWG so in das zu versichernde Anlagevermögen mit einfließen und die Gegenstände nicht in Vergessenheit geraten.

Betriebsausgaben (≤) 150 €

Abnutzbare bewegliche Wirtschaftsgüter, die Anschaffungs- bzw. Herstellkosten bis zu (≤) 150 € haben, können sofort als Betriebsausgaben gemäß § 6 Abs. 2a EStG abgesetzt werden, d. h. die Ausgaben mindern als Kosten bereits zum Zeitpunkt der Anschaffung den Gewinn.

Im Gegensatz zu den Wirtschaftsgütern, für die eine Poolabschreibung vorgenommen werden kann (Kannregelung), besteht für geringwertige Wirtschaftsgüter bis 150 € keine Dokumentationspflicht. Für diese muss kein separates Anlagenverzeichnis geführt werden. Die Notwendigkeit zur Führung besonderer Verzeichnisse greift erst für alle Wirtschaftsgüter, deren Anschaffungskosten größer als 150 € sind!

BEISPIEL:

Kauf einer Etikettiermaschine zum Preis von 85,00 € (inkl. Umsatzsteuer)

Buchungssatz:

(4930)	Bürobedarf	71,43 €				
(1570)	Vorsteuer	13,57 €	an	(1200)	Bank	85,00 €

Sammelposten

Wenn die Anschaffungskosten (netto) für das Wirtschaftsgut über 150 € liegen und den Betrag von 1.000 € (netto) nicht überschreiten, **kann** nach § 6 Abs. 2a EStG ein Sammelposten eingerichtet werden. In diesem werden alle Wirtschaftsgüter eines Jahres zusammengefasst, welche die Anschaffungs- bzw. Herstellungskosten von 150 € übersteigen und unter 1.000 € liegen. Dieser Sammelposten wird über fünf Jahre linear abgeschrieben. Der Anschaffungszeitpunkt im Wirtschaftsjahr beeinflusst die Berechnung der Abschreibungssumme nicht. Falls ein Wirtschaftsgut aus dem Unternehmen ausscheidet, wird der Sammelposten **nicht wertberichtigt**. Dieses hat zur Folge, dass das Unternehmen unter Umständen Wirtschaftsgüter im Betriebsvermögen ausweist, die nicht mehr im Unternehmen existieren (z. B. Firmenhandys). *Brösel/Olbrich*

[2010] weisen darauf hin, dass diese Vorgehensweise gegen verschiedene handelsrechtliche Prinzipien verstößt![2]

Es kann ein Sammelposten für jedes Wirtschaftsjahr neu angelegt werden. Die Wirtschaftsgüter werden in einem separaten Sachanlagenkonto (0485) aufgeführt.

BEISPIEL:

Kauf eines Bürostuhls in Höhe von 850 € (brutto) und eines Laptops in Höhe von 650 € (brutto).

Buchungssatz:

(0485)	GWG-Sammelposten	714,29 €				
(1570)	Vorsteuer	135,71 €				
(0485)	GWG-Sammelposten	546,22 €				
(1570)	Vorsteuer	103,78 €	an	(1200)	Bank	1.500,00 €

Mögliches Sammelkonto:

ABB. 14: Beispiel Anlagenverzeichnis Sammelposten GWG

Konto 485	**GWG Sammelkonto 20XX**	
Lfd. Nr.	**Bezeichnung**	**Anschaffungskosten**
1.	Bürostuhl „Rückenfreund" Firma Möbeldesign	714,29 €
2.	Laptop „Xenion Kapitän Future XL" Firma Mediturn	546,22 €
3.	...	
Summe		**1.260,51 €**
Abschreibung 1/5		**252,10 €**
Saldo per 31. 12. 20XX		**1.008,41 €**

An welchem Tag der Gegenstand angeschafft wurde, ist unerheblich. Nach den Vorschriften ist der Sammelposten in jedem Jahr um 1/5 abzuschreiben. Die Ermittlung einer zeitanteiligen Abschreibung bei Kauf von Gegenständen während des Jahres entfällt also. Dementsprechend gilt hier nicht, wie sonst bei der linearen Abschreibung im Jahr der Anschaffung, pro rata temporis.

Die Abschreibung wird im Rahmen der Jahresabschlusserstellung wie folgt gebucht:

Buchungssatz:

(4856)	Abschreibung Sammelposten § 6 Abs. 2a EStG	252,10 €	an	(0485)	GWG Sammelkonto	252,10 €

Dieser Buchungssatz wiederholt sich über die vorgeschriebenen fünf Jahre. GWGs bis 410 € werden bei der Aktivierung im Sammelposten als langlebige Wirtschaftsgüter behandelt.

Letztendlich führen die Aufwandsbuchung, die Aktivierung mit sofortigem Abgang oder in Verbindung mit einer Vollabschreibung zum gleichen Betriebsergebnis. Bei einer Verteilung über die betriebsgewöhnliche Nutzungsdauer (Ermittlung durch AfA-Tabellen) über mehrere Geschäftsjahre hinweg wird die Steuererstattung gestundet. Je nach Unternehmensinteresse bzw. nach Höhe des Gewinns kann die Abschreibung gestaltet werden.

Die folgende Grafik stellt noch einmal die bilanzielle Behandlung geringwertiger Wirtschaftsgüter dar:

2 Vgl. *Brösel, G./Olbrich, M.*: Handbuch der Rechnungslegung, Einzelabschluss, Bd. 2, 6. Ergänzungslieferung, Stuttgart 2010, § 253 HGB (Rn. 518).

ABB. 15: GWG-Wahlrecht zwischen Sammelposten und Sofortabschreibung[3]

Wertgrenzen des Anlagevermögens - Wahlrecht ab 1.1.2010

0,00 € bis 150,00 €	150,01 € bis 1.000,00 €	ab 1.000,01 €
Geringwertige Wirtschaftsgüter (GWG)	**Pool (Sammel-) bewertung**	**Langlebige Wirtschaftsgüter**
Sofortabzug = Aufwand, Betriebsausgaben **keine Aufzeichnungspflicht**	5 Jahre Nutzungsdauer = 20% lineare AfA pro Jahr, Aufzeichnungspflicht: **Anlageverzeichnis erforderlich, wenn AK > 150 €**	Betriebsgewöhnliche Nutzungsdauer z. B. mithilfe der amtl. AfA-Tabelle
Vorraussetzungen: - selbstständig nutzbar und bewertbar - längerfristig dem Betrieb dienend - bewegliche Wirtschaftsgüter - abnutzbar	Vorraussetzungen: -selbstständig nutzbar und bewertbar -längerfristig dem Betrieb dienend -bewegliche Wirtschaftsgüter -abnutzbar	Kontierung nicht selbstständig nutzbarer Wirtschaftsgüter < 1.000,00 €

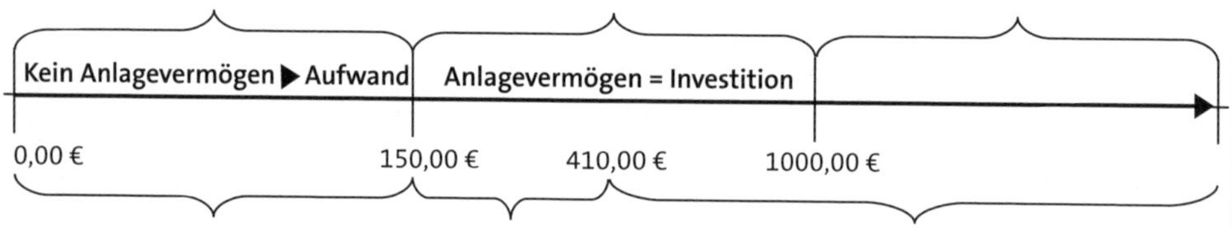

0,00 € bis 150,00 €	150,01 € bis 410,00 €	ab 410,01 €
Geringwertige Wirtschaftsgüter (GWG)	**Geringwertige Wirtschaftsgüter (GWG)**	**Langlebige Wirtschaftsgüter**
Sofortabzug = Aufwand, Betriebsausgaben **keine Aufzeichnungspflicht**	Sofortabzug im Jahr der Anschaffung (Wahlrecht) **Kontierung ins Anlagevermögen** Aufzeichnungspflicht: ja, Anlagenverzeichnis	Abschreibung über die betriebsgewöhnliche Nutzungsdauer z. B. mithilfe der amtl. AfA-Tabelle
Vorraussetzungen: - selbstständig nutzbar und bewertbar - längerfristig dem Betrieb dienend - bewegliche Wirtschaftsgüter - abnutzbar	Vorraussetzungen: -selbstständig nutzbar und bewertbar -längerfristig dem Betrieb dienend -bewegliche Wirtschaftsgüter -abnutzbar	Kontierung nicht selbstständig nutzbarer Wirtschaftsgüter < 410,00 € (z. B. Monitor, ext. Festplatte)

3 In Anlehnung an: *Jüttner, U.*: GWG-Abschreibung: Neues Wahlrecht ab 2010 geplant, in: BRZ 12/2009, S. 546.

5.1.3 Außerplanmäßige Abschreibungen

Außerplanmäßige Abschreibungen erfolgen, wenn außergewöhnliche dauerhafte Wertminderungen eintreten.

Bei allen Wirtschaftsgütern sind unvorhersehbare Wertminderungen (z. B. durch Brand, Preisverfall, Offenbarungseid eines Kunden) durch Wertkorrekturen auf den niedrigeren Zeitwert zu Aufwand zu machen (§ 253 Abs. 3 Satz 3 HGB).

Außerplanmäßige Abschreibungen auf Anlagen

Diese werden buchmäßig wie die planmäßigen Abschreibungen behandelt.

BEISPIELE:

(1) Der Wert eines Betriebsgrundstücks sinkt wegen Verdacht auf Altlasten von 100.000 € auf 60.000 €.

Buchungssatz:

(4840)	Abschreibungen (außerplanmäßig)	40.000 €	an	(0050)	Grundstück	40.000 €

(2) Eine technische Anlage wird durch einen Betriebsunfall zerstört.
Buchwert nach planmäßiger Abschreibung: 50.000 €
Zeitwert = Schrottwert: 10.000 €

Buchungssatz:

(4840)	Abschreibungen (außerplanmäßig)	40.000 €	an	(0200)	Technische Anlagen	40.000 €

Außerplanmäßige Abschreibungen auf Forderungen

Forderungen werden grundsätzlich mit ihrem Nennwert inkl. Umsatzsteuer gebucht. Stellt sich später heraus, dass sie (teilweise) uneinbringlich werden, so sind im Rahmen der vorbereitenden Abschlussbuchungen erfolgswirksame Wertberichtigungen (Abschreibungen) vorzunehmen.

Unterliegt eine Forderung z. B. wegen Zahlungsschwierigkeiten eines Kunden einem speziellen Kreditrisiko, kann diese Forderung auf dem Wege der Einzelwertberichtigung auf ihren vermutlichen Wert reduziert werden.

Zunächst erfolgt eine Umbuchung auf das Konto zweifelhafte Forderungen (Aktiv-Tausch), dann wird der entsprechende Abschreibungsbetrag erfolgswirksam verbucht. Gleichzeitig muss die Umsatzsteuer korrigiert werden, weil das vereinbarte Entgelt (= Forderungsbetrag ohne Umsatzsteuer) uneinbringlich geworden ist.

Buchungssätze:

(1460)	zweifelhafte Forderungen	an	(1400)	Forderungen
(4880)	Abschreibung auf UV			
(1770)	Umsatzsteuer	an	(1460)	zweifelhafte Forderungen

BEISPIEL:

Am 23.06.20x0 verkauft U1 Waren im Wert von 30.000 € zzgl. 5.700 € USt an den Kunden A auf Ziel.

Am 25.08.20x0 wird die Forderung zweifelhaft.

Am 30.09.20x0 erfolgt die Insolvenz des Kunden A.

Buchungen bei U1:

► am 23.06.20x0:

(1400)	Forderungen	35.700 €	an	(8400)	Umsatzerlöse	30.000 €
			an	(1770)	Umsatzsteuer	5.700 €

► am 25.08.20x0:

(1460)	zweifelhafte Ford.	35.700 €	an	(1400)	Forderungen	35.700 €

► am 30.09.20x0:

(2400)	Forderungsverluste	30.000 €				
(1770)	Umsatzsteuer	5.700 €	an	(1460)	zweifelhafte Ford.	35.700 €

Bei der Pauschalwertberichtigung (PWB oder Delkredere, beide Begriffe werden synonym gebraucht) wird pauschal ein Prozentsatz des Forderungsbestandes in Form der indirekten Abschreibung zunächst auf ein Passivkonto „Pauschalwertberichtigung auf Forderungen" („Delkredere") verbucht. Am Bilanzstichtag wird die Pauschalwertberichtigung als Korrekturposten für die in voller, ursprünglicher Höhe aktivierten Forderungen auf der Passivseite der Bilanz ausgewiesen. Der Abschreibungssatz ist ein Erfahrungswert aufgrund der durchschnittlichen bisherigen Forderungsausfälle.

Die Pauschalwertberichtigung kann wie folgt ermittelt werden:

	Forderungsbestand 31.12.20xx
-	einzelwertberichtigte Forderungen
=	verbleibende Forderungen
-	Umsatzsteuer
=	Bemessungsgrundlage für die Pauschalwertberichtigung
x	... % PWB

BEISPIEL:

Buchung zur Bildung einer Pauschalwertberichtigung auf Forderungen:

Zum 31.12.xx weist die Liste der noch offenen Forderungen (Debitoren) der U-GmbH, Hagen, einen Bestand von 71.400 € (brutto) aus.

Eine Forderung i.H.v. 5.950 € aus diesem Bestand muss wegen der Zahlungsunfähigkeit des Kunden voll abgeschrieben werden.

Das allgemeine Forderungsausfallrisiko beträgt 3 % (entspricht dem durchschnittlichen Forderungsausfall in den letzten Jahren).

Bevor die Pauschalwertberichtigung auf Forderungen ermittelt werden kann, muss die uneinbringliche Forderung von 5.950 € abgeschrieben werden (= Einzelwertberichtigung).

Buchungssatz:

(2400)	Forderungsverluste	5.000 €				
(1770)	Umsatzsteuer	950 €	an	(1400)	Forderungen	5.950 €

Anschließend kann die Pauschalwertberichtigung (PWB) ermittelt werden:

	Forderungsbestand 31. 12. 20xx	71.400 €
-	abgeschriebene Forderung	- 5.950 €
=	verbleibende Forderungen	65.450 €
-	Umsatzsteuer	-10.450 €
=	Bemessungsgrundlage für die Pauschalwertberichtigung	55.000 €
x	3 % PWB	1.650 €

Die Umsatzsteuer betrifft nur die inländischen (umsatzsteuerpflichtigen) Forderungen. Hat der Unternehmer ausländische oder umsatzsteuerfreie Forderungen im Bestand, darf hieraus zur Berechnung der PWB keine Umsatzsteuer gezogen werden.

Buchungssätze:

(1) In der Vorjahresbilanz war noch keine PWB ausgewiesen worden (wie im obigen Beispiel):

(2450)	Einstellung in die PWB zu Forderungen	1.650 €	an	(0996)	PWB auf Forderungen	1.650 €

(2) Die PWB des laufenden Jahres ist niedriger als die des Vorjahres:

(0996)	PWB auf Forderungen	an	(2730)	Erträge aus der Herabsetzung der PWB zu Forderungen

(3) Die PWB des laufenden Jahres ist höher als die des Vorjahres:

(2450)	Einstellung in die PWB zu Forderungen	an	(0996)	PWB auf Forderungen

5.2 Zeitliche Abgrenzung von Aufwand und Ertrag

Im § 252 Abs. 1 Nr. 5 HGB ist geregelt, dass Aufwendungen und Erträge des Geschäftsjahres unabhängig von ihrem Zahlungszeitpunkt im Jahresabschluss berücksichtigt werden müssen. Um einen periodengerechten Erfolg ermitteln zu können, ist es also notwendig, die Geschäftsvorfälle mit Auseinanderfallen von Zahlungs- und Leistungsperiode zeitlich abzugrenzen. Dieses geschieht mittels der so genannten Rechnungsabgrenzungsposten.

5.2.1 Die Bildung von Rechnungsabgrenzungsposten (RAP) und sonstigen Forderungen/Verbindlichkeiten

Fundstellen:

HGB	EStG	EStR und EStH
§ 250	§ 5 Abs. 5	R 5.6

Es sind zwei Fälle zu unterscheiden:

1. die transitorische Rechnungsabgrenzung und
2. die antizipative Rechnungsabgrenzung.

Zu 1. Zahlung heute – Aufwand/Ertrag morgen

Wenn die Zahlungsperiode vor der Leistungsperiode liegt, ist eine

→ **transitorische Rechnungsabgrenzung** vorzunehmen.

Dieses gilt für alle Vorauszahlungen von Mieten, Versicherungsprämien, Kfz-Steuer, Disagio etc.

Nach § 250 HGB sind die der Folgeperiode zuzurechnenden Zahlungen durch die Bildung aktiver bzw. passiver Rechnungsabgrenzungsposten in ihrer Erfolgswirkung bis zur Folgeperiode zu neutralisieren (s. hierzu auch § 5 Abs. 5 EStG und R 5.6 EStR 2008 mit weiteren Erläuterungen).

BEISPIEL:

Am 01.08.20x0 wird beim Unternehmer A die Kfz-Versicherung (Laufzeit 01.08.20x0 bis 30.07.20x1) für die betrieblichen Fahrzeuge für ein Jahr im Voraus in Höhe von 1.200 € abgebucht.

Unternehmer A

Die Kfz-Versicherung stellt für den Unternehmer einen betrieblichen Aufwand dar. Zur periodengerechten Gewinnermittlung des Kalenderjahres ist es erforderlich, dass nur der auf das Jahr 20x0 entfallende Teil der Versicherungszahlung als Aufwand berücksichtigt wird.

Zur Verdeutlichung:

01.08.20x0-31.12.20x0	=	5/12 von 1.200 € = 500 €
	=	Aufwand 20x0
01.01.20x1-30.07.20x1	=	7/12 von 1.200 € = 700 €
	=	Aufwand 20x1

Der auf 20x0 entfallende Aufwand wird als aktiver Rechnungsabgrenzungsposten (ARAP) auf der Aktivseite der Bilanz (= aktives Bestandskonto) ausgewiesen und zu Beginn des Folgejahres aufgelöst.

Die endgültige Eigenkapitalminderung in 20x0 beläuft sich somit auf 500 €.

Buchungssätze:

Variante I:

Buchungssatz im Juli:

(4520)	Kfz-Versicherung	1.200 €	an	(1200)	Bank	1.200 €

Vorbereitende Abschlussbuchung:

(0980)	ARAP	700 €	an	(4520)	Kfz-Versicherung	700 €

Variante II:

Buchungssatz im Juli:

(4520)	Kfz-Versicherungen	500 €				
(0980)	ARAP	700 €	an	(1200)	Bank	1.200 €

Im neuen Jahr ist dann der ARAP aufzulösen. Der Buchungssatz lautet:

(4520)	Kfz-Versicherung	700 €	an	(0980)	ARAP	700 €

Versicherungsunternehmen

Beim Versicherungsunternehmen stellt die Zahlung des Unternehmers A einen Ertrag dar. Auch dieser ist entsprechend der Zugehörigkeit zum Geschäftsjahr entsprechend aufzuteilen.

Zur Verdeutlichung:

01.08.20x0-31.12.20x0	=	5/12 von 1.200 € = 500 €
	=	Ertrag 20x0
01.01.20x1-30.07.20x1	=	7/12 von 1.200 € = 700 €
	=	Ertrag 20x1

Der auf 20x1 entfallende Ertrag wird nunmehr durch Bildung eines passiven Rechnungsabgrenzungspostens (PRAP) auf der Passivseite der Bilanz (= passives Bestandskonto) neutralisiert.

Die endgültige Eigenkapitalerhöhung in 20x0 beläuft sich somit auf 500 € (Versicherungserträge sind i. d. R. umsatzsteuerfrei).

Buchungssätze:

Variante I:

Buchungssatz im Juli:

(1200)	Bank	1.200 €	an	(8200)	Umsatzerlöse	1.200 €

Vorbereitende Abschlussbuchung:

(8200)	Umsatzerlöse	700 €	an	(0990)	PRAP	700 €

Variante II:

Buchungssatz im Juli:

(1200)	Bank	1.200 €	an	(8200)	Umsatzerlöse	500 €
			an	(0990)	PRAP	700 €

Auch bei der Versicherung ist im neuen Jahr der PRAP aufzulösen. Der Buchungssatz lautet:

(0990)	PRAP	700 €	an	(8200)	Umsatzerlöse	700 €

BEISPIEL:

Im Oktober 20x0 wird die Miete von Oktober 20x0 bis März 20x1 in Höhe von 6.000 € überwiesen.

Buchungssatz im Oktober:

(4210)	Mietaufwand	6.000 €	an	(1200)	Bank	6.000 €

Vorbereitende Abschlussbuchung:

(0980)	ARAP	3.000 €	an	(4210)	Mietaufw.	3.000 €

(In der GuV wird nur der Saldo des Mietaufwandskontos in Höhe von 3.000 € erfolgswirksam.)

S	(4210) Mietaufwand		H
(1)	6.000 €	(2)	3.000 €
		Saldo (an GuV)	3.000 €

Im neuen Jahr muss der Rechnungsabgrenzungsposten nach Kontoeröffnung aufgelöst werden:

(4210)	Mietaufwand	3.000 €	an	(0980)	ARAP	3.000 €

Damit ist der aktive Rechnungsabgrenzungsposten aufgelöst.

Andere Möglichkeiten der Auflösung des Rechnungsabgrenzungspostens:

- Sukzessive von Januar bis März,
- am Ende des neuen Jahres im Zusammenhang mit den vorbereitenden Abschlussbuchungen.

Zu 2. Zahlung morgen – Aufwand/Ertrag heute

Wenn die Zahlungsperiode auf die Leistungsperiode folgt, ist eine

→ **antizipative Rechnungsabgrenzung** vorzunehmen.

Dieses gilt für alle Nachzahlungen von Mieten, Provisionen etc. Nach § 250 HGB ist die Bildung antizipativer Rechnungsabgrenzungsposten verboten. Man bildet die Bilanzpositionen „sonstige Forderungen" bzw. „sonstige Verbindlichkeiten" (s. a. R 5.6 Abs. 3 EStR 2008).

BEISPIEL:

Die Miete für Dezember 20x0 in Höhe von 1.000 € wird erst im Januar 20x1 überwiesen. Die Zahlung im Januar muss zu Aufwand (Ertrag beim Vermieter) im alten Jahr werden.

Buchungen beim Mieter im Dezember:

(4210)	Mietaufwand	1.000 €	an	(1700)	sonstige Verb.	1.000 €

(Erhöht die Schulden und verringert damit das Eigenkapital! → Gewinnmindernd)

Bei Zahlung im Januar:

(1700)	sonstige Verb.	1.000 €	an	(1200)	Bank	1.000 €

(→ Erfolgsneutrale Aktiv-Passiv-Minderung)

Buchungen beim Vermieter im Dezember:

(1500)	sonstige Forderungen	1.000 €	an	(2750)	Mieterträge	1.000 €

(→ Gewinnerhöhend)

Bei Zahlungseingang im Januar:

(1200)	Bank	1.000 €	an	(1500)	sonstige Forderungen	1.000 €

(→ Erfolgsneutraler Aktiv-Tausch)

Folgende Übersicht fasst die Zusammenhänge noch einmal zusammen:

ABB. 16: Die Bildung von Rechnungsabgrenzungsposten (RAP), sonstigen Forderungen und Verbindlichkeiten

Sachverhalt		**Buchungen**			
		altes Jahr			**neues Jahr**
		lfd. Buchung (erfolgswirksam)	vorbereitende Abschlussbuchung erfolgswirksam (in umgekehrter Richtung)	Bilanzposten	Auflösung des Postens
Miete, Versicherungsbeiträge	im Voraus bezahlt	Aufwand an Kasse	aktive RAP an Aufwand	aktive RAP	Aufwand an aktive RAP
Provisionen	im Voraus erhalten	Kasse an Ertrag	Ertrag an passive RAP	passive RAP	passive RAP an Ertrag
etc.	noch zu zahlen	-	Aufwand an sonstige Verbindlichkeiten	sonstige Verbindlichkeiten	sonstige Verbindlichkeiten an Kasse
	noch zu erhalten	-	sonstige Forderungen an Ertrag	sonstige Forderungen	Kasse an sonstige Forderungen

5.2.2 Die Bildung von Rückstellungen

HGB	EStG	EStR und EStH
§ 249	§§ 5 Abs. 4, 5a	R 5.7

Rückstellungen sind passive Bilanzposten und zählen ebenfalls zu den antizipativen Abgrenzungsposten. Sie unterscheiden sich von „sonstigen Verbindlichkeiten" durch Merkmale der Ungewissheit, d. h., es sind Verbindlichkeiten mit den Kriterien

- wirtschaftliche Zugehörigkeit zum abgelaufenen Geschäftsjahr,
- Inanspruchnahme nach dem Abschlussstichtag,
- aber Höhe und/oder Geltendmachung durch den Gläubiger sind ungewiss.

Die Bildungs- und Bewertungsvorschriften für Rückstellungen befinden sich in den §§ 249, 253 Abs. 1 HGB.

Die buchhalterische Behandlung von Rückstellungen lautet:

Aufwandskonto	an	(0970)	Rückstellungen

BEISPIELE:

(1) „Aufwendungen für die Altersversorgung" an Pensionsrückstellungen.

(Wenn ein Unternehmen seinen Angestellten eine Altersversorgung zugesagt hat, entstehen ungewisse Verbindlichkeiten, für die Rückstellungen zu bilden sind. Denn es ist ungewiss, ob der Versorgungsfall eintritt und, wenn ja, wie lange Pensionsleistungen zu zahlen sind.)

Rückstellungsinanspruchnahme:

Bei Wegfall des Grundes für die Bildung muss die Rückstellung durch Ausbuchung des zurückgestellten Betrages aufgelöst werden. Folgende Fälle sind dabei zu unterscheiden:

(0970)	Rückstellung	an	(1200)	Bank

(Erfolgsneutral, sofern Betrag richtig geschätzt) oder

(0970)	Rückstellung			
(4900)	Aufwand	an	(1200)	Bank

(Rückstellung < Inanspruchnahme) oder

(0970)	Rückstellung	an	(1200)	Bank
		an	(8600)	sonstige Erlöse

(Rückstellung > Inanspruchnahme)

(2) Zum Abschlussstichtag ist ein Prozess mit einem Kunden wegen einer Reklamation noch nicht entschieden. Es ist nicht auszuschließen, dass der Prozess verloren geht und dass Prozesskosten in Höhe von 1.000 € entstehen könnten. Im neuen Jahr wird der Prozess verloren. Die tatsächlichen Prozesskosten betragen 1.200 €.

Buchungssätze:

Bildung im alten Jahr:

(4950)	Rechts-, Beratungskosten	1.000 €	an	(0970)	sonstige Rückstellung	1.000 €

Rückstellungsinanspruchnahme im neuen Jahr:

(0970)	sonstige Rückstellung	1.000 €	an			
(4950)	Rechts- und Beratungskosten	200 €	an	(1200)	Bank	1.200 €

5.3 Erstellung des Jahresabschlusses in der Hauptabschlussübersicht (HÜ)

Die Hauptabschlussübersicht ist eine tabellenartige, übersichtliche Darstellung der Buchhaltungszahlen eines Jahres. Sie sagt mehr aus als die Gewinn- und Verlustrechnung und die Bilanz, weil sie auch die Bewegungen auf den Konten während des Jahres zeigt.

Nach § 60 EStDV kann das Finanzamt von Betrieben mit ordnungsmäßiger doppelter Buchführung mit der Steuererklärung die Vorlage einer Hauptabschlussübersicht verlangen. Mit der Einreichung einer Hauptabschlussübersicht auf amtlichem Vordruck kommt der Steuerpflichtige i. d. R. gleichzeitig seiner Verpflichtung nach, die Gewinn- und Verlustrechnung und die Bilanz vorzulegen.

Aber auch aus anderen Gründen ist die Erstellung einer Hauptabschlussübersicht empfehlenswert, denn

- sie ermöglicht ein Abschlussverfahren, ohne dass die einzelnen Konten abgeschlossen werden müssen,

- sie ermöglicht damit einen Probeabschluss und damit
  - das Auffinden und Berichtigen von Buchungsfehlern, ohne Korrekturen in den Konten vornehmen zu müssen,
  - die Darstellung der Gewinnwirkungen bei der Ausübung von Bilanzierungs- und Bewertungswahlrechten,
- sie erleichtert wesentlich die eigentlichen Abschlussarbeiten (Aufstellen der Bilanz und Gewinn- und Verlustrechnung, s. o.), weil sie alle für den Hauptabschluss der Konten notwendigen Zahlen enthält.

Bei der Erstellung einer Hauptabschlussübersicht ist nach folgendem Schema zu verfahren:

- Vorspalten: Es werden die Kontennummern (lt. Kontenrahmen) und Kontenbezeichnungen eingetragen, möglichst in der Reihenfolge
  - aktive Bestandskonten,
  - passive Bestandskonten,
  - Erfolgskonten.

Wegen der besonderen Form der Hauptabschlussübersicht entfallen die Konten: Eröffnungsbilanzkonto, Gewinn- und Verlustrechnung und Schlussbilanzkonto. Sonst ist für jedes Sachkonto eine Zeile in der Hauptabschlussübersicht einzurichten.

Spalten der Hauptabschlussübersicht

- **Eröffnungsbilanz:** Übertragung der Zahlen der vorjährigen Schlussbilanz in die Aktiva- und Passivaspalten.
- **Umsatzbilanz:** Übertragung der Summen der Soll- und Habenseiten aller Sachkonten (ohne Anfangsbestände) in die entsprechenden Spalten der Umsatzbilanz.
- **Summenbilanz:** Die Zahlen der Summenbilanz ergeben sich aus Addition der entsprechenden Zahlen in Anfangs- und Umsatzbilanz.
- **Saldenbilanz I:** Durch Saldierung der Zahlen der Summenbilanz ergibt sich die Saldenbilanz I. Dabei ist zu beachten, dass der Saldo in der Saldenbilanz nicht wie im Konto auf der kleineren Seite, sondern auf der größeren Seite steht. Die Saldenbilanz I wäre daher besser als Überschussbilanz zu bezeichnen.
- **Umbuchungsspalte:** Die Umbuchungsspalte dient der Aufnahme der vorbereitenden Abschlussbuchungen und sonstiger Korrekturbuchungen. Die Umbuchungen sind nach den bekannten Regeln der doppelten Buchführung vorzunehmen.
- **Saldenbilanz II:** Da die Salden der Saldenbilanz I teilweise durch Umbuchungen verändert worden sind, werden jetzt alle Salden unter Berücksichtigung der Umbuchungen in die Saldenbilanz II eingetragen.
- **Vermögensbilanz:** Die durch die Inventur ermittelten Endbestände der Bestandskonten werden in die Vermögensbilanz eingetragen. In der Regel stimmen diese Werte mit der Saldenbilanz II überein. Eventuelle Differenzen zwischen Inventurwerten und Werten der Saldenbilanz II (z. B. aufgrund von Warendiebstahl etc., oder: beim Wareneinkaufskonto verbleibt nach Ausbuchung des Endbestandes als Saldo der Wareneinsatz, der beim Bruttoabschluss der Warenkonten in die Erfolgsbilanz übernommen wird) werden in der Erfolgsbilanz (Gewinn- und Verlustrechnung) ausgewiesen.

- **Erfolgsbilanz:** Die Erfolgsbilanz übernimmt aus der Saldenbilanz II alle Salden der Erfolgskonten.

Der **Abschluss der Hauptabschlussübersicht** erfolgt nun durch Saldierung der Vermögensbilanz und der Gewinn- und Verlustrechnung. Der sich ergebende Saldo muss in beiden Fällen gleich sein. Es ist der Jahresgewinn.

Mit dem vollständigen Abschluss der Hauptabschlussübersicht kann der eigentliche Kontenabschluss in der Buchführung begonnen werden, da nun die Gewissheit besteht, dass keine zahlenmäßigen Differenzen auftreten können.

Bei Betrachtung des Schemas einer Hauptabschlussübersicht fällt auf, dass ihre Spalten als „Bilanzen" bezeichnet werden. Echte Bilanzen im Sinne einer Betriebsvermögensaufstellung sind dagegen nur die Anfangsbilanz und die Vermögensbilanz. Die übrigen Spalten werden nur deshalb auch als „Bilanzen" bezeichnet, weil in ihnen – wie in einer Bilanz – die Summen der Soll- und Habenspalten übereinstimmen (müssen). Dieses folgt aus dem Wesen der Doppik (jede Buchung im Soll und im Haben). Wenn also die jeweiligen Soll- und Haben-Summen nicht gleich sind, so deutet dieses auf eine fehlerhafte Buchführung hin. Als Fehler kommen in Betracht:

- Rechenfehler bei der Addition der Kontenseiten,
- zweimaliges Buchen im Haben oder im Soll,
- buchen unterschiedlicher Beträge im Soll und im Haben,
- Übertragungsfehler, z. B. beim Übertragen der Werte von den Sachkonten in die Hauptabschlussübersicht.

Sollten bei der Aufstellung der Hauptabschlussübersicht Fehler dieser Art auftauchen, so müssen diese erst beseitigt werden, da bei sofortiger Fortführung der Hauptabschlussübersicht die Schlussbilanz nicht ausgeglichen sein wird bzw. ein falscher Gewinn in der Gewinn- und Verlustrechnung ausgewiesen wird. Umgekehrt darf jedoch nicht gefolgert werden, dass bei Übereinstimmung von Soll- und Haben-Summen (der Spalten bis zu Saldenbilanz II) keine Buchungsfehler vorgekommen sind. Viele der eigentlichen Buchungsfehler wie

- Buchungen auf ein falsches Konto,
- verwechseln von Soll und Haben,
- buchen falscher Beträge,
- mehrmalige Buchung desselben Vorgangs,
- vergessen einer erforderlichen Buchung etc.

bewirken keine Ungleichheit der Soll- und Haben-Summen der Hauptabschlussübersichtsspalten. Sollten trotz vorbeugender Maßnahmen (klare Kontierungsrichtlinien) Buchungsfehler vorgekommen sein, so werden sie im Zusammenhang mit den Abschlussarbeiten an der Hauptabschlussübersicht z. B. bei Vergleich der Inventurbestände mit den Salden der Saldenbilanz II aufgedeckt und können mit Hilfe der Umbuchungsspalte korrigiert werden.

ABB. 17: Hauptabschlussübersicht

Nr. lt. Kontenrahmen	Bezeichnung	Eröffnungsbilanz		Umsatzbilanz		Summenbilanz		Saldenbilanz I		Umbuchungen		Saldenbilanz II		Vermögensbilanz		Erfolgsbilanz (GuV)	
		Aktiva	Passiva	Soll	Haben	Soll	Haben	Soll	Haben	Soll	Haben	Soll	Haben	Aktiva	Passiva	Aufw.	Ertr.
Summe																	

Buchungen in der Hauptabschlussübersicht

In der folgenden verkürzten Hauptabschlussübersicht sind einige Buchungsbeispiele dieses Kapitels mit leicht geänderten Zahlen dargestellt:

(1) Planmäßige Abschreibungen auf technische Anlagen (Maschinen) 2.000 €

(2) Außerplanmäßige Abschreibung eines Grundstücks 400 €

(3) Bildung einer PWB (Pauschalwertberichtigung) auf Forderungen in Höhe von 500 €

(4) Bildung eines ARAP für im Voraus gezahlte Miete in Höhe von 300 €

(5) Bildung einer Rückstellung für Prozesskosten in Höhe von 120 €

ABB. 18: Buchungen in der Hauptabschlussübersicht

Konten in T€	Saldenbilanz I		Umbuchungen		Saldenbilanz II		Schlussbilanz		GuV-Rechnung	
	Soll	Haben	Soll	Haben	Soll	Haben	Aktiva	Passiva	Aufwand	Ertrag
Grundstücke und Gebäude	5.000			(2) 400	4.600		4.600			
Technische Anlagen	35.000			(1) 2.000	33.000		33.000			
Finanzanlagen	8.000				8.000		8.000			
Roh-, Hilfs-, Betriebsstoffe	4.000				4.000		4.000			
Unfertige Erzeugnisse	4.000				4.000		4.000			
Fertigerzeugnisse	5.000				5.000		5.000			
Forderungen a. LuL	2.200				2.200		2.200			
Wertpapiere des UV	2.000				2.000		2.000			
Liquide Mittel	2.000				2.000		2.000			
Sonstige Verm.gegenst.	1.000				1.000		1.000			
Aktive RAP			(4) 300		300		300			
Eigenkapital		30.200				30.200		30.200		
Rückstellungen		2.000		(5) 120		2.120		2.120		
Verbindlk. a. LuL		3.000				3.000		3.000		
Sonst. Verbindlk.		18.000				18.000		18.000		
Umsatzerlöse		40.000				40.000				40.000
Bestandsveränderungen										
aktivierte Eigenleistungen										
Sonst. Erträge		5.000				5.000				5.000
Materialaufwand	15.000				15.000				15.000	
Abschreibungen auf:										
- Grundstücke und Gebäude			(2) 400		400				400	
- Techn. Anlagen			(1) 2.000		2.000				2.000	
- sonst. Abschreibungen			(3) 500		500				500	
- Forderungen (PWB)				(3) 500		500		500		
Sonst. Aufwendungen	15.000		(5) 120	(4) 300	14.820				14.820	
Summe	98.200	93.200	3.320	3.320	98.820	98.820	66.100	53.820	32.720	45.000
						Gewinn		12.280	12.280	
						Summe	66.100	66.100	45.000	45.000

(1) Planmäßige Abschreibungen auf Technische Anlagen (Maschinen) 2.000,00 €

(2) Außerplanmäßige Abschreibung eines Grundstückes 400,00 €

(3) Bildung einer PWB auf Forderungen in Höhe von 500,00 €

(4) Bildung eines ARAP für im Voraus gezahlte Miete in Höhe von 300,00 €

(5) Bildung einer Rückstellung in Höhe von 120,00 €

5.4 Übungsaufgaben

AUFGABEN

Zum Thema: Kontoeröffnung, laufende Buchungen und Kontenabschluss im Geschäftsbetrieb

Aufgabe 1

Die Anfangsbilanz des Geschäftsjahres (= Schlussbilanz des vorhergehenden Geschäftsjahres) zeigt folgende Bestände:

Aktiva			Passiva
(0320) Fuhrpark	50.000 €	(0800) Eigenkapital	115.000 €
(3980) Waren	50.000 €	(1600) Verbindlichkeiten a. LuL	120.000 €
(1400) Ford. a. LuL	100.000 €		
(1200) Bank	30.000 €		
(1000) Kasse	5.000 €		
Bilanzsumme	235.000 €	Bilanzsumme	235.000 €

Geschäftsvorfälle:

1. Kauf eines Grundstücks durch Aufnahme eines Darlehens 60.000 €.
2. Wareneinkauf auf Ziel 20.000 € + 3.800 € Umsatzsteuer.
3. Warenverkauf auf Ziel 40.000 € + 7.600 € Umsatzsteuer.
4. Lohnzahlung durch Banküberweisung 3.000 €.
5. Kunde begleicht Rechnung über 11.900 € (brutto) durch Banküberweisung unter Abzug von 3 % Skonto.
6. Begleichung der Lieferantenrechnung unter 2. durch Banküberweisung unter Abzug von 3 % Skonto.
7. Abbuchung der Telefongebühren durch die Telekom 500 €.
8. Überweisung der Miete für die Geschäftsräume 1.200 €.

Abschlussangaben:

- Jahresabschreibung auf den Fuhrpark 10.000 €.
- Warenendbestandswert 30.000 €.

Aufgaben:

- Eröffnen Sie die benötigten Konten.
- Bilden Sie die Buchungssätze für die Geschäftsvorfälle und verbuchen Sie diese auf T-Konten.
- Bilden Sie die Buchungssätze für die Abschlussbuchungen und verbuchen Sie diese auf T-Konten.
- Ermitteln Sie den Gewinn durch einen Betriebsvermögensvergleich.

Zum Thema: Buchungen im Geschäftsbetrieb

Aufgabe 2

Kauf von Waren auf Ziel 40.000 € + 19 % MwSt.; nach 10 Tagen Begleichung der Rechnung unter Abzug von 2 % Skonto durch Überweisung. Es sind die jeweiligen Buchungssätze zu bilden.

Aufgabe 3

Verkauf eines Lkws auf Ziel 80.000 € + 19 % MwSt.; nach 10 Tagen Begleichung der Rechnung unter Abzug von 2 % Skonto durch Überweisung. Es sind die jeweiligen Buchungssätze zu bilden.

Zum Thema: Jahresabschlussbuchungen

Aufgabe 4 - Planmäßige Abschreibung / Lineare Abschreibung

Ein Magnetabschneider wurde am 2. Mai für 120.000 € angeschafft. Er hat eine Nutzungsdauer von fünf Jahren und wird linear abgeschrieben.

1. Ermitteln Sie die zeitanteilige Abschreibung.
2. Wie hoch sind die fortgeführten Anschaffungskosten am Ende des vierten Nutzungsjahres?

Aufgabe 5 - Planmäßige Abschreibung / Abschreibung nach Leistungseinheiten

Die Anschaffungskosten eines Lkws betragen 125.000 €. Die Gesamtleistung wird auf 250.000 km geschätzt, die Nutzungsdauer beträgt acht Jahre.

1. Nennen Sie die Voraussetzungen für die steuerliche Anerkennung der Abschreibung nach Leistungseinheiten.
2. Ermitteln Sie die Abschreibung anhand folgender Angaben:

   1. Jahr: 48.000 km

   2. Jahr: 30.000 km

   3. Jahr: 31.000 km

   4. Jahr: 27.000 km

   5. Jahr: 32.000 km

   6. Jahr: 24.000 km

   7. Jahr: 30.000 km

   8. Jahr: 28.000 km

Aufgabe 6 - Planmäßige Abschreibung / Geringwertige Wirtschaftsgüter (GWG)

1. Gegen Überweisung am 02. Januar 20x0 werden für jeweils 200 € + USt.

   a) ein Kopiergerät und

   b) ein Drucker gekauft.

   Begründen Sie jeweils die Buchung bei Anschaffung und am Bilanzstichtag.

2. Kauf eines Rollcontainers am 20. Mai für 370,00 € netto + 45,00 € Versandspesen + 78,85 € USt. Der Rechnungsbetrag wird abzüglich 2 % Skonto durch Banküberweisung beglichen.

   a) Ermitteln Sie die Anschaffungskosten.

   b) Buchen und begründen Sie

   - die Anschaffung,
   - den Rechnungsausgleich,
   - die Abschreibung zum Bilanzstichtag.

Aufgabe 7 - Außerplanmäßige Abschreibungen

Eine Maschine, Anschaffungskosten 500.000 €, wurde bei einer 10-jährigen Nutzungsdauer linear abgeschrieben. Die Maschine ist zum Schluss des 8. Nutzungsjahres nicht mehr verwendbar. Sie hat nur noch einen Wert von 20.000 € und soll bald veräußert werden.

1. Ermitteln Sie aufgrund der planmäßigen Abschreibung den Buchwert zum Bilanzstichtag.
2. Wie hoch ist die außerplanmäßige Wertminderung zum gleichen Zeitpunkt.
3. Buchen Sie die planmäßige und außerplanmäßige Abschreibung zum Jahresende.

Aufgabe 8 - Aktive und passive Rechnungsabgrenzungsposten (ARAP/PRAP)

Die Kfz-Steuer in Höhe von 600 € wird am 01. Juli für ein Jahr im Voraus überwiesen. Es sind die jeweiligen Buchungssätze zu bilden.

Aufgabe 9 - Aktive und passive Rechnungsabgrenzungsposten (ARAP/PRAP)

Bankgutschrift der Januarmiete für vermietete Lagerräume am 22. Dezember in Höhe von 2.500 €. Es sind die jeweiligen Buchungssätze zu bilden.

Aufgabe 10 - Sonstige Forderungen und Verbindlichkeiten

Der Handelskammerbeitrag für das letzte Quartal (Oktober bis Dezember) wird erst im Januar in Höhe von 1.800 € bezahlt. Es sind die jeweiligen Buchungssätze zu bilden.

Aufgabe 11 - Sonstige Forderungen und Verbindlichkeiten

Ein Mieter in unserem Geschäftshaus zahlt die Miete für Dezember in Höhe von 1.650 € erst im Januar. Es sind die jeweiligen Buchungssätze zu bilden.

Aufgabe 12 - Rückstellungen

Die Bau-GmbH bestellt am 2. Dezember 3.000 t Zement zu 60 €/t + USt. Liefertermin ist der 15. Februar n. J. Am Bilanzstichtag (31. Dezember) beträgt der Tagespreis 55 €/t.

1. Begründen Sie, dass es sich hierbei um ein schwebendes Geschäft handelt. In welchem Fall sind schwebende Geschäfte im Jahresabschluss zu berücksichtigen?
2. Buchen Sie zum 31. Dezember und nach Rechnungseingang im Februar.

LÖSUNGEN

Zum Thema: Kontoeröffnung, laufende Buchungen und Kontenabschluss im Geschäftsbetrieb

Zu Aufgabe 1

Buchungssätze für die 8 Geschäftsvorfälle

1.	(0050)	Grundstück	60.000 €	an	(0650)	Darlehen	60.000 €
2.	(3400)	Wareneingangskt.	20.000 €				
	(1570)	Vorsteuer	3.800 €	an	(1600)	Verb. a. LuL	23.800 €
3.	(1400)	Forderungen a. LuL	47.600 €	an	(8400)	Umsatzerlöse	40.000 €
				an	(1770)	Umsatzsteuer	7.600 €
4.	(4100)	Personalaufwand		an	(1200)	Bank	3.000 €
5.	(1200)	Bank	11.543 €				
	(8730)	gew. Skonti	300 €				
	(1775)	Umsatzsteuer	57 €	an	(1400)	Forderungen a. LuL	11.900 €
6.	(1600)	Verb. a. LuL	23.800 €	an	(1200)	Bank	23.086 €
				an	(3730)	erh. Skonti	600 €
				an	(1570)	Vorsteuer	114 €
7.	(4900)	sonst. betriebl. Aufw.	500 €	an	(1200)	Bank	500 €
8.	(4210)	Mietaufwand	1.200 €	an	(1200)	Bank	1.200 €

Buchung der Abschlussangaben

9.	(4830)	Abschreibungen	10.000 €	an	(0320)	Fuhrpark	10.000 €
10.		GuV-Konto	20.000 €	an	(3400)	Wareneingangskt.	20.000 €
	(3960)	Bestandsveränd.	20.000 €	an	(3980)	Bestand Waren	20.000 €
		SBK	30.000 €	an	(3980)	Bestand Waren	30.000 €

Die weiteren Abschlussbuchungen werden durch Saldierung der Konten vorgenommen.

Das richtige Ergebnis ist ein Verlust in Höhe von 14.400 €.

Bestandskonten

S (0320) Fuhrpark H

S		H	
AB	50.000	9)	10.000
		EB	40.000

S (1400) Ford. a. LuL H

S		H	
AB	100.000	5)	11.900
3)	47.600	EB	135.700

S (1200) Bank H

S		H	
AB	30.000	4)	3.000
5)	11.543	6)	23.086
		7)	500
		8)	1.200
		EB	13.757

S (1000) Kasse H

S		H	
AB	5.000	EB	5.000

S (1600) Verb. a. LuL H

S		H	
6)	23.800	AB	120.000
EB	120.000	2)	23.800

S (0800) EK H

S		H	
GuV	14.400	AB	115.000
EB	100.600		

S (0050) Grundstücke H

S		H	
1)	60.000	EB	60.000

S (0650) Darlehen H

S		H	
EB	60.000	1)	60.000

S (1570) Vorsteuer H

S		H	
2)	3.800	6)	114
		USt	3.686

S (3980) Bestand Waren H

S		H	
AB	50.000	SBK	30.000
		BV	20.000

S (1770) USt-Schuld H

S		H	
5)	57	3)	7.600
VSt	3.686		
EB	3.857		

Erfolgskonten

S	(3400) WEK		H
2)	20.000		

S	(3960) BV Waren		H
Bestand Waren	20.000	GuV	20.000

S	(8400) UE		H
GuV	40.000	3)	40.000

S	(4100) Personalaufw.		H
4)	3.000	GuV	3.000

S	(8730) gew. Skonti		H
5)	300	GuV	300

S	(3730) erh. Skonti		H
GuV	600	6)	600

S	(4920) Telefon		H
7)	500	GuV	500

S	(4210) Mietaufw.		H
8)	1.200	GuV	1.200

S	(4830) Abschreib. SV		H
9)	10.000	GuV	10.000

Abschlusskonten

A	SBK		P
Grundstücke	60.000	Darlehn	60.000
Fuhrpark	40.000	Verb. a. LuL	120.000
Bestandwaren	30.000	USt-Schuld	3.857
Ford. a. LuL	135.700	EK	100.600
Bank	13.757		
Kasse	5.000		
	284.487		284.487

S	GuV		H
WEK	20.000	Erlöse (WVK)	40.000
BV Waren	20.000	Skontoerträge	600
Personalaufwand	3.000	Verlust	14.400
Skontoaufwand	300		
Verwaltungsaufwand	500		
Mietaufwand	1.200		
Abschreibungen	10.000		
	55.000		55.000

Zum Thema: Buchungen im Geschäftsbetrieb

Zu Aufgabe 2

(3960)	Waren	40.000 €				
(1570)	Vorsteuer	7.600 €	an	(1600)	Verb.	47.600 €
(1600)	Verbindlichkeiten	47.600 €	an	(1200)	Bank	46.648 €
			an	(3730)	erhaltene Skonti	800 €
			an	(1570)	Vorsteuer	152 €

Zu Aufgabe 3

(1400)	Forderungen	95.200 €	an	(0350)	Lkw	80.000 €
				(1770)	Umsatzsteuer	15.200 €
(1200)	Bank	93.296 €				
(8700)	Erlösschmälerung	1.600 €				
(1770)	Umsatzsteuer	304 €	an	(1400)	Forderungen	95.200 €

Zum Thema: Jahresabschlussbuchungen

Zu Aufgabe 4 - Planmäßige Abschreibung / Lineare Abschreibung

1. Ermittlung der zeitanteiligen Abschreibung:

   Jährlicher AfA-Betrag: 120.000 € / 5 Jahre = 24.000 €/Jahr

   Zeitanteiliger AfA-Betrag (24.000 x 8) / 12 = 16.000 €/Jahr

2. Berechnung der fortgeführten Anschaffungskosten am Ende des 4. Nutzungsjahres:

	Anschaffungskosten	120.000 €
-	zeitanteilige AfA zum 31. Dez. des 1. Jahres	16.000 €
	fortgeführte Anschaffungskosten	104.000 €
-	AfA zum 31. Dez. des 2. Nj.	24.000 €
	fortgeführte Anschaffungskosten	80.000 €
-	AfA zum 31. Dez. des 3. Nj.	24.000 €
	fortgeführte Anschaffungskosten	56.000 €
-	AfA zum 31. Dez. des 4. Nj.	24.000 €
	fortgeführte Anschaffungskosten	32.000 €

Zu Aufgabe 5 - Planmäßige Abschreibung / Abschreibung nach Leistungseinheiten

1. Diese steuerlich zulässige AfA-Methode kann nur bei bestimmten Anlagegütern nach Maßgabe der Inanspruchnahme oder Leistung (km, Stunden) vorgenommen werden (§ 7 Abs. 1 Satz 6 EStG).

2. Ermittlung der Abschreibung:

   1. Jahr: 48.000 km
   - 2. Jahr: 30.000 km
   - 3. Jahr: 31.000 km
   - 4. Jahr: 27.000 km
   - 5. Jahr: 32.000 km
   - 6. Jahr: 24.000 km
   - 7. Jahr: 30.000 km
   - 8. Jahr: 28.000 km

   AfA nach Leistungseinheit: 125.000 € / 250.000 km = 0,50 €/km

1. Jahr:	48.000 km x 0,50 €	=	24.000 € AfA
2. Jahr:	30.000 km x 0,50 €	=	15.000 € AfA
3. Jahr:	31.000 km x 0,50 €	=	15.500 € AfA
4. Jahr:	27.000 km x 0,50 €	=	13.500 € AfA
5. Jahr:	32.000 km x 0,50 €	=	16.000 € AfA
6. Jahr:	24.000 km x 0,50 €	=	12.000 € AfA
7. Jahr:	30.000 km x 0,50 €	=	15.000 € AfA
8. Jahr:	28.000 km x 0,50 €	=	14.000 € AfA
	250.000 km	=	125.000 €

Zu Aufgabe 6 - Planmäßige Abschreibung / Geringwertige Wirtschaftsgüter (GWG)

Nur das Kopiergerät ist eigenständig nutzbar. Der Drucker ist nur mit einem PC gemeinsam nutzbar, daher gilt er nicht als GWG (wirtschaftliche Einheit).

1a) **Buchung bei Anschaffung:**

(0480)	GWG	200 €				
(1570)	Vorsteuer	38 €	an	(1200)	Bank	238 €

Buchung zum Bilanzstichtag:

(4855)	AfA auf GWG	200 €	an	(0480)	GWG	200 €

Alternativ wäre auch die Buchung im Sammelposten möglich, mit einer Abschreibung von 20 % (fünf Jahre Nutzungsdauer).

1a) Alternative **Buchung bei Anschaffung:**

(0485)	Sammelposten	200 €				
(1570)	Vorsteuer	38 €	an	(1200)	Bank	238 €

Buchung zum Bilanzstichtag:

(4862)	AfA GWG-SP	40 €	an	(0485)	GWG-SP	40 €

1b) Da der Drucker nur in wirtschaftlicher Einheit mit einem PC betrachtet werden kann, ist dieser nicht als GWG erfassbar.

2a) **Ermittlung der Anschaffungskosten:**

406,70 (415,00 - 2 % Skonto = 8,30)

2b) Da die Anschaffungskosten über 150 € liegen, können die Wirtschaftsgüter in einem jährlichen Sammelposten (Pool) erfasst und in fünf Jahren linear mit je 20 % abgeschrieben werden. Alternativ hätten die Wirtschaftsgüter auch als GWG (0480) im Jahr der Anschaffung voll abgeschrieben werden können.

Buchung der Anschaffung:

(0485)	GWG-SP	415,00 €				
(1570)	Vorsteuer	78,85 €	an	(1600)	Verbindlichkeiten	493,85 €

Buchung des Rechnungsausgleiches:

(1600)	Verbindlichkeiten	493,85 €				
			an	(0485)	GWG-SP	8,30 €
			an	(1570)	Vorsteuer	1,58 €
			an	(1200)	Bank	483,97 €

Buchung der Abschreibung zum Bilanzstichtag:

(4862)	AfA GWG-SP	81,34 €	an	(0485)	GWG-SP	81,34 €

Zu Aufgabe 7 - Außerplanmäßige Abschreibungen

1. Ermittlung des Buchwertes zum Bilanzstichtag:

   Anschaffungskosten 500.000 € - (8 x 50.000 €) = Restbuchwert 100.000 €
2. Die außerplanmäßige Wertminderung beträgt zum gleichen Zeitpunkt 80.000 €.
3. Buchung der planmäßigen und außerplanmäßigen Abschreibung zum Jahresende:

   Planmäßige AfA

(4830)	pl. AfA	50.000 €	an	(0210)	Maschinen	50.000 €

Außerplanmäßige AfA

(4840)	a.pl. AfA	80.000 €	an	(0210)	Maschinen	80.000 €

Zu Aufgabe 8 - Aktive und passive Rechnungsabgrenzungsposten (ARAP/PRAP)

01.07.	(4510)	Kfz-Steuer	600 €	an	(1200)	Bank	600 €
31.12.	(0980)	ARAP	300 €	an	(4510)	Kfz-Steuer	300 €
01.01.	(4510)	Kfz-Steuer	300 €	an	(0980)	ARAP	300 €

Zu Aufgabe 9 - Aktive und passive Rechnungsabgrenzungsposten (ARAP/PRAP)

22.12.	(1200)	Bank	2.500 €	an	(2750)	Mieterträge	2.500 €
31.12.	(2750)	Mieterträge	2.500 €	an	(0990)	PRAP	2.500 €
01.01.	(0990)	PRAP	2.500 €	an	(2750)	Mieterträge	2.500 €

Zu Aufgabe 10 - Sonstige Forderungen und Verbindlichkeiten

31.12.	(4380)	Beiträge	1.800 €	an	(1700)	Sonst. Verb.	1.800 €
01.01.	(1700)	Sonst. Verb.	1.800 €	an	(1200)	Bank	1.800 €

Zu Aufgabe 11 - Sonstige Forderungen und Verbindlichkeiten

31.12.	(1500)	Sonst. Ford.	1.650 €	an	(2750)	Sonst. Erträge	1.650 €
01.01.	(1200)	Bank	1.650 €	an	(1500)	Sonst. Forderungen	1.650 €

Zu Aufgabe 12 - Rückstellungen

1. Im Allgemeinen sind schwebende Geschäfte (noch von keinem Vertragspartner erfüllt – Lieferung und Zahlung stehen noch aus) nicht zu erfassen. Sind aus diesem Geschäft Verluste zu erwarten, ist aufgrund der kaufmännischen Vorsicht § 252 Abs. 4 HGB eine Rückstellung in Höhe des zu erwartenden Verlustes zu bilden.
2. Buchungen zum 31. Dezember und nach Rechnungseingang im Februar:

31.12.		Aufw. f. RHB	15.000 €	an	(0976)	Rückstellung für drohende Verluste	15.000 €
15.02.		Aufw. f. RHB	180.000 €				
		Vorsteuer	34.200 €	an	(1600)	Verb. a. LuL	214.200 €
	(0976)	Rückstellung für drohende Verluste	15.000 €	an		Aufw. RHB	15.000 €

Teil 2: Grundlagen des handels- und steuerrechtlichen Jahresabschlusses

Im folgenden Kapitel erhalten Sie einen teilweise abstrakten Überblick über die rechtlichen Grundlagen der Bilanzierung nach Handels- und Steuerrecht. Es können nicht alle Begriffe erläutert und alle Ausführungen durch Beispiele belegt werden. Dieses wird in den weiteren Kapiteln erfolgen. Auf jeden Fall sollten Sie die genannten Gesetzesvorschriften parallel lesen.

1. Rechtliche Grundlagen

Am 01. 01. 1900 trat das HGB vom 10. 05. 1897 in Kraft. Es wurde häufiger ergänzt, reformiert und modernisiert, z. B. durch die Umsetzung des Bilanzrichtlinien-Gesetzes vom 19. 12. 1985. Die jüngste große Änderung des HGBs fand durch die Einführung des BilMoGs mit Verkündung vom 28. 05. 2009 (BGBl I 2009, S. 1102) statt. Nötig wurde die Änderung des HGBs, um eine Anpassung der deutschen Rechnungslegung an die Vorschriften internationaler Rechnungslegungsstandards (IFRS) anzupassen und dadurch eine Vergleichbarkeit zu schaffen, ohne die Eckpunkte des HGB-Bilanzrechts aufzugeben.

1.1 Zielsetzung handels- und steuerrechtlicher Bilanzierungsvorschriften

Wir hatten im Buchführungsteil die Existenz des betrieblichen Rechnungswesens aus der Notwendigkeit zu interner und externer Rechenschaftslegung abgeleitet. Die Finanzbuchhaltung mit dem Jahresabschluss (= Bilanz und Gewinn- und Verlustrechnung) dient im Wesentlichen der externen Rechenschaftslegung. Die verschiedenen Adressaten der Rechenschaftslegung zeigt das folgende Schaubild:

ABB. 19: Adressaten des Jahresabschlusses

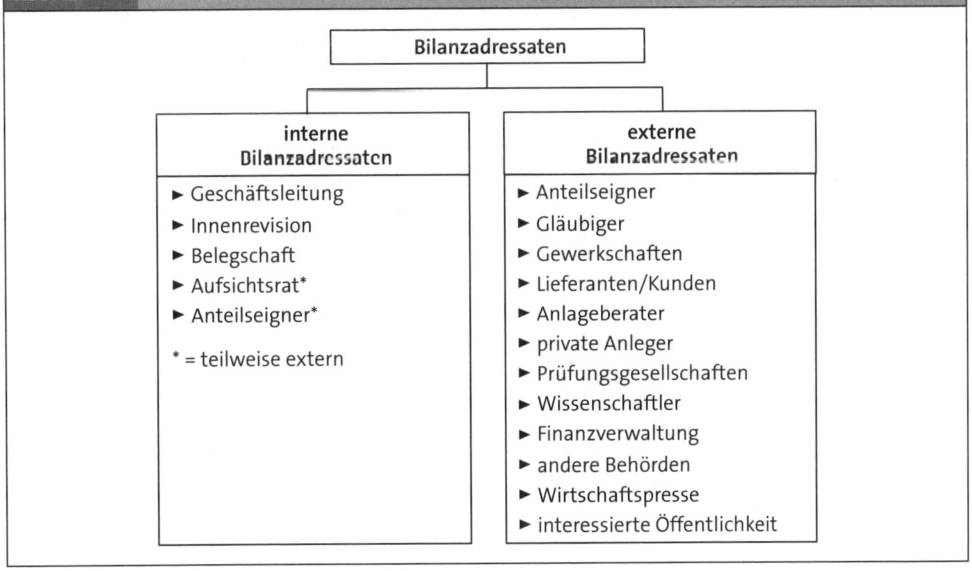

Die Bilanzadressaten haben unterschiedliche, teilweise sogar konträre Zielvorstellungen. Beispielsweise sind Anteilseigner an hohen Wertansätzen des Vermögens interessiert, um hohe Gewinnausschüttungen zu erzielen (das EK = Vermögen - Schulden steigt!). Auf der anderen Seite dürften Gläubiger an niedrigen Wertansätzen interessiert sein, um über einen entsprechend niedrigeren Gewinnausweis und niedrigere Steuer- und Dividendenzahlungen Liquidität im Unternehmen, zur Sicherung der Rückzahlung ihrer Kredite, zu lassen.

Wegen dieser Interessenkonflikte sollte der Jahresabschluss möglichst nur objektiv nachprüfbare Informationen enthalten. Der einzelne Bilanzadressat kann dann sein spezifisches Informationsbedürfnis mittels der Jahresabschlussanalyse befriedigen. Im Hinblick auf den Objektivierungsgrundsatz sind Aufwendungen und Erträge als zeitlich abgegrenzte Zahlungen definiert (§ 252 Abs. 1 Nr. 5 HGB). Sie lassen sich durch Rechnungen und Kontoauszüge belegen und sind damit objektiv nachprüfbar.

Oberstes Ziel handelsrechtlicher Bilanzierungsvorschriften ist der Gläubigerschutz. Denken Sie bei Gläubigern nicht zuerst an Banken sondern an die vielen (kleinen) Lieferanten, die auf Begleichung ihrer Rechnungen hoffen. Der Gläubigerschutz soll über

1. die Dokumentationsfunktion,

2. die Rechenschaftsfunktion und

3. die Kapitalerhaltungsfunktion

erreicht werden.

Diese Funktionen werden zwar nicht ausdrücklich im Gesetz genannt, doch lassen sie sich aus dem Kontext des Gesetzes ableiten.

Zu 1. Die Dokumentationsfunktion

Der Jahresabschluss hat – wie die Buchführung insgesamt – zunächst eine Dokumentationsfunktion. Sie ergibt sich insbesondere aus der Formulierung des § 238 Abs. 1 Satz 3 HGB, wonach sich die Geschäftsvorfälle in ihrer Entstehung und Abwicklung verfolgen lassen müssen. Das Festhalten von Güterbewegungen und Zahlungsvorgängen dient der Wahrung von Eigen- und Fremdinteressen. So werden beispielsweise die Aufzeichnungen dafür benötigt, Geschäftsvorfälle nicht zu vergessen oder Eigentumsverhältnisse im Konkursfall festzustellen. Außerdem kann durch die Dokumentation Unterschlagung erschwert bzw. leichter nachgewiesen werden.

Zu 2. Die Rechenschaftsfunktion

a) Zwang zur Selbstinformation

   Buchführung und Jahresabschluss sollen dem Kaufmann bzw. der Unternehmensleitung einen Überblick über die Vermögensgegenstände und Schulden sowie über das Eigenkapital und über den erzielten Erfolg vermitteln.

   Die rechtzeitige Selbstinformation durch einen Jahresabschluss bezweckt Insolvenzvermeidung und dient damit dem Gläubigerschutz. Dass der Gesetzgeber der Selbstinformation einen großen Stellenwert beimisst, lässt sich daran ablesen, dass nach den §§ 238 ff. HGB der Jahresabschluss auch Kaufleuten auferlegt wird, die nicht dazu verpflichtet sind, den Abschluss zu veröffentlichen.

b) Rechenschaft gegenüber Außenstehenden

Rechenschaft nach außen umfasst alles, was ein Externer wissen muss, um entscheiden zu können, ob er Geschäftsbeziehungen zum Unternehmen aufnehmen, ändern oder beenden soll.

Zu den besonders schutzwürdigen außenstehenden Personen einer Unternehmung gehören die Gläubiger, die von der Geschäftsleitung ausgeschlossenen Miteigentümer (z. B. Aktionäre) und die Arbeitnehmer. Ihr Interesse am Jahresabschluss resultiert aus dem Bedürfnis, Dispositionsgrundlagen und Kontrollmöglichkeiten zu erhalten. Diese gewährt der Jahresabschluss mit einem Überblick über das Vermögen und die Schulden am Bilanzstichtag sowie über die Aufwendungen und Erträge der betreffenden Periode.

Die Rechenschaftsfunktion des Jahresabschlusses kann z. B. aus folgenden Vorschriften abgeleitet werden:

- § 238 Abs. 1 Satz 1 HGB:

  Verpflichtung zur Ersichtlichmachung der Lage des Vermögens.

- § 242 Abs. 1 Satz 1 HGB:

  Verpflichtung zur Aufstellung eines Abschlusses, der das Verhältnis des Vermögens und der Schulden darstellt (Darstellung des Ausmaßes der Schuldendeckung durch das Vermögen) und zur Aufstellung einer Gewinn- und Verlustrechnung.

Zu 3. Die Kapitalerhaltungsfunktion

Der Gesetzgeber macht im Wortlaut und im Bedeutungszusammenhang deutlich, dass ihm auch an der Sicherung des Unternehmensbestandes gelegen ist:

- § 249 HGB:

  Verpflichtung zum Ansatz von Verbindlichkeitsrückstellungen; künftige Auszahlungsverpflichtungen werden bereits jetzt berücksichtigt.

- § 252 Abs. 1 Nr. 4 HGB:

  Kodifizierung des Vorsichts- und Imparitätsprinzips: Im Zweifel stellt man sich schlechter dar als man ist; Verluste werden nicht erst bei Umsatz sondern schon bei Erkennen einer Verlustgefahr (z. B. durch außerplanmäßige Abschreibungen auf Erzeugnisse) realisiert.

- § 253 Abs. 1-4 HGB:

  Vorschriften über die Wertansätze von Vermögen und Schulden: Bewertung des Vermögens höchstens mit Anschaffungs- oder Herstellungskosten; dadurch tendenziell Unterbewertung des Umlaufvermögens.

Ziel der steuerrechtlichen Bilanzierungsvorschriften ist die Ermittlung des zu versteuernden Periodengewinns unter Beachtung der Steuergerechtigkeit. Steuergerechtigkeit bedeutet hierbei Gewinnermittlung für alle Steuerpflichtigen nach denselben Grundsätzen. Mit der Einführung des BilMoGs wurden Wahlrechte abgeschafft, um so eine Annäherung an steuerrechtliche Vorschriften zu erreichen.

1.2 Grundsätze ordnungsmäßiger Bilanzierung

Der Jahresabschluss soll nach den Grundsätzen der ordnungsmäßigen Bilanzierung (GoBil) erstellt werden. Die Anwendung dieser Grundsätze soll gewährleisten, dass der Jahresabschluss vollständig, inhaltlich richtig, fristgerecht sowie klar und übersichtlich aufgestellt wird.

ABB. 20: Einteilung der Grundsätze ordnungsgemäßer Bilanzierung

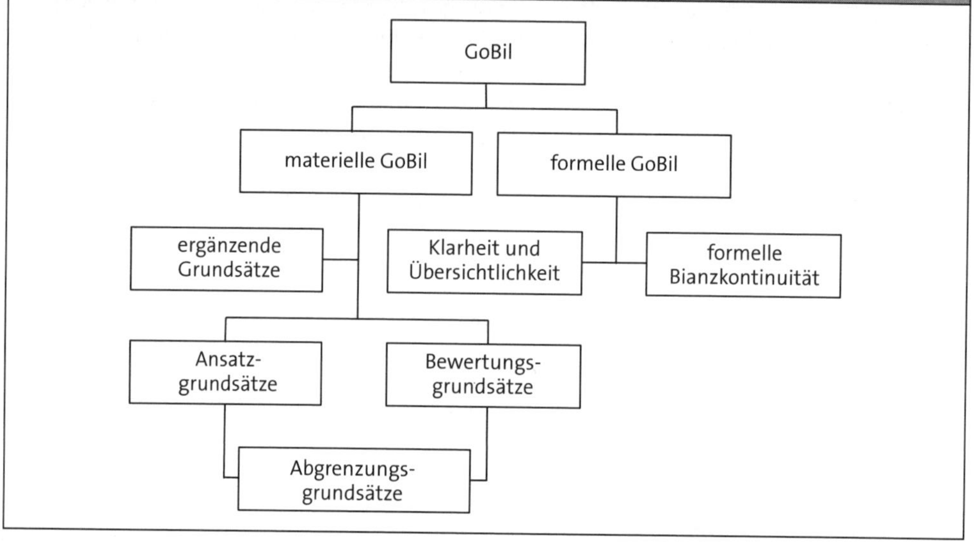

Ansatzgrundsätze (§§ 246-251 HGB)

Die Ansatzgrundsätze sollen eine Antwort auf die Frage geben, wann ein Vermögensgegenstand aktivierungspflichtig ist bzw. ein Schuldposten zu passivieren ist.

Bewertungsgrundsätze (§§ 252-256a HGB)

Auf die Bewertungsgrundsätze wird an späterer Stelle noch intensiver eingegangen. Hier seien sie aber vorab benannt:

- **Realisationsprinzip:** besagt, dass nur realisierte Gewinne und Verluste in der Bilanz ausgewiesen werden. Dieses dient u. a. dem Gläubigerschutz, denn es verhindert ein „Schönrechnen" in der Bilanz.
- **Imparitätsprinzip** (lat. impare: ungleich): regelt, aufgrund des Vorsichtsprinzips, die Vorwegnahme unrealisierter vorhersehbarer Aufwendungen, während durch das Realisationsprinzip diese erst in künftigen Geschäftsjahren hätten berücksichtigt werden dürfen. Hier kommt es also zur Ungleichbehandlung von nicht realisierten Erträgen und Aufwendungen. Diese Antizipation dient ebenfalls dem Schutz der Anleger.
- **Vorsichtsprinzip:** stellt das wichtigste Prinzip der doppelten Buchführung nach dem HGB dar. Demnach sind Aktivgüter möglichst niedrig und Passivgüter entsprechen möglichst hoch zu bewerten (alte Auffassung). Nach neuerer Auffassung sollen für die Bilanzpositionen, bei denen es ein weiteres Spektrum an Wertansatzmöglichkeiten gibt, die Wertansätze gewählt werden, die mit hinreichender Sicherheit nicht unter (Aktivseite) bzw. überschritten (Passivseite) werden.

Abgrenzungsgrundsätze (§ 252 Abs. 1 Nr. 5 HGB)

Hier wird unterschieden in:

- **Abgrenzung nach der Sache:** Dieser Grundsatz ist eng verbunden mit dem Realisationsprinzip. Ziel ist es, die Erträge den entsprechenden Aufwendungen gegenüberzustellen, durch die sie verursacht wurden.
- **Abgrenzung nach der Zeit:** Diese zeitraumbezogene Abgrenzung soll sicherstellen, dass nur die erfolgswirksamen Erträge und Aufwendungen berücksichtigt werden, die in der jeweiligen Rechnungsperiode entstanden sind.

Ergänzende Grundsätze

Zu den ergänzenden Grundsätzen zählen:

- **Grundsatz der Wirtschaftlichkeit und Wesentlichkeit:** Dieser besagt, dass nur solche Informationen zu verarbeiten sind, die für die Bilanzadressaten von wesentlichem Interesse sind und die ihre durch die Bereitstellung verursachten Kosten durch ihren Nutzen ausgleichen bzw. übersteigen.
- **Going-Concern-Prinzip:** Bei diesem Prinzip wird grundsätzlich vom Fortbestehen der Unternehmenstätigkeit bei der Bewertung ausgegangen, d. h. eine Bewertung nach den vorgenannten Grundsätzen darf demnach nur stattfinden, solange von der Fortführung der Unternehmenstätigkeit ausgegangen werden kann.
- **Grundsatz der Richtigkeit und Vollständigkeit**

Klarheit und Übersichtlichkeit

Dieser Grundsatz stellt sicher, dass die Bilanzpositionen so geordnet sind, dass ihr Inhalt klar erkennbar ist. Dies wird z. B. durch Saldierungs- und Verrechnungsverbote erreicht. Die Gliederungstiefe der Bilanz darf jedoch nicht unübersichtlich werden.

Wesentliche Beispiele für Grundsätze ordnungsmäßiger Buchführung und Bilanzierung findet man in folgenden Paragrafen:

ABB. 21:	Bilanzierungsgrundsätze
§ 243 Abs. 2 HGB	Grundsatz der Klarheit und Übersichtlichkeit
§ 264 Abs. 2 HGB	Grundsatz der Bilanzwahrheit
§ 243 Abs. 3 HGB	Einhaltung der Aufstellungsfristen
§ 252 Abs. 1 Nr. 1 HGB	Grundsatz der Bilanzidentität
§ 252 Abs. 1 Nr. 2 HGB	Going-Concern-Prinzip
§ 246 Abs. 1 HGB	Grundsatz der Vollständigkeit
§ 246 Abs. 2 HGB	Verrechnungsverbot (durch BilMoG eingeschränkt möglich)
§ 265 Abs. 1 HGB	Grundsatz der formellen Bilanzkontinuität (Schlussbilanz = Eröffnungsbilanzwerte des Folgejahres)

Weitergehende Vorschriften für Kapitalgesellschaften finden Sie in den §§ 264 ff. HGB.

Im Hinblick auf die volkswirtschaftliche Bedeutung der Kapitalgesellschaften und im Hinblick auf die entsprechend besonders schutzwürdigen Interessen externer Kapitaleigner (z. B. Kleinaktionäre) und Gläubiger enthalten die ergänzenden Vorschriften im Wesentlichen – nach Größenklassen abgestufte – weitergehende

- Gliederungsvorschriften für die Bilanz (§ 266 HGB) und die Gewinn- und Verlustrechnung (§ 275 HGB) und
- Berichts- und Erläuterungspflichten, in denen der Jahresabschluss der Kapitalgesellschaft um einen weiteren Pflichtteil, den Anhang (§§ 284-288 HGB) erweitert wird. Zusätzlich ist ein Lagebericht (§ 289 HGB) aufzustellen.

Damit soll die Einhaltung des Grundsatzes des sog. *„true and fair view"* gewährleistet werden, wonach der Jahresabschluss der Kapitalgesellschaft unter Beachtung der Grundsätze ordnungsmäßiger Buchführung ein den tatsächlichen Verhältnissen entsprechendes Bild der Vermögens-, Finanz- und Ertragslage zu vermitteln hat (§ 264 Abs. 2 HGB). Die für Kapitalgesellschaften anzuwendenden Vorschriften sind gemäß § 264a HGB auch für Personengesellschaften anzuwenden, bei denen nicht wenigstens ein persönlich haftender Gesellschafter natürliche Person ist, oder Personengesellschaft mit mindestens einer natürlichen Person als persönlich haftendem Gesellschafter (z. B. GmbH & Co. KG, wenn Komplementär GmbH ist).

Steuerrechtliche Bilanzierungsvorschriften

Die wichtigsten steuerrechtlichen Bilanzierungsvorschriften sind die §§ 4-7 EStG mit den jeweils entsprechenden EStR und EStH.

Die **derivative Buchführungspflicht** ist nach § 140 AO gegeben:

„Wer nach anderen Gesetzen als den Steuergesetzen Bücher und Aufzeichnungen zu führen hat, die für die Besteuerung von Bedeutung sind, hat die Verpflichtungen, die ihm nach den anderen Gesetzen obliegen, auch für die Besteuerung zu erfüllen."

Maßgeblich für die **originäre steuerliche Buchführungspflicht** ist § 141 Abs. 1 AO. Sind dessen Voraussetzungen erfüllt (ab 2008 mehr als 500 T€ Umsatz oder mehr als 50 T€ Gewinn aus Gewerbebetrieb), ergibt sich die originäre steuerliche Pflicht, Bücher zu führen und aufgrund jährlicher Bestandsaufnahmen regelmäßig Abschlüsse zu erstellen. Hierdurch werden Betriebe, die nicht schon handelsrechtlich buchführungspflichtig sind, steuerlich verpflichtet, Bücher zu führen. Dies betrifft expressis verbis nur Kleingewerbetreibende sowie Land- und Forstwirte.

1.3 Das Prinzip der Maßgeblichkeit der Handelsbilanz für die Steuerbilanz

Das **Maßgeblichkeitsprinzip** verknüpft die Steuerbilanz mit der Handelsbilanz. Die Handelsbilanz ist gemäß § 5 EStG maßgeblich für die Steuerbilanz, d. h. die Bilanzansätze der Handelsbilanz sind grundsätzlich in die Steuerbilanz zu übernehmen, soweit dem nicht zwingende steuerrechtliche Regelungen entgegenstehen.

Am Beispiel der außerplanmäßigen Abschreibungen lässt sich dies gut verdeutlichen: Bei voraussichtlich dauernder Wertminderung besteht in der Handelsbilanz eine Abschreibungspflicht, in der Steuerbilanz allerdings nur ein Abschreibungswahlrecht (§ 6 Abs. 1 Nr. 1 Satz 2 EStG). Das Maßgeblichkeitsprinzip gilt: Die Handelsbilanz bewirkt in der Steuerbilanz eine Abwertung des Vermögensgegenstandes.

Die Steuerbilanz dient allerdings vorrangig dem Ziel einer periodengerechten Erfolgsermittlung. Daher müssen bestimmte handelsrechtliche Prinzipien im Steuerrecht eingeschränkt werden, damit der Gewinn nicht zu niedrig ausgewiesen wird. Das Maßgeblichkeitsprinzip wird also im Hinblick auf die spezifischen Zielsetzungen des Steuerrechts **durchbrochen**:

- Das Aktivierungswahlrecht für selbst erstellte immaterielle Vermögensgegenstände des Anlagevermögens (§ 248 Abs. 2 HGB) findet steuerlich keine Anwendung (§ 5 Abs. 2 EStG, Ansatzverbot).
- Für das Disagio besteht in der Handelsbilanz ein Ansatzwahlrecht (§ 250 Abs. 3 HGB), in der Steuerbilanz Ansatzpflicht (H 6.10 „Damnum" EStH 2008).
- Die Bewertung (§§ 6, 6a EStG) und die Abschreibung von Wirtschaftsgütern (§ 7 EStG) sind strenger als im HGB geregelt.
- Darüber hinaus gibt es im Bereich des Betriebsausgabenabzugs einige steuerliche Einschränkungen (s. hierzu § 4 Abs. 5 Satz 1 Nr. 1-12 EStG).
- Rückstellungsbewertung: Wertverhältnisse am Bilanzstichtag sind maßgeblich (keine Berücksichtigung von zukünftigen Preis- und Kostensteigerungen nach HGB).

Dies bedeutet aber, dass grundsätzlich keine selbstständige, vom handelsrechtlichen Jahresabschluss abweichende Steuerbilanz erstellt werden muss. So ist gemäß § 60 Abs. 1 Satz 1 EStDV der Steuerpflichtige nur dazu verpflichtet, seiner Steuererklärung eine Abschrift der Bilanz, die auf dem Zahlenwerk der Buchführung beruht, beizufügen. Enthält diese Bilanz Ansätze oder Beträge, die den steuerlichen Vorschriften nicht entsprechen, so sind gemäß § 60 Abs. 2 Satz 1 EStDV diese Ansätze oder Beträge durch Zusätze oder Anmerkungen den steuerlichen Vorschriften anzupassen. Es **kann** aber auch eine den steuerlichen Vorschriften und den GoB entsprechende (Handels-)Bilanz beigefügt werden. Dies ist in der Praxis die Regel, da mit einer den handelsrechtlichen GoB entsprechenden Steuerbilanz auch der handelsrechtlichen Verpflichtung zur Aufstellung eines Jahresabschlusses (§ 242 HGB) nachgekommen wird.

Mit der Umgestaltung des HGB durch das neue Bilanzrechtsmodernisierungsgesetz entfällt künftig das Prinzip der umgekehrten Maßgeblichkeit – steuerliche Wertansätze entfalten demnach künftig keine Geltung mehr für die handelsrechtliche Rechnungslegung. Die Aufhebung der Vorschriften dient der Vereinfachung der handelsrechtlichen Rechnungslegung.

2. Bilanzierungsfähigkeit von Vermögensgegenständen und Schulden

Im Rahmen der Aufstellung des Jahresabschluss muss der Kaufmann prüfen:

- Was muss bilanziert werden? **Bilanzierung dem Grunde nach** (Bilanzierungsfähigkeit).
- Mit welchem Wert sind die zu bilanzierenden Vermögensgegenstände und Schulden in der Bilanz anzusetzen? **Bilanzierung der Höhe nach** (Wertmaßstäbe).
- Unter welcher Bilanzposition sind die zu bilanzierenden Vermögensgegenstände und Schulden auszuweisen? **Bilanzausweis**.

Dieses Schema soll den Sachverhalten jeweils zu Grunde gelegt werden.

Bilanzierungsfähigkeit ist die Eigenschaft eines Gegenstandes in die Bilanz aufgenommen werden zu können. Diese Gegenstände werden im Steuerrecht als Wirtschaftsgüter und im Handelsrecht als Vermögensgegenstände bezeichnet. Für beide Begriffe gibt es keine Legaldefinition. Die Begriffe sind aber annähernd gleich und werden für unsere Zwecke synonym verwendet.

Die Bilanzierungsfähigkeit von Vermögensgegenständen und Schulden ist an bestimmte Voraussetzungen geknüpft. Man unterscheidet hierbei die abstrakte und konkrete Bilanzierungsfähigkeit.

Durch die abstrakte Aktivierungs- und Passivierungsfähigkeit werden Kriterien festgelegt, nach denen ein Aktivposten als Vermögensgegenstand – ein Passivposten als Schuld – zu charakterisieren ist.

Die konkrete Bilanzierungsfähigkeit richtet sich nach den konkreten Normen des HGB, die Ansatzgebote, -verbote und -wahlrechte beinhalten.

2.1 Abstrakte Aktivierungs- und Passivierungsfähigkeit

Gemäß § 246 Abs. 1 HGB hat der Jahresabschluss **sämtliche** Vermögensgegenstände, Schulden, Rechnungsabgrenzungsposten, Aufwendungen und Erträge zu enthalten, soweit gesetzlich nichts anderes bestimmt ist **(Vollständigkeitsgrundsatz)**.

Vermögensgegenstand		
Wirtschaftliche Werte	Selbstständige Bewertbarkeit	Selbstständige Verwertbarkeit
Sachen, Rechte, sonstige wirtschaftliche Werte	Eindeutige Zuordnung vom Aufwand zum Vorteil	Alleinige Nutzbarkeit dieses Vorteils

Die abstrakte Bilanzierungsfähigkeit stellt an die Vermögensgegenstände drei zu erfüllende Kriterien:

1. Wirtschaftliche Werte

Sachen: körperliche Gegenstände (Maschinen, Geschäftsausstattung)

Rechte: Patente, Gebrauchsmuster, Urheberrechte, Marken

Sonstige wirtschaftliche Werte: sämtliche Vorteile, die weder Sachen noch Rechte darstellen (geheime Produktionsverfahren, spezielles Wissen, d. h. das Objekt ist nützlich und knapp; Gegenbeispiel: Luft).

2. Selbstständige Bewertbarkeit

Beinhaltet die eindeutige Zuordnung von Aufwendungen zur Sache, zum Recht oder zum sonstigen wirtschaftlichen Vorteil (Einzelbewertungsgrundsatz). Güter, die nach wirtschaftlicher Betrachtungsweise als Einheit anzusehen sind, sind auch als Einheit zu aktivieren, selbst wenn jede Komponente für sich genommen ein Wertgegenstand im vorgenannten Sinne ist. So wird z. B. ein Pkw als Einheit aktiviert und bilanziell nicht in seine (selbständig veräußerbaren) Einzelteile (Reifen, Scheinwerfer etc.) zerlegt.

3. Selbstständige Verwertbarkeit

Beinhaltet, dass der Vorteil für sich allein nutzbar ist. Es stellt die Veräußerbarkeit dar, die Werthaltigkeit. **Unter Wertgegenständen sind alle selbständig verkehrsfähigen, d. h. einzeln veräußerbaren Wirtschaftsgüter zu verstehen**. Sie können materieller oder immaterieller Art sein.

Wertgegenstände haben einen Wert und damit einen Preis. Die Einzelveräußerbarkeit der Aktiva trägt dem Gläubigerschutz Rechnung.

Wirtschaftliches Eigentum

Mit dem § 246 Abs. 1 Satz 2 HGB wird der Grundsatz der wirtschaftlichen Zurechnung durch das BilMoG im HGB stärker verankert. Ein Wirtschaftsgut wird immer bei seinem wirtschaftlichen Eigentümer bilanziert, auch wenn es rechtlich einem anderen gehört (juristisches Eigentum). Wirtschaftlicher Eigentümer ist, wer einen Gegenstand nutzt und das Investitionsrisiko trägt (Chancen und Risiken). Hier kommt es zu einer Annäherung der wirtschaftlichen Betrachtungsweise nach IFRS (*substance over form*) und einer Konkretisierung des § 39 AO.

BEISPIELE:

1. Ein auf einem Pachtgrundstück errichtetes Betriebsgebäude gehört rechtlich dem Verpächter, bilanziert wird es beim Pächter.
2. Leasinggegenstände werden beim Leasingnehmer bilanziert, sofern der Leasingnehmer als wirtschaftlicher Eigentümer anzusehen ist (spezielles regeln die einkommensteuerrechtlichen Leasingerlasse).

Kriterien zur Passivierung

Auf der **Passivseite** der Bilanz sind sämtliche Schulden des Unternehmens auszuweisen. Dies leitet sich ebenfalls aus dem Grundsatz der Vollständigkeit gemäß § 246 Abs. 1 HGB ab.

Schulden werden wie folgt definiert: Bestehende oder hinreichend sicher erwartete Belastungen, die auf einer rechtlichen oder wirtschaftlichen Leistungsverpflichtung des Unternehmens beruhen und selbständig bewertbar, d. h. als solche abgrenzbar und z. B. nicht nur Ausfluss des allgemeinen Unternehmensrisikos sind.

1. Verpflichtung

Hierunter ist eine rechtliche oder wirtschaftliche Leistungsverpflichtung des Unternehmens zu verstehen. Eine rechtliche Verpflichtung besteht z. B. zur Begleichung von Lieferantenrechnungen oder zu Gewährleistungen innerhalb der Garantiefrist. Eine wirtschaftliche Verpflichtung besteht für Leistungen, die ein Unternehmen ohne rechtliche Verpflichtung praktisch erbringen muss, z. B. Kulanzleistungen.

2. Wirtschaftliche Belastung

Eine wirtschaftliche Belastung liegt vor, wenn die Verpflichtung zu einer Vermögensminderung durch Zahlung führt.

3. Quantifizierbarkeit

Quantifizierbarkeit bedeutet, dass die Höhe der Verpflichtung entweder durch eine Rechnung feststeht oder ungewiss, aber abschätzbar ist.

2.2 Konkrete Bilanzierungsfähigkeit (Ansatzgebote, -verbote und -wahlrechte)

Die konkrete Bilanzierungsfähigkeit grenzt ab, ob ein abstrakt aktivierungs- oder passivierungsfähiger Vermögensgegenstand/Schuld auch aufgrund konkreter handelsrechtlicher Vorschriften angesetzt werden muss, nicht angesetzt werden darf oder angesetzt werden kann.

Ansatzgebote

- Geschäfts- oder Firmenwert (§ 246 Abs. 1 Satz 4 HGB),
- Rückstellungen (§ 249 HGB),
- Rechnungsabgrenzungsposten (§ 250 HGB).

Ansatzverbote

- Aufwendungen für die Gründung eines Unternehmens (§ 248 Abs. 1 Nr. 1 HGB),
- Aufwendungen für die Beschaffung des Eigenkapitals (§ 248 Abs. 1 Nr. 2 HGB),
- Aufwendungen für den Abschluss von Versicherungsverträgen (§ 248 Abs. 1 Nr. 3 HGB),
- selbst geschaffene immaterielle Vermögensgegenstände in Form von selbst geschaffenen Marken, Drucktiteln, Verlagsrechten, Kundenlisten etc. (§ 248 Abs. 2 Satz 2 HGB),
- Rückstellungen, die über den Katalog des § 249 Abs. 1 HGB hinausgehen.

Ansatzwahlrechte

- Selbst geschaffene immaterielle Vermögensgegenstände des Anlagevermögens (§ 248 Abs. 2 HGB; beachte die aufgeführten Ausnahmen in 248 Abs. 2 Satz 2 HGB),
- aktive latente Steuern (§ 274 Abs. 1 HGB),
- Rückstellungen für unmittelbare Pensionszusagen, die vor dem 01. 01. 1987 erteilt wurden (§ 248 Abs. 1 HGB, Art. 28 EGHGB),
- Ausweis eines Disagios, d. h. ist der Erfüllungsbetrag einer Verbindlichkeit höher als der Ausgabebetrag, so darf der **Unterschied aktiviert werden** (§ 250 Abs. 3 Satz 1 HGB).

Steuerrechtliche Ansätze unterscheiden sich hier, z. B. wie folgt:

- § 5 Abs. 2 EStG sieht weiterhin ein Aktivierungsverbot für selbsterstellte immaterielle Vermögensgegenstände des Anlagevermögens vor,
- § 5 Abs. 1a EStG: Verbot der Verrechnung bestimmter Positionen der Aktiv- mit der Passivseite,
- Aktivierungsgebot für das Disagio (§ 5 Abs. 5 EStG),
- Rückstellungen werden weiterhin mit dem Wertansatz am Bilanzstichtag bewertet (§ 6 Abs. 1 Nr. 3a EStG).

BEISPIELE:

1. PC

Materielles Wirtschaftsgut - Schuldendeckungsfähig, selbstständige Verwertbarkeit.

Es sprechen keine konkreten Bilanzierungsverbote dagegen.

2. Selbsterstellte, zum Verkauf bestimmte Projektmanagementsoftware

Abstrakt - selbstständig verwertbar.

Konkret - kein Verbot.

Ausweis: Umlaufvermögen, Vorräte - Fertige Erzeugnisse, Waren.

3. Selbsterstellte, zur Eigennutzung bestimmte Projektmanagementsoftware

Abstrakt - selbstständig verwertbar.

Konkret - selbst geschaffene immaterielle Vermögensgegenstände des Anlagevermögens können als Aktivposten in die Bilanz aufgenommen werden (§ 248 Abs. 2 HGB).

3. Bewertungsmaßstäbe für Vermögensgegenstände und Schulden

Bevor die Vermögensgegenstände bewertet werden, ist die **Bindungswirkung** zu beachten, die die Bewertung in **zeitlicher** und **sachlicher Hinsicht** einschränkt. Zu unterscheiden ist demnach die Bindungswirkung innerhalb eines Geschäftsjahres (Fragen der innerperiodischen Einheitlichkeit bei Ausweis, Bilanzierung und Bewertung) und eine Bindungswirkung in zeitlicher Hinsicht in aufeinanderfolgenden Geschäftsjahren (Fragen der interperiodischen Stetigkeit bei Ausweis, Bilanzierung und Bewertung), gemäß § 246 Abs. 3 HGB Ansatzstetigkeit i.V.m. § 252 Abs. 1 Nr. 6 und § 252 Abs. 2 HGB.

3.1 Zugangs- und Folgebewertung

Die Bewertung des Vermögens und der Schulden ist immer ein Vorgang in zwei Schritten:

1. Ermittlung der Zugangsbewertung (Ausgangswerte)

ABB. 22: Zugangsbewertung (Ausgangswerte)

Wirtschaftsgüter	Bewertungsmaßstab	HGB
Vermögensgegenstände	Anschaffungs- oder Herstellungskosten	§ 253 Abs. 1 Satz 1 HGB
Verbindlichkeiten	Erfüllungsbetrag	§ 253 Abs. 1 Satz 2 HGB
Rückstellungen	In Höhe des nach vernünftiger kaufmännischer Beurteilung notwendigen Erfüllungsbetrages	§ 253 Abs. 1 Satz 2 HGB
Altersversorgungsverpflichtungen oder zu verrechnende Vermögensgegenstände	Beizulegender Zeitwert	§ 253 Abs. 1 Satz 3 und 4 HGB

2. Ermittlung der Folgewerte, mittels Prüfung, ob Wertkorrekturen nach unten bei Aktiva bzw. nach oben bei den Verbindlichkeiten und Rückstellungen geboten oder möglich sind.

Die Ausgangswerte und Höchstwerte für alle Gegenstände des Anlagevermögens sind in der Handels- und Steuerbilanz die Anschaffungs- oder Herstellungskosten (§ 253 Abs. 1 Satz 1 HGB und § 6 Abs. 1 Nr. 1 Satz 1 und 2 EStG). Bei abnutzbaren Anlagen sind die Anschaffungs- und Herstellungskosten um planmäßige Abschreibungen (§ 253 Abs. 3 Satz 1 HGB) bzw. Absetzung für Abnutzung (§ 7 Abs. 1 Satz 1-4 und Abs. 2 Satz EStG) oder Substanzverringerung (§ 7 Abs. 4 EStG) zu vermindern.

ABB. 23: Abschreibungen

	Inhalt	**Norm**
HGB	Verbot für außerplanmäßige Abschreibungen im Anlagevermögen bei nur vorübergehender Wertminderung (außer Finanzanlagen) Es entfallen: 1. Wertschwankungen im Umlaufvermögen 2. Abschreibungen im Rahmen vernünftiger kaufmännischer Beurteilung 3. Verbot der Vornahme nur steuerrechtlich zulässiger Abschreibungen	§ 253 Abs. 3 Satz 4 HGB
EStG	Verbot für Teilwertabschreibungen im Anlagevermögen bei nur vorübergehender Wertminderung	§ 6 Abs. 1 Nr. 1 Satz 2 EStG
	Wertschwankungsabschreibungen im Umlaufvermögen sind unzulässig	§ 6 Abs. 1 Nr. 2 EStG
	Abschreibungen im Rahmen vernünftiger kaufmännischer Beurteilung sind unzulässig	§ 6 Abs. 1 Nr. 1 und 2 EStG

Sinn der planmäßigen Wertminderungen ist es, einen möglichst sicheren Einblick in die Vermögens- und Ertragslage zu geben. Außerdem sollen die Anschaffungs- oder Herstellungskosten periodengerecht auf die Jahre der Nutzung als Aufwand verteilt werden.

Der Begriff „planmäßige Abschreibungen" deutet darauf hin, dass die Abschreibungen auf der Grundlage eines **Abschreibungsplanes** vorgenommen werden, der die

- Anschaffungs- oder Herstellungskosten,
- die voraussichtliche Nutzungsdauer des Anlagegegenstandes und
- die ausgewählte Abschreibungsmethode enthält.

Da im § 253 HGB keine konkreten Regelungen hinsichtlich der Abschreibungsmethode enthalten sind, wird auch handelsrechtlich i. d. R. nach den steuerrechtlichen Vorschriften des § 7 EStG abgeschrieben.

In Teil 1 wurden die Abschreibungsverfahren mit Ausnahme der Sonderregelungen für Gebäudeabschreibungen (§ 7 Abs. 4 und 5 EStG) dargestellt.

Den um planmäßige Abschreibungen verminderten Wertansatz bezeichnet man **als fortgeführte Anschaffungs- oder Herstellungskosten**.

ABB. 24: Bewertungsmaßstäbe der Folgebewertung

Folgebewertung		
Vermögensgegenstand/ Wirtschaftsgut	**Bewertungsmaßstäbe**	**Rechtsgrundlage**
Vermögensgegenstände des Anlagevermögens, deren Nutzung zeitlich begrenzt ist	Fortgeführte Anschaffungs- oder Herstellungskosten (vermindert um planmäßige Abschreibung)	§ 253 Abs. 1 Satz 1 und Abs. 3 Satz 1 HGB
Vermögensgegenstände ohne zeitlich begrenzte Nutzung	Außerplanmäßige Abschreibungen auf den am Abschlussstichtag beizulegenden Wert	§ 253 Abs. 3 Satz 3 HGB
GWG	Voraussetzungen: ► beweglich abnutzbare VG des AV ► selbstständig nutzbar bis 150 € (zwischen 150,01 € und 1.000 € Bildung eines Sammelpostens)	§ 6 Abs. 2 und 2a EStG R 6.13 EStR 2008
Vermögensgegenstände des Umlaufsvermögens	Niedrigerer Wert, der sich aus Börsen- oder Marktpreis ergibt. Ist dieser Wert nicht festzustellen, ist der beizulegende Wert anzusetzen.	§ 253 Abs. 4 HGB
Wertaufholung	Wertaufholungsgebot rechtsformunabhängig (Ausnahme: GoF ist beizubehalten)	§ 253 Abs. 5 HGB
Verbindlichkeiten	Erfüllungsbetrag Anschaffungswert (Rückzahlungsbetrag)	§ 253 Abs. 1 Satz 2 i. V. m. § 252 Abs. 1 Nr. 4 HGB § 6 Abs. 1 Nr. 3 EStG
Rückstellungen mit einer Restlaufzeit von mehr als einem Jahr	Mit durchschnittl. Marktzinssatz der vergangenen sieben Geschäftsjahre abzuzinsen	

3.2 Anschaffungs- und Herstellungskosten

Anschaffungskosten

Ausgangswert für alle fremdbezogenen Vermögensgegenstände sind die Anschaffungskosten (AK). Obwohl das Gesetz den Kostenbegriff verwendet, macht es unmissverständlich deutlich, dass als Anschaffungskosten nur aufwandsgleiche und damit auszahlungsgleiche Beträge aktiviert werden dürfen. Anschaffungskosten umfassen dabei die tatsächlichen Ausgaben und Aufwendungen, die erforderlich sind, um den Gegenstand zu erwerben und zur Einsatzfähigkeit zu bringen. Denn nach § 255 Abs. 1 HGB „sind Anschaffungskosten die **Aufwendungen**, die geleistet werden, um einen Vermögensgegenstand zu erwerben und ihn in einen betriebsbereiten Zustand zu versetzen, soweit sie dem Vermögensgegenstand einzeln zugeordnet werden können. Zu den Anschaffungskosten gehören auch die Nebenkosten sowie die nachträglichen Anschaffungskosten. Anschaffungspreisminderungen sind abzusetzen".

Dieselbe Definition der Anschaffungskosten gilt sinngemäß auch in der Steuerbilanz (s. a. H 6.2 „Anschaffungskosten" EStH 2008 mit weiteren Einzelheiten).

Die Gemeinkosten der Verwaltung bzw. des Einkaufs sind Kosten, die nur schätzsweise dem angeschafften Gegenstand zugerechnet werden können – sie gehören damit **nicht** zu den Anschaffungskosten, „soweit sie dem Vermögensgegenstand einzeln zugeordnet werden können" (§ 255 Abs. 1 HGB, H 6.2 „Gemeinkosten" EStH 2008).

Nach der Definition sind die aktivierungspflichtigen Anschaffungskosten wie folgt zu ermitteln:

ABB. 25:	Schema Anschaffungskosten
	Anschaffungspreis (Kaufpreis mit Zu- und Abschlägen, netto)
+	Aufwendungen für die Versetzung in die Betriebsbereitschaft
	(Fundamente, Anschlusskosten)
+	Anschaffungsnebenkosten
	(Zölle, Frachten, Provisionen, Steuern, Abgaben, Versicherungen, Notariatskosten)
+	Nachträgliche Anschaffungskosten
	(soweit sie noch in einem zeitlichen Zusammenhang mit der Anschaffung stehen)
-	Anschaffungswertminderung
	→ Zahlungsabzüge z. B. Skonti, Rabatte, Boni, evtl. Subventionen
=	Anschaffungskosten

a) Der **Anschaffungspreis** ist der in Rechnung gestellte Betrag.

   Ist der Käufer zum vollen Vorsteuerabzug i. S. d. § 15 Abs. 1 UStG berechtigt, dann gehört die in der Rechnung ausgewiesene Umsatzsteuer nicht zu den Anschaffungskosten. Ist der Käufer nicht zum Vorsteuerabzug berechtigt, erhöht die in Rechnung gestellte Umsatzsteuer die Anschaffungskosten (§ 9b Abs. 1 EStG, R 9b Abs. 1 EStR 2008).

b) Die **Anschaffungsnebenkosten** (ANK) umfassen alle Aufwendungen, die zusätzlich zum Kaufpreis anfallen, um den Vermögensgegenstand zu erwerben und in einen betriebsbereiten Zustand zu versetzen, soweit sie ihm einzeln zuzuordnen sind. Um den Anschaffungsvorgang möglichst erfolgsneutral als Vermögensumschichtung zu gestalten, müssen die Anschaffungsnebenkosten aktiviert werden. Beispiele für Anschaffungsnebenkosten sind Frachten, Rollgelder, Transportversicherung, Börsenumsatzsteuer, Notarkosten, Grunderwerbsteuer, Maklergebühr, Grundbucheintragung etc. (H 6.2 „Nebenkosten" EStH 2008).

BEISPIEL:

Bei der Anschaffung eines neuen Betriebsfahrzeuges gehören auch Ausgaben für die Zulassung und das Kennzeichen mit zu den Anschaffungskosten. Dagegen stellt das für die erste Fahrt notwendige Benzin sofort abziehbaren Aufwand (= laufende Kfz-Kosten) dar.

Finanzierungskosten (Fremdkapitalzinsen) gehören grundsätzlich nicht zu den Anschaffungsnebenkosten der finanzierten Gegenstände.

c) Die **nachträglichen Anschaffungskosten** fallen nach dem Erwerb an, stehen aber noch in einem zeitlichen oder sachlichen Zusammenhang mit der Anschaffung. Zu ihnen rechnen beispielsweise Erschließungs- und Kanalisationsbeträge oder nachträgliche Preiserhöhungen sowie Reparaturen, Verbesserungen und Umbauten, sofern noch ein gewisser zeitlicher Zusammenhang zur Anschaffung besteht und der Anfall der Ausgaben bei der Bemessung des Kaufpreises berücksichtigt wurde.

d) Zu den **Anschaffungspreisminderungen** zählen alle Preisnachlässe, die nicht tatsächlich gezahlt wurden, in Form von Rabatten, Boni und Skonti. Preisnachlässe sind abzuziehen, weil andernfalls nicht realisierte Gewinne ausgewiesen würden.

BEISPIEL:

Bei der Anschaffung einer neuen Maschine i. H. v. 1.000 € (Netto-Einkaufspreis) wird ein gewährter Skonto von 3 % (= 30 €) abgezogen.

	Rechnungspreis	1.000 €
-	Skontoabzug	- 30 €
=	tatsächlich gezahlter Preis	970 €

Würde der Rechnungspreis aktiviert, entspräche der Aktiv-Erhöhung um 1.000 € eine Aktiv-Minderung bei den liquiden Mitteln um nur 970 €. Es ergäbe sich per Saldo eine Aktiv-Erhöhung, Eigenkapitalerhöhung und damit Gewinnwirkung von 30 € (ohne Umsatz!). Dies wäre ein Verstoß gegen das Realisationsprinzip, deshalb sollen Beschaffungsvorgänge immer erfolgsneutral bewertet werden. Buchhalterisch stellt die Beschaffung eines Aktivums einen Aktiv-Tausch dar (sofern der Lieferant sofort bezahlt wird) bzw. eine Bilanzverlängerung (bei Finanzierung durch Kreditaufnahme). Durch die Aktivierung sämtlicher Kosten der Anschaffung – aber nur dieser – wird eine entsprechende Abbildung des Sachverhalts sichergestellt.

Anmerkung

Die Skontominderung erfolgt erst zum Zeitpunkt der tatsächlichen Inanspruchnahme – bei Zahlung (H 6.2 „Skonto" EStH 2008).

BEISPIEL: zur Ermittlung der Anschaffungskosten

Die Bergmannsglück GmbH erwirbt zum 01. 06. x1 eine neue Filteranlage für 119.000 € (inkl. USt), auf die ein Skontoabzug von 5 % in Anspruch genommen wurde.

Es liegen Belege vor für:

Transport und Transportversicherung	1.500 €
Montage durch eigene Monteure (Stundenzettel)	3.500 €

Der Aufwand der Einkaufsabteilung wird auf 1.500 € geschätzt.

Es wird vorausgesetzt, dass die GmbH zum vollen Vorsteuerabzug nach § 15 Abs. 1 UStG berechtigt ist.

Ermittlung der Anschaffungskosten der Filteranlage:

	Anschaffungspreis (netto)	100.000 €
-	Preisnachlass (Skonto)	5.000 €
		95.000 €
+	Anschaffungsnebenkosten	
	Transport	1.500 €
	Montage (aufgrund der Stundenzettel direkt zurechenbar)	3.500 €
=	**Anschaffungskosten**	**100.000 €**

Die im Bruttobetrag von 119.000 € enthaltene Umsatzsteuer von 19.000 € (Herausrechnung: 119.000 € : 1,19 = Nettorechnungsbetrag; 100.000 € x 0,19 = Umsatzsteuer 19.000 €) gehört nicht zu den Anschaffungskosten, da die GmbH zum vollen Vorsteuerabzug nach § 15 Abs. 1 UStG berechtigt ist (§ 9b EStG).

Da der Aufwand der Einkaufsabteilung nur geschätzt werden kann, kann er der Filteranlage nicht einzeln zugeordnet werden und darf daher nicht als Anschaffungsnebenkosten der Filteranlage aktiviert werden.

Herstellungskosten

Die Legaldefinition findet sich in § 255 Abs. 2 HGB:

„Herstellungskosten sind die Aufwendungen, die durch den Verbrauch von Gütern und die Inanspruchnahme von Diensten für die Herstellung eines Vermögensgegenstands, seiner Erweiterung oder für eine über seinen ursprünglichen Zustand hinausgehende wesentliche Verbesserung entstehen."

Die Herstellungskosten sagen aus, was ein Vermögensgegenstand kostet, wenn die Kosten aller Funktionen berücksichtigt werden, die an der Erstellung des zu verkaufenden Produkts beteiligt sind. Der Vollkostenansatz beinhaltet alle in der Tabelle aufgeführten Kosten, während der Teilkostenansatz sich auf die reinen Einzelkosten beschränkt.

ABB. 26: Bestandteile der Herstellungskosten

Kostenarten	Handelsrecht § 255 Abs. 2 und 3 HGB	Steuerrecht R 6.3 EStR
Materialeinzelkosten + Fertigungseinzelkosten + Sondereinzelkosten der Fertigung	Pflicht	Pflicht
+ Materialgemeinkosten + Fertigungsgemeinkosten + Werteverzehr des Anlagevermögens	Pflicht	Pflicht
+ Kosten der allgemeinen Verwaltung + Aufwendungen für soziale Einrichtungen + Aufwendungen für freiwillige soziale Leistungen + Aufwendungen für betriebliche Altersversorgung + Fremdkapitalzinsen (für den Zeitraum der Herstellung gemäß § 255 Abs. 3 HGB)	Wahlrecht	Wahlrecht
= Herstellungskosten	Herstellungskosten	Herstellungskosten
Vertriebskosten	Verbot	Verbot

Noch nicht verkaufte Gegenstände des Anlage- und Umlaufvermögens, die im eigenen Betrieb hergestellt werden, sind nach § 255 Abs. 2 HGB sowie § 6 Abs. 1 Nr. 1 und 2 EStG mit ihren **Herstellungskosten** anzusetzen. Das sind gemäß § 255 Abs. 2 HGB, R 6.3 EStR 2008 und H 6.3 „Herstellungskosten" EStH 2008 „die **Aufwendungen**, die durch den Verbrauch von Gütern und die Inanspruchnahme von Diensten für die Herstellung eines Vermögensgegenstandes/Wirtschaftsgutes, seiner Erweiterung oder für eine über seinen ursprünglichen Zustand hinausgehende Verbesserung entstehen".

Der Gesetzgeber lässt für die Ermittlung der Herstellungskosten nur den Ansatz der (zahlungsgleichen) Aufwendungen zu. Damit unterscheiden sich die **Herstellungskosten** in wesentlichen Punkten von den **„Herstellkosten"** der Kostenrechnung. In die Herstellkosten können auch nicht pagatorische Teile der kalkulatorischen Kostenarten wie Eigenkapitalzinsen, kalkulatorischer Unternehmerlohn oder kalkulatorische Miete etc. einbezogen werden.

Aus § 255 Abs. 2 HGB sowie R 6.3 EStR 2008 ergeben sich die Ansatzmindesthöhe (Wertuntergrenze) und das Ansatzmaximum (Wertobergrenze) der Herstellungskosten wie folgt:

Verbot:

- **Forschungs- und Vertriebskosten dürfen nicht** einbezogen werden (§ 255 Abs. 2 Satz 4, R 6.3 EStR 2008).
- Außerdem dürfen die **Zinsen für Fremdkapital** grundsätzlich **nicht** in die Herstellungskosten miteinbezogen werden (§ 255 Abs. 3 Satz 1 HGB). Eine **Ausnahme** hiervon bilden allerdings Zinsen für Fremdkapital, das zur Finanzierung der Herstellung eines Vermögensgegenstandes/Wirtschaftsgutes aufgenommen wird. Die auf den Zeitraum der Herstellung entfallenden Zinsen **können** als Herstellungskosten des Vermögensgegenstandes/Wirtschaftsgutes angesetzt werden (vgl. § 255 Abs. 3 Satz 2 HGB und R 6.3 Abs. 4 Satz 1 EStR 2008).

Herstellungskosten für selbstgeschaffene immaterielle Vermögensgegenstände

Mit der Neueinführung von § 255 Abs. 2a HGB sind die Entwicklungskosten für selbsterstellte immaterielle Vermögensgegenstände des Anlagevermögens ansetzbar. Abzugrenzen sind dabei Forschungs- und Entwicklungsaufwand.

Grundsatz der Zugangsbewertung

- Aktivierungs**gebot** für Entwicklungsaufwendungen (§ 255 Abs. 2a Satz 2 HGB):

  „Entwicklung ist die Anwendung von Forschungsergebnissen oder von anderem Wissen für die Neuentwicklung von Gütern oder Verfahren oder die Weiterentwicklung von Gütern oder Verfahren mittels wesentlicher Änderungen."

  Der Vermögensgegenstand muss zum Bilanzierungszeitpunkt noch nicht fertig gestellt sein.
- Aktivierungs**verbot** für Forschungskosten (§ 255 Abs. 2 Satz 4 HGB):

  „Forschung ist die eigenständige und planmäßige Suche nach neuen wissenschaftlichen oder technischen Erkenntnissen oder Erfahrungen allgemeiner Art, über deren technische Verwertbarkeit und wirtschaftliche Erfolgsaussichten grundsätzlich keine Aussagen gemacht werden können.

ABB. 27: Aktivierung von Forschungs- und Entwicklungskosten

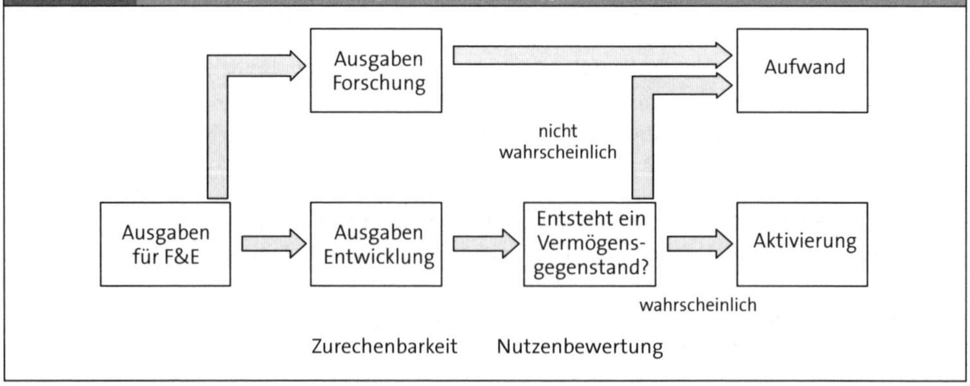

Können Forschung und Entwicklung nicht verlässliche voneinander unterschieden werden, ist eine Aktivierung ausgeschlossen, gemäß § 255 Abs. 2a Satz 4 HGB!

Folgebewertung

Fortgeführte Herstellungskosten (§ 253 Abs. 3 HGB)

- bei begrenzter ND: planmäßige Abschreibung,
- ggf. außerplanmäßige Abschreibung.

3.3 Bewertungsvereinfachungsverfahren

Der Grundsatz der Einzelbewertung gemäß § 252 Abs. 1 Nr. 3 HGB und § 6 Abs. 1 Nr. 2 EStG gilt auch für das Vorratsvermögen. Im Hinblick auf Massengüter des Vorratsvermögens können jedoch Schwierigkeiten bei der Ermittlung der Anschaffungs- oder Herstellungskosten des am Jahresende vorhandenen Bestandes auftreten, wenn im Verlauf des Geschäftsjahres mehrere Zugänge zu unterschiedlichen Preisen und mehrfache Abgänge erfolgten, wobei sich mangels getrennter Lagerung am Bilanzstichtag nicht mehr feststellen lässt, aus welchem Zugang der Endbestand stammt.

Aus diesem Grunde sind Einzelbewertungen mitunter nicht oder nur mit unangemessen hohem Aufwand realisierbar. Für die Ermittlung der Anschaffungs- oder Herstellungskosten dieser Vorräte gibt es einige Möglichkeiten der Bewertungsvereinfachung:

ABB. 28: Bewertungsvereinfachungsverfahren

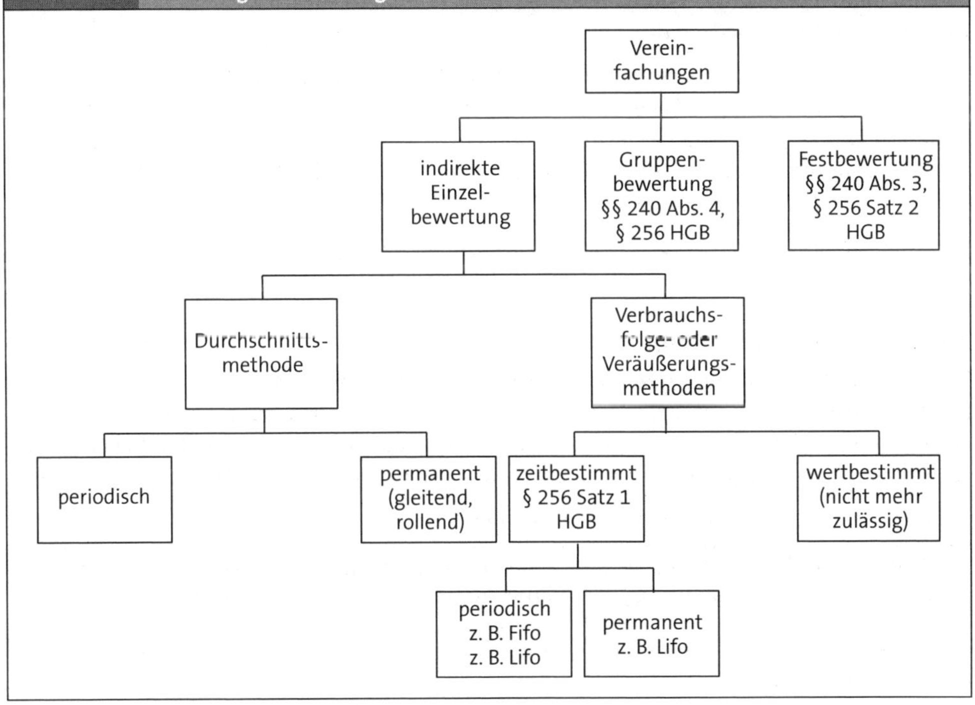

Da diese Verfahren nur zur vereinfachten Ermittlung der Anschaffungs- oder Herstellungskosten dienen, also keine eigenen Bewertungsmaßstäbe sind, ist bei der Anwendung das strenge Niederstwertprinzip zu beachten, d. h. es sind ggfs. Wertkorrekturen nach unten vorzunehmen.

3.3.1 Festwert

Bei der Festbewertung (§ 240 Abs. 3 HGB) wird für einen bestimmten Bestand an Vermögensgegenständen eine Festmenge zu Festpreisen angesetzt. Der Festwert wird in die Bilanz übernommen und unter gleichbleibenden Voraussetzungen für mehrere Geschäftsjahre unverändert fortgeführt.

Voraussetzungen

- Gegenstände des Sachanlagevermögens oder RHB-Stoffe,
- regelmäßiger Ersatz,
- Gesamtwert muss von nachrangiger Bedeutung sein (5 % der Bilanzsumme),
- Bestand in Größe (Menge), Wert und Zusammensetzung darf nur geringen Veränderungen unterliegen,
- alle drei Jahre eine körperliche Bestandsaufnahme.

In der Praxis wird die Festbewertung bei gleichartigen Vermögensgegenständen wie Hotelgeschirr und -bettwäsche, Büroeinrichtungen, Werkzeugen, Rebstöcken im Weinbau, Bibliotheksbeständen etc. angewandt.

Auch steuerlich ist die Bildung von Festwerten zulässig (H 6.8 „Festwert" EStH 2008) Eine körperliche Bestandsaufnahme (Inventur) ist lediglich alle drei Jahre, spätestens alle fünf Jahre, erforderlich, um zu prüfen, ob der bisherige Ansatz noch gerechtfertigt ist. Übersteigt der durch Inventur ermittelte „neue Festwert" den bisherigen um mehr als 10 %, so ist dieser ermittelte Wert als neuer Festwert maßgebend (R 5.4 Abs. 3 EStR 2008).

Damit bietet das Festwertverfahren die Möglichkeit der Bildung stiller Reserven.

3.3.2 Gruppenbewertung

Die Gruppenbewertung nach § 240 Abs. 4 HGB stellt eine weitere Ausnahme vom Grundsatz der Einzelbewertung (§ 252 Abs. 1 Nr. 3 HGB) dar. Im Rahmen der Gruppenbewertung werden die zu einer Gruppe zusammengefassten Vermögensgegenstände mit einem Durchschnittswert bewertet. Es handelt sich um ein Verfahren zur Ermittlung der Anschaffungs- und Herstellungskosten.

Die Gruppenbewertung kann angewendet werden, bei:

gleichartigen Vermögensgegenständen des Vorratsvermögens	anderen gleichartigen oder annähernd gleichwertigen beweglichen Vermögensgegenständen	Schulden

Gleichartigkeit bedeutet:

Gleiche Warengattung (Tische in verschiedenen Größen oder Farben)	Funktionsgleichheit (Nägel und Schrauben, da sie der Befestigung dienen)

Annähernde Gleichwertigkeit liegt vor, wenn die Preise der zu einer Gruppe zusammengefassten Vermögensgegenstände nicht wesentlich voneinander abweichen (20 %).

Aus dem Anfangsbestand und den Zugängen während des Geschäftsjahres wird ein gewogener, d. h. mit den jeweiligen Mengen gewichteter Durchschnittspreis gebildet. Dies erfordert mithin keine aufwändige Lagerbuchführung, da lediglich die laufenden Zugänge des Geschäftsjahres buchmäßig festzuhalten sind.

BEISPIEL:

Anfangsbestand	200 kg zu je 7,00 € =	1.400 €
+ Zugang	100 kg zu je 8,50 € =	850 €
+ Zugang	200 kg zu je 9,00 € =	1.800 €
Summe	500 kg	4.050 €

Durchschnittswert: 4.050 € : 500 kg = 8,10 €

Der Endbestand am Bilanzstichtag und der Verbrauch der Periode werden mit 8,10 €/kg bewertet. Damit enthält die Durchschnittsmethode die Fiktion, dass sich der Endbestand anteilig aus dem Anfangsbestand und allen Zugängen des Jahres zusammensetzt.

Die Gruppenbewertung ist auch steuerrechtlich zulässig. Besonders wertvolle Wirtschaftsgüter sind jedoch regelmäßig einzeln zu bewerten (R 6.8 Abs. 4 und R 6.9 Abs. 3 EStR 2008).

3.3.3 Verbrauchsfolgeverfahren (FiFo, LiFo)

Nach § 256 HGB können für gleichartige Vermögensgegenstände des Vorratsvermögens Bewertungsvereinfachungsverfahren eingesetzt werden.

Verbrauchsfolgeverfahren	
First in - First out (FiFo)	Last in - First out (LiFo)
Erste Zugänge gelten als zuerst verbraucht	Letzte Zugänge gelten als zuerst verbraucht

Die Verbrauchsfolgeverfahren sind zulässig, wenn sie nicht im Widerspruch zur tatsächlichen Verbrauchsfolge stehen. Bei verderblichen Vorräten ist das LiFo-Verfahren unzulässig. Zu beachten ist ebenfalls das strenge Niederstwertprinzip, sodass niedrigere Werte am Bilanzstichtag zu berücksichtigen sind. Liegt der Marktwert unter dem Betrag, der aus einer Verbrauchsfolge resultiert, muss abgewertet werden.

Praktische Bedeutung hat eigentlich nur die LiFo-Methode, da es das einzige Verbrauchsfolgeverfahren ist, das steuerlich, nach § 6 Abs. 1 Nr. 2a EStG, anerkannt ist. Im Folgenden soll deshalb auf diese Methode näher eingegangen werden.

Diese Annahme führt dazu, dass der Endbestand die Werte der älteren Vorräte enthält und der Wareneinsatz möglichst zeitnah bewertet wird. Die LiFo-Methode konserviert sozusagen bei steigender Preistendenz die niedrigen Einstandswerte früherer Jahre, was zur Bildung von stillen Reserven führt und damit die Substanzerhaltung in den Beständen eher gewährleistet. Gleichzeitig verhindert die Abrechnung des Materialverbrauchs zu gegenwartsbezogenen Preisen in gewissem Umfang den Ausweis von Scheingewinnen. Scheingewinne sind im Jahresabschluss ausgewiesene Gewinne, die bei Inflation dadurch entstehen, dass mit Erlösen zu (niedrigen) Anschaffungsausgaben bewertete Wertminderungen (Wareneinsatz, Materialverbrauch, Abschreibungen) verrechnet werden. Betriebswirtschaftlich gesehen sind es keine Gewinne, da der Wertverzehr zu höheren Tageswerten erneuert werden muss.

LiFo in Handels- und Steuerbilanz erlaubt

Während handelsrechtlich die Bewertungsvereinfachung im Vordergrund der Zulässigkeit von Verbrauchsfolgeverfahren stand, hat der Gesetzgeber in der Begründung zu § 6 Abs. 1 Nr. 2a EStG ausdrücklich die Eliminierung der Scheingewinne und ihrer Besteuerung als Grund für die steuerliche Anerkennung der LiFo-Methode genannt.

3.4 Beizulegender Zeitwert

Der beizulegende Zeitwert (*Fair Value*) ist der Betrag, zu dem zwischen sachverständigen, vertragswilligen und voneinander unabhängigen Geschäftspartnern ein Vermögenswert getauscht oder eine Schuld beglichen werden kann. Im Regelfall entspricht der beizulegende Zeitwert gemäß § 255 Abs. 4 Satz 1 HGB dem Börsen- oder Marktwert bzw. einem aus diesem abgeleiteten Wert. In Einzelfällen ist der beizulegende Zeitwert als Barwert zu ermitteln.

Ab 2010 sind bestimmte Finanzinstrumente (zu Handelszwecken erworbene) sowie die nach § 246 Abs. 2 HGB zu saldierenden Vermögensgegenstände zum beizulegenden Zeitwert zu bewerten. Vorgeschrieben ist die Zeitwertbewertung nur noch für Kreditinstitute (§ 340e Abs. 3 HGB). Vermögensgegenstände, die ausschließlich der Erfüllung von Schulden aus Altersversorgungsverpflichtungen oder vergleichbaren Verpflichtungen dienen und die dem Zugriff aller übrigen Gläubiger entzogen sind (§ 246 Abs. 2 Satz 2 HGB), werden mit dem beizulegenden Zeitwert bewertet.

3.5 Börsen-/Marktpreis und beizulegender Wert

Die nachfolgenden Bewertungsmaßstäbe werden für die Folgebewertung des Umlaufvermögens verwandt. Zur Bestimmung des Abschreibungswertes ist auf den Vergleich zwischen den Anschaffungs-/Herstellungskosten und dem niedrigeren Zeitwert abzustellen. Für die Bestimmung des Zeitwertes ist im ersten Schritt auf den Wert, der sich aus dem Börsen- oder Marktpreis ergibt, einzugehen. Ist kein Börsen- oder Marktpreis vorhanden, ist auf den beizulegenden Wert (aus stichtagsnahen Ein- oder Verkäufen) zurückzugreifen.

1. Wert, der sich aus dem Börsen-/Marktpreis ableiten lässt

Der sich aus einem Börsen- oder Marktpreis ergebende Wert ist gemäß § 253 Abs. 4 Satz 1 HGB der als erstes in Betracht kommende Korrekturwert für Wirtschaftsgüter des Umlaufvermögens.

Als **Börsenpreis** gilt der an einer amtlich anerkannten Börse festgestellte Preis für die zum Börsenhandel zugelassenen Wertpapiere und Waren.

Der **Marktpreis** ist derjenige Preis, der an einem Handelsplatz für Waren einer bestimmten Gattung von durchschnittlicher Art und Güte zu einem bestimmten Zeitpunkt im Durchschnitt zu zahlen ist.

2. Am Stichtag beizulegender Wert

Ist am Abschlussstichtag kein Börsen- oder Marktpreis festzustellen, lässt sich der Wert von den Verhältnissen am Beschaffungs- und/oder Absatzmarkt ableiten. Im Einzelnen kommen hier der Wiederbeschaffungswert und der Einzelverkaufspreis in Frage.

Für die Bestimmung des Börsen- oder Marktpreises und die Ableitung des beizulegenden Wertes ist zu prüfen, ob die Preise des Beschaffungs- oder Absatzmarktes maßgeblich sind:

ABB. 29: Orientierung am Beschaffungs- und/oder Absatzmarkt

Beschaffungsmarkt	Absatzmarkt
Roh-, Hilfs- und Betriebsstoffe, unfertige und fertige Erzeugnisse	Fertige Erzeugnisse und Leistungen, Überbestände an RHB-Stoffen, Wertpapiere
Doppelte Maßgeblichkeit	
Handelswaren Überbestände an unfertigen und fertigen Erzeugnissen	

Beizulegender Wert als Bewertungsmaßstab des Anlagevermögens

Der am Abschlussstichtag beizulegende Wert ist handelsrechtlich sowohl für das Anlage- als auch für das Umlaufvermögen relevant:

Nach § 253 Abs. 3 Satz 3 HGB sind bei Vermögensgegenständen des Anlagevermögens, die **einer dauernden Wertminderung** unterliegen, Abschreibungen auf den niedrigeren am Abschlussstichtag beizulegenden Wert vorzunehmen (strenges Niederstwertprinzip).

Beim Anlagevermögen kommt der Wertmaßstab der (fortgeführten) Wiederbeschaffungskosten oder Wiederherstellkosten (Reproduktionskosten) in Betracht (Beschaffungsmarkt).

3.6 Teilwert

Neben den Anschaffungs- und Herstellungskosten ist der Teilwert der dritte mögliche Bewertungsmaßstab. Der Teilwert ist ein steuerrechtlicher Wertbegriff, der grundsätzlich den Zeitwert eines Wirtschaftsgutes repräsentiert.

Er ist zum einen der **Ausgangswert** für die

- Entnahmen und Einlagen (§ 6 Abs. 1 Satz 1 Nr. 4 und 5 EStG) und
- für den Ansatz der Wirtschaftsgüter bei Eröffnung eines Betriebes oder bei entgeltlichem Erwerb eines Betriebes (§ 6 Abs. 1 Nr. 7 EStG).

Zum anderen ist er der **Korrekturwert** für überhöhte Anschaffungs- und Herstellungskosten in der Steuerbilanz (§ 6 Abs. 1 Nr. 1 Satz 2 und Nr. 2 Satz 2 EStG).

Definition des Teilwertes

Gemäß § 6 Abs. 1 Nr. 1 Satz 3 EStG „ist der Teilwert der Betrag, den ein Erwerber des ganzen Betriebes im Rahmen des Gesamtkaufpreises für das einzelne Wirtschaftsgut ansetzen würde; dabei ist davon auszugehen, dass der Erwerber den Betrieb fortführt".

Da die Anwendung des Teilwerts nicht praktikabel war, stellt man bestimmte Teilwertvermutungen an:

im Zeitpunkt der Anschaffung oder Herstellung	den tatsächlichen Anschaffungs- oder Herstellungskosten,
bei abnutzbaren Wirtschaftsgütern des Anlagevermögens in späteren Jahren	den um planmäßige (lineare) Abschreibungen verminderten Anschaffungs- oder Herstellungskosten,
bei nicht abnutzbaren Wirtschaftsgütern des Anlagevermögens in späteren Jahren	den Anschaffungs- oder Herstellungskosten,
bei Wirtschaftsgütern des Umlaufvermögens i. d. R.	den Wiederbeschaffungskosten bzw. dem Börsen oder Marktpreis am Bilanzstichtag.

Bei diesen Vermutungen handelt es sich um allgemeine Erfahrungssätze, die im Einzelfall widerlegbar sind, wobei allerdings den Steuerpflichtigen die objektive Feststellungslast für die den Teilwert widerlegenden Tatsachen trifft.

Durch die Teilvermutungen wurde die ursprüngliche Konzeption des Teilwerts aufgegeben. Anstelle der im Begriff des Teilwerts genannten Voraussetzungen wird nun bei der Wertbestimmung auf die Marktpreise und Marktverhältnisse (s. o.) abgehoben. Daraus ergibt sich in den meisten Fällen eine Übereinstimmung zwischen den Wertansätzen nach dem HGB und dem Wertansatz auf der Basis des Teilwertes.

3.7 Wertaufholung

	Inhalt	**Norm**
HGB	Wertaufholungsgebot, außer bei dem Geschäfts- oder Firmenwert	§ 253 Abs. 5 HGB
EStG	Allgemeines Wertaufholungsgebot	§ 6 Abs. 1 Nr. 1 Satz 4 und Nr. 2 Satz 3 EStG

Die Neufassung von § 253 Abs. 5 Satz 1 HGB regelt ein umfassendes, rechtsformunabhängiges Wertaufholungsgebot hinsichtlich der außerplanmäßigen Abschreibung. Künftig sind niedrigere Wertansätze, die sich aufgrund einer außerplanmäßigen Abschreibung ergeben haben, nicht mehr beizubehalten. Es besteht also ein Zuschreibungs- oder **Wertaufholungsgebot**.

Eine **Wertaufholung** kann höchstens bis zu den ursprünglichen Anschaffungs- oder Herstellkosten (bei nicht abnutzbaren Gegenständen des Anlagevermögens) oder bis zu den fortgeführten Anschaffungs- oder Herstellungskosten (bei den abnutzbaren Gegenständen des Anlagevermögens) erfolgen.

Der Ansatz von beliebigen Werten zwischen altem Bilanzansatz und höchstmöglichem Wertansatz am Abschlussstichtag ist erlaubt.

Steuerrechtlich besteht gemäß § 6 Abs. 1 Nr. 1 Satz 4 und Nr. 2 Satz 3 sowie § 7 Abs. 1 Satz 7 EStG ebenfalls ein Wertaufholungs**gebot**.

Anmerkung

Alleine beim Geschäfts- oder Firmenwert ist ein niedriger Wertansatz beizubehalten (§ 253 Abs. 5 Satz 2 HGB Wertaufholungsverbot).

4. Aufbau des Jahresabschlusses und Ausweis von Bilanzpositionen

Bilanz

Nach § 247 Abs. 1 HGB sind im Jahresabschluss für Einzelkaufleute und Personengesellschaften

- das Anlagevermögen und
- das Umlaufvermögen,
- das Eigenkapital,
- die Schulden sowie
- die Rechnungsabgrenzungsposten

gesondert auszuweisen und hinreichend aufzugliedern.

Da das HGB offen lässt, was eine hinreichende Aufgliederung ist, empfiehlt es sich, den Jahresabschluss grundsätzlich nach den Gliederungsvorschriften der §§ 266 und 275 HGB für große und mittelgroße Kapitalgesellschaften aufzustellen.

Im Folgenden werden daher einige wichtige Bilanzpositionen nach § 266 Abs. 2 und 3 HGB erläutert.

Für die Struktur der Bilanz kommen im Wesentlichen drei Gliederungsprinzipien in Betracht:

- das Liquiditätsgliederungsprinzip,
- das Prinzip der Gliederung nach Rechtsverhältnissen und
- das Ablaufgliederungsprinzip.

Aufgrund des Liquiditätsgliederungsprinzips werden die Vermögensgegenstände nach dem Grad ihrer Liquidierbarkeit, die Posten der Passivseite nach ihrer Fälligkeit, zusammengestellt. Bei der Gliederung nach Rechtsverhältnissen werden die Vermögensgegenstände und Kapitalpositionen ihrer Rechtsnatur entsprechend aufgestellt. Sie wird z. B. sichtbar in der Einteilung der Passivseite in Eigen- und Fremdkapital und durch den getrennten Ausweis von Forderungen und Verbindlichkeiten gegenüber verbundenen Unternehmen.

Die Einteilung nach dem Ablaufgliederungsprinzip gliedert die Aktiva in der Reihenfolge des innerbetrieblichen Leistungsprozesses: So unterscheidet man zwischen Anlage- und Umlaufvermögen, Roh-, Hilfs- und Betriebsstoffen, unfertigen und fertigen Erzeugnissen.

In der Bilanzgliederung des § 266 HGB wurden alle drei Ordnungskriterien miteinander kombiniert.

ABB. 30: Bilanzgliederung nach § 266 HGB (teilweise verkürzt)

Aktivseite

A. Anlagevermögen
- I. Immaterielle Vermögensgegenstände
  1. selbst geschaffene Rechte und Werte
  2. entgeltlich erworbene Konzessionen, Rechte
  3. Geschäfts- oder Firmenwert
  4. geleistete Anzahlungen
- II. Sachanlagen
  1. Grundstücke und Gebäude
  2. technische Anlagen und Maschinen
  3. Betriebs- und Geschäftsausstattung
  4. Geleistete Anzahlungen und Anlagen im Bau
- III. Finanzanlagen
  1. Anteile an verbundenen Unternehmen

     ...

  3. Beteiligungen

     ...

  5. Wertpapiere des Anlagevermögens

     ....

B. Umlaufvermögen
- I. Vorräte
  1. Roh-, Hilfs- und Betriebsstoffe
  2. unfertige Erzeugnisse, unfertige Leistungen

     ...

- II. Forderungen und sonstige Vermögensgegenstände
- III. Wertpapiere
  1. Anteile an verbundenen Unternehmen
  2. sonstige Wertpapiere
- IV. Kassenbestand, Bundesbankguthaben, Guthaben bei Kreditinstituten und Schecks

C. Aktive Rechnungsabgrenzungsposten

D. Aktive latente Steuern

E. Aktiver Unterschiedsbetrag aus der Vermögensverrechnung

Passivseite
A. Eigenkapital
I. Gezeichnetes Kapital
II. Kapitalrücklage
III. Gewinnrücklagen
1. gesetzliche Rücklage
2. Rücklage für Anteile an einem herrschendem oder mehrheitlich beteiligtem Unternehmen
3. satzungsmäßige Rücklage
4. andere Gewinnrücklagen
IV. Gewinnvortrag/Verlustvortrag
V. Jahresüberschuss/Jahresfehlbetrag
B. Rückstellungen
C. Verbindlichkeiten
1. Anleihen
2. Verbindlichkeiten gegenüber Kreditinstituten
...
4. Verbindlichkeiten aus Lieferungen und Leistungen
...
8. sonstige Verbindlichkeiten
D. Passive Rechnungsabgrenzungsposten
E. Passive latente Steuern

5. Wesentliche Bilanzierungsgrundsätze zur Bewertung der Aktiva und Passiva

Bei der Bilanzierung sind die Eingangs bereits erwähnten Grundsätze der Bilanzierung zu beachten. An dieser Stelle sollen nun noch mal die wesentlichsten Grundsätze näher erläutert werden.

5.1 Das Vorsichts- und Realisationsprinzip

Vorsichtsprinzip

Das Vorsichtsprinzip kann als wichtigster GoB angesehen werden. Seine Beachtung schützt die Interessen der Gläubiger, der Eigenkapitalgeber und der Unternehmung selbst.

Das Vorsichtsprinzip ist in § 252 Abs. 1 Nr. 4 HGB kodifiziert. **Allgemein besagt es, dass sich der Kaufmann im Zweifel im Jahresabschluss schlechter darstellt als er tatsächlich ist.**

Aufgrund des Vorsichtsprinzips **durften bislang** selbst geschaffene immaterielle Anlagewerte nicht aktiviert werden. Durch die Änderungen des Bilanzrechtsmodernisierungsgesetzes (BilMoG), die eine Annäherung an die internationale Rechnungslegung (IFRS) darstellen, können nun nach § 248 Abs. 2 HGB selbst geschaffene immaterielle Vermögensgegenstände des Anlagevermögens bilanziert werden. Ungewisse Verbindlichkeiten werden aus Vorsichtsgründen als Rückstellung passiviert (§ 249 Abs. 1 HGB) und sind damit sofort, statt erst bei Fälligkeit, Aufwand.

Von besonderer Bedeutung ist das Vorsichtsprinzip immer dann, wenn Wertansätze in der Bilanz auf Schätzungen beruhen. Das Prinzip der vorsichtigen Bewertung bestimmt, dass Schätzgrößen so festzulegen sind, dass nicht durch zu optimistische Schätzungen der Periodenerfolg möglicherweise zu hoch ausgewiesen wird. Es zielt darauf ab, von eher ungünstigen als von günstigen Erwartungen auszugehen. Im Einzelnen bedeutet das, dass bei Aktivposten die untere Grenze und bei Passivposten der obere Wert des Schätzungsrahmens zu wählen ist. Dabei darf das Sicherheitsdenken jedoch nicht soweit gehen, dass die Risikoschätzung in die Nähe der willkürlichen Bewertung käme; jede Schätzung muss sich in einem objektiv nachvollziehbaren Rahmen bewegen.

Das Realisationsprinzip

Das in § 252 Abs. 1 Nr. 4 letzter Halbsatz HGB kodifizierte **Realisationsprinzip besagt, dass Gewinne nur zu berücksichtigen sind, wenn sie am Abschlussstichtag realisiert sind**. Als fundamentaler Gewinnermittlungsgrundsatz soll es den Ausweis und die Ausschüttung und Besteuerung (noch) nicht realisierter Gewinne verhindern.

Im Grunde geht es um die Zurechnung von Einzahlungen als Ertrag zu einzelnen Abrechnungsperioden, also um die Frage: Wann entsteht Gewinn? Als **Zeitpunkt der Gewinnrealisierung** kommen in Betracht:

- Zeitpunkt des Vertragsabschlusses,
- Zeitpunkt der Lieferung oder Leistung (und Fakturierung),
- Zeitpunkt des Zahlungseinganges.

Das Realisationsprinzip legt hier im Sinne einer mittleren Vorsicht und einer langen Kaufmannstradition folgend **den Zeitpunkt der Lieferung und Leistung als Realisationszeitpunkt fest**.

Es sprechen gute Gründe dafür, den Zeitpunkt der Lieferung und Leistung als Realisationszeitpunkt festzulegen, denn

- mit der Vertrags**erfüllung** durch den Leistenden entsteht ein Zahlungsanspruch an den Leistungsempfänger,
- die Gefahr für Verlust, Diebstahl etc. geht auf den Erwerber über,
- die Forderung kann durch Factoring (= Aufkauf von Forderungen eines Unternehmens gegen Gebühr durch einen so genannten Factor) sofort liquidiert werden oder durch Abtretung zum Ausgleich von Verbindlichkeiten verwendet werden.

Da das Realisationsprinzip **Gewinnentstehung immer an einen Umsatzvorgang knüpft**,

- sind Anschaffungen immer erfolgsneutral (Aktiv-Tausch oder Aktiv-Passiv-Mehrung),
- dürfen Wertsteigerungen des Vermögens (ohne Umsatz) nicht gewinnerhöhend wirken. Dieses wiederum bedeutet, dass Wirtschaftsgüter nur höchstens mit ihren Anschaffungs- bzw. Herstellungskosten in der Bilanz ausgewiesen werden dürfen.

BEISPIEL:

Ein noch nicht als Bauland ausgewiesenes Grundstück wurde für 100.000 € erworben. Nach einigen Jahren ändert sich der Nutzungsplan. Das Grundstück wird als Bauland ausgewiesen und besitzt nun einen Wert von 250.000 €. Der Ausweis in der Bilanz erfolgt unverändert mit 100.000 €, da der Gewinn von 150.000 € noch nicht durch Umsatz realisiert wurde und damit zur Versteuerung bzw. Ausschüttung nicht zur Verfügung steht.

Würden Wertsteigerungen am ruhenden Vermögen ohne Umsatz lediglich buchmäßig realisiert, so würde dem Unternehmen Kapital für Steuern und Ausschüttungen entzogen, ohne dass ein entsprechender Mittelzufluss stattfindet. Dieses widerspricht dem Vorsichtsprinzip, das die Interessen von Gläubigern und Kleineigentümern (Aktionäre) schützen soll.

Bei Wertsteigerungen am Vermögen entstehen damit zwangsläufig stille Reserven. Stille Reserven sind Eigenkapital, das in der Bilanz aufgrund unterbewerteter Aktiva (oder überhöht angesetzter Rückstellungen) nicht erkennbar ist. Die zwingende Beachtung des Realisationsprinzips erschwert mithin teilweise einen „den tatsächlichen Verhältnissen entsprechenden Einblick in die Vermögenslage" (§ 264 Abs. 2 HGB) eines Unternehmens.

BEISPIEL:

Das Grundstück aus vorgenanntem Beispiel wird in der Bilanz mit den ursprünglichen Anschaffungskosten von 100.000 € ausgewiesen. Der tatsächliche Wert beträgt jedoch 250.000 €, mithin haben sich stille Reserven i. H. v. 150.000 € gebildet, die erst z. B. bei einer Veräußerung aufgedeckt werden.

5.2 Das Imparitätsprinzip mit dem Niederst- und Höchstwertprinzip

Mit dem Realisationsprinzip und dem Grundsatz der sachlichen Abgrenzung könnten wir eigentlich schon den Periodengewinn ermitteln, wenn nicht Verluste anders behandelt würden als Erträge. Würde das Realisationsprinzip auch für Verluste gelten, dann wären Verluste bei Umsatz zu realisieren, z. B. bei Verkauf unter Einstandspreis. Aus Vorsichtsgründen wird jedoch das Realisationsprinzip bei Verlusten durch das Imparitätsprinzip durchbrochen: Verluste werden nicht erst bei Umsatz, sondern bereits bei Erkennen einer Verlustgefahr realisiert bzw. antizipiert.

Voraussetzungen für eine Verlustantizipation ist das Vorliegen objektiver Anhaltspunkte für eine Verlustgefahr z. B. Nachfrageänderungen mit Preisverfall bei Modeartikeln oder Preisverfall durch technologischen Fortschritt bei PCs.

BEISPIEL:

Ein Kaufmann hat einen Posten Miniröcke mit ihrem Einkaufswert von 10.000 € am 31.12. auf dem Bestandskonto.

Aufgrund einer Änderung der Damenmode zu langen Röcken hin ist davon auszugehen, dass der Verkaufswert der Miniröcke bei nur 5.000 € liegt.

Wie verhält sich der Kaufmann?

Er schreibt die Miniröcke auf 5.000 € ab.

Wirkung

Verlustrealisierung schon vor dem Verkauf der Röcke, nämlich bei Erkennen der Verlustgefahr.

Wirkung des Imparitätsprinzips

Durch die Verlustantizipation wird erreicht, dass künftige Perioden von negativen Erfolgsbeiträgen freigehalten werden. Durch die Realisierung drohender Verluste HEUTE kann dem Unternehmen heute kein Kapital in Höhe des Verlustbeitrages durch Ertragsteuer und Ausschüttungen entzogen werden.

Kodifizierung des Imparitätsprinzips im HGB durch das in den handels- und steuerrechtlichen Vorschriften niedergelegte Niederstwertprinzip. Vermögensgegenstände sind am Bilanzstichtag mit dem unter den (fortgeführten) Anschaffungs- oder Herstellungskosten liegenden Wert anzusetzen. Man spricht vom strengen und gemilderten Niederstwertprinzip.

Beim **strengen Niederstwertprinzip** muss der niedrige Tageswert angesetzt werden (Abschreibungspflicht auf den niedrigeren Wert).

ABB. 31: Niederstwertprinzip

<table>
<tr><th colspan="2">Anlagevermögen</th><th colspan="2">Umlaufvermögen</th></tr>
<tr><td>§ 253 Abs. 3 Satz 3 HGB</td><td>§ 6 Abs. 1 Nr. 1 Satz 2 EStG</td><td>§ 253 Abs. 4 HGB</td><td>§ 6 Abs. 1 Nr. 2 Satz 2 EStG</td></tr>
<tr><td colspan="4">außerplanmäßige Abschreibung</td></tr>
<tr><td colspan="2">nur bei dauernder Wertminderung
= Abschreibungspflicht</td><td>bei vorübergehender und dauernder Wertminderung</td><td>nur bei dauernder Wertminderung</td></tr>
</table>

Vom **gemilderten Niederstwertprinzip** spricht man, wenn der niedrigere Tageswert angesetzt werden kann **(= Abschreibungswahlrecht auf niedrigeren Wert)**. Das gemilderte Niederstwertprinzip greift zukünftig nur noch bei Finanzanlagen (§ 253 Abs. 3 Satz 4 HGB).

Das Niederstwertprinzip in der Handelsbilanz

Das **Umlaufvermögen** unterliegt gemäß § 253 Abs. 3 HGB dem **strengen** Niederstwertprinzip. Danach sind die Anschaffungs- bzw. Herstellungskosten auf den niedrigeren Börsen- oder Marktpreis bzw. auf den Wert am Abschlussstichtag abzuschreiben.

Das Niederstwertprinzip in der Steuerbilanz

In der Steuerbilanz gibt es nach dem Wortlaut des § 6 Abs. 1 Nr. 1 Satz 2 und Nr. 2 Satz 2 EStG nur bei einer voraussichtlich dauernden Wertminderung ein Wahlrecht für eine Teilwertabschreibung. Dieses Wahlrecht ist aber faktisch über das Maßgeblichkeitsprinzip (§ 5 Abs. 1 Satz 1 EStG) ein Abwertungsgebot (s. hierzu auch R 6.8 Abs. 1 EStR 2008).

Was unter „voraussichtlich dauernder Wertminderung“ zu verstehen ist, hat der Bundesminister für Finanzen in seinem Erlass vom 25. 02. 2000 (BStBl I 2000, S. 372) als nachhaltiges Absinken des Wertes eines Vermögensgegenstandes unter den maßgeblichen Buchwert umschrieben. Dabei sind Erkenntnisse, die zwischen dem Bilanzstichtag (z. B. 31.12) und dem Zeitpunkt der Bilanzaufstellung bekannt werden, mit zu berücksichtigen.

ABB. 32: NWP für AV, UV und Finanzanlagen

Sachverhalt	Wirtschaftsgüter	Handelsbilanz	Steuerbilanz	Maßgeblichkeits-prinzip
Voraussichtlich dauernde Wertminderung	Anlagevermögen, abnutzbar	§ 253 Abs. 3 Satz 3 HGB **Abwertungsgebot**	§ 6 Abs. 1 Nr. 1 EStG: trotz Wahlrecht nach Wortlaut besteht faktisch ein **Abwertungsgebot**	gilt
	Anlagevermögen, nicht abnutzbar	§ 253 Abs. 3 Satz 3 HGB **Abwertungsgebot**	§ 6 Abs. 1 Nr. 2 EStG: trotz Wahlrecht nach Wortlaut besteht faktisch ein **Abwertungsgebot**	gilt
	Umlaufvermögen	§ 253 Abs. 4 HGB **Abwertungsgebot**	§ 6 Abs. 1 Nr. 2 EStG: trotz Wahlrecht nach Wortlaut besteht faktisch ein **Abwertungsgebot**	gilt
Vorübergehende Wertminderung	Finanzanlagen	§ 253 Abs. 3 Satz 4 HGB **Abwertungs-wahlrecht**	§ 6 Abs. 1 Nr. 1 EStG: trotz Wahlrecht nach Wortlaut besteht faktisch ein **Abwertungsgebot**	gilt
	Umlaufvermögen	§ 253 Abs. 4 HGB **Abwertungsgebot**	§ 6 Abs. 1 Nr. 2 EStG: trotz Wahlrecht nach Wortlaut besteht faktisch ein **Abwertungsverbot**	Durchbrechung

Höchstwertprinzip

Für **Verbindlichkeiten** gilt das aus § 253 Abs. 1 Satz 2 i. V. m. § 252 Abs. 1 Nr. 4 HGB abzuleitende **Höchstwertprinzip**. Es gilt für die Steuerbilanz gemäß § 6 Abs. 1 Nr. 3 EStG entsprechend. Das Höchstwertprinzip „bestimmt, dass bei der Bewertung der Verbindlichkeiten der Anschaffungswert (Erfüllungsbetrag oder „Abschaffungsbetrag") die untere Grenze bildet". Erhöht sich der Rückzahlungsbetrag, z. B. bei Verbindlichkeiten in ausländischer Währung aufgrund von Wechselkursschwankungen, so ist der erhöhte Wert in die Bilanz aufzunehmen.

6. Bilanzierung und Bewertung der Aktiva

Aktiva sind alle Vermögenswerte eines Unternehmens, die in der Bilanz den Verpflichtungen (Passiva) gegenübergestellt werden. Die Aktiva geben Auskunft über die **Mittelverwendung** des im Unternehmen investierten Kapitals. Größte Aktivposten sind z. B. in der Investitionsgüterindustrie die Sachanlagen, im Handel überwiegen hingegen die Vorräte während bei Banken die Forderungen vorherrschend sind.

Nach HGB folgt die Gliederung der Aktiva dem Prinzip der Liquidität. Je liquider ein Vermögenswert, desto weiter unten steht der Posten auf der Aktivseite der Bilanz. Deshalb stehen beispielsweise Sachanlagen oben in der Bilanz, da sie für das Unternehmen nur schwer in Geld zu verwandeln sind.

Das HGB unterscheidet Anlage- und Umlaufvermögen. Zum Anlagevermögen zählen nur Vermögenswerte, die gemäß § 247 Abs. 2 HGB bestimmt sind, dauerhaft dem Geschäftsbetrieb zu dienen.

Das Anlagevermögen besteht hauptsächlich aus Grundstücken, Gebäuden und Maschinen, aber auch aus immateriellen Werten wie Firmenwerten, Patenten und Lizenzen. Längerfristige Finanzanlagen wie Beteiligungen und Wertpapiere werden ebenfalls dem Anlagevermögen zugerechnet.

Auf der Aktivseite der Bilanz werden schließlich auch die über das Geschäftsjahr hinausreichenden Rechnungsabgrenzungsposten, latente aktivische Steuern sowie etwaige Korrekturposten zum Eigenkapital ausgewiesen.

Die Zugehörigkeit eines Wirtschaftsgutes zum Anlagevermögen richtet sich nicht nach seiner Art, sondern allein nach seiner Zweckbestimmung: Es gehört immer dann zum Anlagevermögen, wenn es dauernd im Betrieb eingesetzt werden soll.

BEISPIEL:

Ein Kraftfahrzeug ist in einem Industrieunternehmen Anlagevermögen, bei einem Kraftfahrzeughändler jedoch Umlaufvermögen, da es nicht langfristig im Unternehmen verbleiben soll.

Das Anlagevermögen ist in abnutzbares und nicht abnutzbares Anlagevermögen zu unterteilen:

Bewertung des Anlagevermögens

ABB. 33: Bewertung abnutzbares und nicht abnutzbares AV

<table>
<tr><td colspan="2">Abnutzbares Anlagevermögen
§ 253 Abs. 3 Satz 1 HGB
§ 6 Abs. 1 Nr. 1 EStG</td><td>Nicht abnutzbares Anlagevermögen
§ 253 Abs. 3 Satz 3 HGB
§ 6 Abs. 1 Nr. 2 EStG</td></tr>
<tr><td colspan="2">Immaterielle Vermögensgegenstände
Sachanlagen</td><td></td></tr>
<tr><td>Bewegliche Sachanlagen
Techn. Anlagen
Maschinen
BGA
Fahrzeuge</td><td>Unbewegliche Sachanlagen
Gebäude</td><td>Grund und Boden
und Finanzanlagen</td></tr>
<tr><td colspan="2">Abnutzbare Anlagen sind gemäß § 253 Abs. 3 Satz 3 HGB bzw. gemäß § 6 Abs. 1 Nr. 1 EStG i.V. m. § 7 EStG planmäßig abzuschreiben</td><td>sind nicht planmäßig, sondern nur außerplanmäßig abzuschreiben</td></tr>
<tr><td colspan="3">Außerplanmäßig darf nur bei einer dauerhaften Wertminderung abgeschrieben werden (Ausnahme: Finanzanlagen; s. auch § 253 Abs. 3 Satz 4 HGB)</td></tr>
</table>

6.1 Immaterielle Vermögensgegenstände

Zum immateriellen Anlagevermögen gehören im Wesentlichen:

1. Selbstgeschaffene Werte (gewerbliche Schutzrechte und ähnliche Rechte und Werte)

Durch die Einführung des BilMoGs erhalten die selbstgeschaffenen Werte eine höhere Bedeutung. Begründet wird dieses durch den Wandel von einer Produktionsgesellschaft hin zu einer wissensbasierten Gesellschaft. Durch diese Änderung erhält das Handelsrecht eine stärkere Anpassung an internationale Rechnungslegungen. Kleine und mittlere Unternehmen können sich durch Ansatz ihrer innovativen Schöpfungen in der Bilanz so besser nach außen präsentieren.

	Inhalt	**Norm**
HGB	Eingeschränktes Aktivierungswahlrecht für selbst geschaffene immaterielle Vermögensgegenstände des Anlagevermögens (mit Ausschüttungs- bzw. Abführungssperre und Übergangsregelung) Zugangsbewertung zu AK/HK Planmäßige Abschreibung (Nutzungsdauer vertraglich oder rechtlich festgelegt) Außerplanmäßige Abschreibung (Pflicht bei voraussichtlich dauernder Wertminderung) und Wertaufholungsgebot	§§ 248 Abs. 2, 255 Abs. 2a, 268 Abs. 8 Satz 1 HGB, § 301 Satz 1 AktG
EStG	Aktivierungsverbot	§ 5 Abs. 2 EStG

BEISPIEL:

Unternehmerin Martha Brambrink beginnt am 01.10.x1 mit der Entwicklung eines Fertigungsverfahrens zur Produktion eines neuen Biokraftstoffes. Das Projekt wird am 31.12.x2 erfolgreich abgeschlossen. Ende x1 sind die Voraussetzungen zur Aktivierung erfüllt und ein Ansatz erfolgt.

Pro Monat fallen folgende Kosten an:

Materialkosten: 120.000 €

Personalkosten: 100.000 €

Produktionsbedingte Gemeinkosten: 80.000 € (Nutzung Produktionshalle)

Ende x1: 900.000 € Herstellungskosten

Bis Ende März x2 werden weitere 900.000 € Herstellkosten verbucht. Anschließend wird ein Patent angemeldet und nach drei Monaten genehmigt; Kosten für die Patentanmeldung 20.000 €.

In der Bilanz wird ein gewerbliches Schutzrecht (Patent) von 1.820.000 € ausgewiesen.

Das Ansatzverbot für selbst geschaffene Marken, Drucktitel, Verlagsrechte, Kundenlisten oder vergleichbare immaterielle Vermögensgegenstände des Anlagevermögens bleibt gemäß § 248 Abs. 2 Satz 2 HGB bestehen.

2. Entgeltlich erworbene Werte

Bei entgeltlich erworbenen Werten kann es sich um Konzessionen, gewerbliche Schutzrechte und ähnliche Rechte und Werte sowie Lizenzen an solchen Rechten und Werten handeln. Beispiele sind: Patente, Markenrechte, Warenzeichen, Gebrauchsmuster, etc. Für entgeltlich erworbene Vermögensgegenstände besteht immer die Pflicht zum Ansatz, sowohl handelsrechtlich gemäß § 248 Abs. 2 HGB als auch steuerrechtlich gemäß § 5 Abs. 2 EStG, R 5.5 Abs. 1-3 EStR 2008. Werden jedoch laufende Gebühren z. B. für Lizenzen bezahlt, so stellen diese „Nutzungsgebühren" Aufwand dar. Eigentümer bleibt der Lizenzgeber, der dieses Wirtschaftsgut in seiner Bilanz aktivieren muss.

3. Derivativer Geschäfts- oder Firmenwert

	Inhalt	Norm
HGB	Aktivierungspflicht für entgeltlich erworbenen Geschäfts- oder Firmenwert	§ 246 Abs. 1 Satz 4 HGB
	Abschreibung über betriebsgewöhnliche Nutzungsdauer (grds. fünf Jahre – eine längere Nutzungsdauer ist im Anhang anzugeben und zu begründen)	§ 285 Nr. 13 HGB
	Wertaufholungsverbot	§ 253 Abs. 5 Satz 2 HGB
EStG	Aktivierungspflicht: Abschreibung über 15 Jahre	§ 5 Abs. 2, § 7 Abs. 1 Satz 3 EStG

Der Geschäfts- oder Firmenwert entspricht der Differenz zwischen dem für die Übernahme eines Unternehmens geleisteten Kaufpreis und dem Verkehrswert des übernommenen Vermögens. Der vom Erwerber eines Unternehmens bezahlte Firmenwert hat seinen Ursprung z. B. in einem besonders günstigen Standort, einer Belegschaft mit hohem technischen Know-how, einem festen Kundenstamm etc.

Unterscheidung originärer und derivativer Firmenwert

Der originäre Geschäfts- oder Firmenwert (GoF) ist ein selbstgeschaffener, nicht entgeltlich erworbener Firmenwert (Goodwill), wie z. B. Organisation, Kundenstamm, Know-how, etc. → Ansatzverbot!

Der **derivative Geschäfts- oder Firmenwert** entspricht der Differenz zwischen dem für die Übernahme eines Unternehmens geleisteten Kaufpreis und dem Verkehrswert des übernommenen Vermögens etc.

Der **derivative Firmenwert** ist kein Vermögensgegenstand. Da der Firmenwert nicht ohne Unternehmen übertragen werden kann, ist er nicht selbstständig verwertbar. In § 246 Abs. 1 Satz 4 HGB wird er allerdings durch eine gesetzliche Fiktion zu einem (zeitlich begrenzt nutzbaren) Vermögensgegenstand erklärt.

BEISPIEL:

Unternehmer Karl Piepenkötter veräußert sein Unternehmen zum 01. 01. x1 für 8.000.000 € (Zeitwert: 6.000.000 €). Piepenkötter verpflichtet sich für zehn Jahre zur weiteren Mitarbeit im Unternehmen. Da der Firmenwert im hohen Maße vom Image des bisherigen Inhabers geprägt wird, ist der Posten über zehn Jahre abzuschreiben. Im Anhang wird dieses begründet dargestellt.

Außerplanmäßige Abschreibungen sind vorzunehmen, wenn der beizulegende Wert dauernd gesunken ist.

Ende x2 wird der Firmenwert mit 1.600.000 € bewertet. Durch den plötzlichen Tod von Karl Piepenkötter sinkt der Firmenwert auf 600.000 €. Es liegt eine dauerhafte Wertminderung vor, sodass eine Abschreibungspflicht gemäß § 253 Abs. 3 Satz 3 HGB besteht. Der Restwert wird über die Restnutzungsdauer – man geht nun von fünf Jahren Nutzungsdauer aus – von noch drei Jahre abgeschrieben.

Wertaufholungsverbot

Steigt der Firmenwert nach einer außerplanmäßigen Abschreibung, darf keine Wertaufholung erfolgen, dies lässt sich damit begründen, dass die Wertsteigerung nicht den ursprünglichen derivativen, sondern einen in der Zwischenzeit originären Firmenwert betrifft.

6.2 Abnutzbares Sachanlagevermögen

Bewegliches SAV	Unbewegliches SAV
► Techn. Anlagen und Maschinen ► Andere Anlagen und BGA ► Betriebsvorrichtungen (mit dem Gebäude verbunden)	► Gebäude

Das abnutzbare Sachanlagenvermögen lässt sich in das bewegliche und unbewegliche Vermögen unterteilen. Diese Unterscheidung hat eine Bedeutung für die anzuwendenden Abschreibungsverfahren.

Die degressive Abschreibung ist nur bei beweglichen Wirtschaftsgütern anwendbar, die in 2009 und 2010 beschafft werden. Der steuerrechtliche Abschreibungssatz beträgt maximal das 2,5-fache des linearen Satzes, höchstens jedoch 25 % (§ 7 Abs. 2 EStG) (s. Teil 1).

Zu der Position technische Anlagen und Maschinen zählen alle Anlagen und Maschinen, die unmittelbar der Produktion dienen. Zu den anderen Anlagen und der Betriebs- und Geschäftsausstattung gehören z. B. die Einrichtung der Werkstatt, der Fuhrpark, Werkzeuge, Büroausstattung, die IT-Anlage etc.

BEISPIEL:

Eine fest fundamentierte Maschine hat eine ND von 12,5 Jahren.

Auch eine fest fundamentierte Maschine gehört zum beweglichen Sachanlagenvermögen und darf damit handelsrechtlich degressiv abgeschrieben werden. Der Abschreibungssatz beträgt (1/12,5 = 0,08). Der 2,5-fache Wert beträgt 20 % – dieser Prozentsatz bildet hier die Obergrenze.

Betriebsvorrichtungen

Betriebsvorrichtungen sind fest mit dem Gebäude verbunden, und daher eigentlich regelmäßig unbeweglich, trotzdem werden sie den beweglichen Anlagegütern gleichgestellt (R 4.2 Abs. 3 und R 7.1 Abs. 3 EStR 2008). Denn Betriebsvorrichtungen dienen nicht der Nutzung des Gebäudes, sondern stehen in einer besonderen und unmittelbaren Beziehung zu dem ausgeübten Gewerbebetrieb (Mieter errichtet in der gemieteten Autowerkstatt eine Hebebühne). Beispiele: Lastenaufzüge, Schauvitrinen, Tresoranlagen, Industrieschornsteine, Klimaanlagen, Hochregallager etc.

Gebäude

Gebäude stellen unbewegliche Sachanlagen dar, für die einige Besonderheiten gelten. Die Gebäudenutzung ist zeitlich begrenzt, daher müssen sie planmäßig abgeschrieben werden. Da im Handelsrecht keine spezielle Regelung besteht, orientiert man sich an den steuerrechtlichen Vorschriften (§ 7 Abs. 4 Satz 1 Nr. 1 EStG).

BEISPIEL:

Der Unternehmer Max Bau erwirbt ein Gebäude am 01.04.x1 mit AK 400.000 € (inkl. 3,5 % Grunderwerbsteuer und Notarkosten – als direkte Nebenkosten).

In x1 fallen 9/12 (9.000 €) des Abschreibungsbetrages von 12.000 € (3 % von 400.000) an – dies entspricht einer ND von 33 Jahren.

Nach § 7 Abs. 4 Satz 2 EStG besteht ein Wahlrecht zur Anwendung einer kürzeren Nutzungsdauer.

6.3 Nicht abnutzbare Sach- und Finanzanlagen

Gegenstände des Anlagevermögens, die nicht der Abnutzung unterliegen (Grund und Boden, Anlagen im Bau, Anzahlungen) sowie Finanzanlagen (Beteiligungen, Wertpapiere, Ausleihungen) sind mit den Anschaffungs- bzw. Herstellungskosten zu aktivieren.

Außerplanmäßig müssen sie nach § 253 Abs. 3 Satz 3 HGB und § 6 Abs. 1 Nr. 2 Satz 2 EStG (hier nur Wahlrecht, aber aufgrund der Maßgeblichkeit der Handelsbilanz für die Steuerbilanz ist auch hier abzuschreiben) auf den niedrigeren Teilwert abgeschrieben werden.

BEISPIEL:

Der Büroartikelhersteller Flamingo AG besitzt ein unbebautes Grundstück, dessen AK 1,2 Mio. € betrugen. Aufgrund der Errichtung einer Kläranlage auf dem Nachbargrundstück, beträgt der Tageswert nur noch 1 Mio. €.

Ausweis

Das Grundstück gehört zum nicht abnutzbaren Anlagevermögen[4], A.II.1.

Bewertung

Bei einer dauerhaften Wertminderung (hier gegeben) muss auf den niedrigeren Teilwert abgeschrieben werden.

Anmerkung

Eine dauerhafte Wertminderung im Anlagevermögen ist anzunehmen, wenn während eines erheblichen Teils der Restnutzungsdauer keine konkreten Anzeichen für eine Werterhöhung vorliegen.

Finanzanlagen stellen alle Investitionen des Unternehmens in fremde Unternehmen oder öffentliche Betriebe dar.

Das Finanzanlagevermögen ist die wesentliche Quelle des neutralen Erfolgs der Unternehmung.

Die bilanzielle Aufgliederung der Finanzanlagen lässt die unterschiedliche Stärke der Verbindung mit anderen Unternehmen erkennen. **Verbundene Unternehmen sind nach § 271 Abs. 2 HGB Mutter- oder Tochterunternehmen in einem Konzernverbund.**

Wichtig in diesem Zusammenhang ist die Abgrenzung zwischen den Positionen „Beteiligungen" und „Wertpapiere des Anlagevermögens". „Beteiligungen sind Anteile an anderen Unternehmen, die bestimmt sind, dem eigenen Geschäftsbetrieb durch Herstellung einer dauernden Verbindung zu jenen Unternehmen zu dienen" (§ 271 Abs. 1 HGB). Eine Beteiligung ist nicht an die Form des Wertpapiers gebunden. Das heißt, als Beteiligung können zum Beispiel sowohl Aktien

4 Die angegebenen Positionen beziehen sich auf den Ausweis gemäß § 266 Abs. 2 und 3 HGB.

als auch GmbH-Anteile bilanziert werden. Für die richtige Zuordnung von Aktien kommt es darauf an, ob eine Beteiligungsabsicht vorliegt.

MERKE:

Werden Aktien in der Absicht, Einfluss auf das Unternehmen auszuüben, erworben, sind sie als Beteiligung zu bilanzieren.

Liegt eine Beteiligungsabsicht nicht vor, sind Aktien „Wertpapiere des Anlagevermögens".

Werden Aktien nur zur vorübergehenden Geldanlage erworben, werden sie im Umlaufvermögen bilanziert.

Bewertung von Finanzanlagen

1. Obergrenze bilden die Anschaffungs- oder Herstellungskosten.
2. Sie unterliegen keiner planmäßigen Abschreibung.
3. Außerplanmäßige Abschreibungen: Pflicht bei dauernder Wertminderung, ansonsten Wahlrecht.
4. Zuschreibungsgebot.

Beteiligung

BEISPIEL:

Im Rahmen der Jahresabschlusserstellung x3 soll eine außerplanmäßige Abschreibung vorgenommen werden, da der Börsenpreis einer im Jahr x1 für 50.000 € angeschafften Beteiligung auf 30.000 € gesunken ist. Ob dieser Börsenpreis dauerhaft gesunken ist, lässt sich zurzeit nicht beurteilen.

Ausweis

Die Beteiligung gehört zum Anlagevermögen, A.III.3.

Bewertung

Es gilt das gemilderte Niederstwertprinzip. Nur bei Finanzanlagen besteht weiterhin ein Wahlrecht. Trotz der nur vorübergehenden Wertminderung kann hier eine außerplanmäßige Abschreibung vorgenommen werden.

6.4 Bilanzierung und Bewertung des Umlaufvermögens

Für das Umlaufvermögen (UV) enthält das HGB keine Definition, so dass der Begriff durch Umkehrschluss aus § 247 Abs. 2 HGB abgeleitet werden muss.

Danach sind beim Umlaufvermögen, die Gegenstände auszuweisen, die **nicht** bestimmt sind, dauernd dem Geschäftsbetrieb zu dienen. Oder anders ausgedrückt: Alle Vermögensteile, die nicht zum Anlagevermögen gehören und die keine Rechnungsabgrenzungsposten sind, gehören zum Umlaufvermögen. Vereinfacht lässt sich Umlaufvermögen umschreiben als Vermögensgegenstände, die dazu bestimmt sind, im Betrieb sofort gebraucht, verbraucht oder verkauft zu werden.

Das **Umlaufvermögen** wird in Kategorien unterteilt:

Vorräte	Forderungen und sonstige Vermögensgegenstände	Wertpapiere	Liquide Mittel

Bewertung des Umlaufvermögens

Die Zugangsbewertung erfolgt zu Anschaffungs- oder Herstellungskosten – die auch die Bewertungsobergrenze bilden. Das Umlaufvermögen unterliegt keiner planmäßigen Abschreibung. Bei der außerplanmäßigen Abschreibung gilt das strenge Niederstwertprinzip – sowohl bei dauerhafter als auch bei vorübergehender Wertminderung besteht eine Abschreibungspflicht.

Zur Bestimmung des möglichen Abschreibungswertes ist auf einen Vergleich zwischen den Anschaffungs-/Herstellungskosten und dem niedrigeren Zeitwert (Stichtagswert) abzustellen.

Für die Bestimmung des Zeitwertes sind drei Wertmaßstäbe zu beachten, die in der nachfolgenden Reihenfolge zugrunde zu legen sind.

Börsenpreis
An einer amtlich anerkannten Börse festgestellter Preis

Marktpreis
Am Handelsplatz für Waren im Durchschnitt gewährt wird

Beizulegender Wert
Ist ein Börsen- oder Marktpreis nicht festzustellen, ist der beizulegende Wert anzuwenden, abhängig vom Beschaffungsmarkt (Wiederbeschaffungspreis) oder vom Absatzmarkt (Einzelverkaufspreis)

6.5 Vorräte

Zu den Vorräten zählen im Wesentlichen die Waren des Handelsbetriebes, die Werkstoffe und die unfertigen bzw. fertigen Erzeugnisse des Industriebetriebes.

Rohstoffe gehen als wesentliche Bestandteile in die Erzeugnisse ein, so zum Beispiel das Holz von Möbeln, das Glas von Fenstern, das Stahlblech des Pkws.

Hilfsstoffe gehen ebenfalls in das Erzeugnis ein, jedoch nicht als Hauptbestandteil sondern nur als unwesentlicher Bestandteil, so zum Beispiel Schrauben, Nägel, Klebstoffe, Lacke.

Betriebsstoffe gehen überhaupt nicht in die Erzeugnisse ein, sondern werden für den Betrieb der Anlagen benötigt, zum Beispiel Schmierstoffe, Kraftstoffe, Putzlappen.

Als unfertige Erzeugnisse sind alle Erzeugnisse zu bilanzieren, mit deren Fertigung begonnen wurde, die aber noch nicht den Zustand der Verkaufsreife erreicht haben. Entsprechendes gilt für unfertige Dienstleistungen, zum Beispiel Planungsleistungen von Architekturbüros.

BEISPIEL:

Der Spediteur Speed Fix KG hat zum Abschlussstichtag 10.000 l Diesel auf Lager, die voraussichtlich im Monat Januar verbraucht werden. Die Anschaffungskosten betrugen 1,20 €/l. Die Wiederbeschaffungskosten am Abschlussstichtag belaufen sich auf 1,22 €/l, wohingegen eine Veräußerung am Abschlussstichtag unter Berücksichtigung anfallender Nebenkosten nur 1,18 €/l erbringen würde.

Ausweis

Es handelt bei dem Diesel um Betriebsstoffe, die dem Umlaufvermögen zuzuordnen sind.

Bewertung

Das strenge Niederstwertprinzip ist zu berücksichtigen.

Im Falle von RHB-Stoffen ist für die Bewertung grundsätzlich der Beschaffungsmarkt maßgeblich.

Die Wiederbeschaffungskosten belaufen sich auf 1,22 €/l – sie liegen somit über den Anschaffungskosten – eine außerplanmäßige Abschreibung ist somit nicht vorzunehmen.

6.6 Forderungen, sonstige Vermögensgegenstände

Für die Forderungen gibt es weder im Handels- noch im Steuerrecht eigene Bewertungsvorschriften. Maßgebend sind daher die allgemeinen Bestimmungen, wonach auch die Forderungen zu Anschaffungskosten bzw. einem niedrigeren Wert (beizulegender Wert) nach § 253 Abs. 3 HGB in der Handelsbilanz und mit den Anschaffungskosten bzw. dem niedrigeren Teilwert nach § 6 Abs. 1 Nr. 2 EStG in der Steuerbilanz anzusetzen sind. Damit stellt sich die Frage nach dem Anschaffungs- bzw. beizulegenden Wert der Forderungen.

Bei Forderungen stellt der Nominalwert (Nennwert, Rechnungsbetrag inkl. USt) die Anschaffungskosten dar, also der Wert, auf den die Forderung bei ihrem Entstehen gelautet hat.

Forderungen in ausländischer Währung (Laufzeit > 1 Jahr) sind mit dem Devisenkassamittelkurs umzurechnen. Ist der Wechselkurs am Bilanzstichtag jedoch niedriger, so muss nach dem strengen Niederstwertprinzip auf den niedrigeren Zeitwert abgeschrieben werden.

Wertberichtigungen von Forderungen

Die Abschreibung von Forderungen nennt man Wertberichtigung. Es sind die **Einzelwertberichtigung** und die **Pauschalwertberichtigung** möglich.

Zulässig ist auch die kombinierte Anwendung, wobei einige (insbesondere gewichtige) Forderungen einzeln und der Rest der Forderungen pauschal bewertet werden. Zu beachten ist dabei jedoch, dass bereits einzeln korrigierte Forderungen nicht mehr in die Pauschalwertberichtigung einbezogen werden dürfen.

Einzelwertberichtigung

Nach dem Grundsatz der Einzelbewertung ist jede Forderung daraufhin zu untersuchen, ob sie einwandfrei, zweifelhaft oder uneinbringlich ist:

einwandfrei	zweifelhaft	uneinbringlich
	Zweifelhaft ist eine Forderung, wenn z. B. der Kunde mehrfach gemahnt wurde oder seine Zahlung eingestellt hat oder ein Vergleichs- oder Insolvenzverfahren beantragt worden ist (spezielles Ausfallrisiko).	Die Forderung ist **uneinbringlich**, wenn der Forderungsausfall endgültig feststeht, wenn z. B. die Insolvenz mangels Masse eingestellt oder fruchtlos gepfändet worden ist, der Kunde verzieht, ohne dass die neue Anschrift bekannt ist, der Kunde verstirbt ohne Vermögenswerte zu hinterlassen.
	Bei **zweifelhaften** Forderungen ist die Abschreibung vom Nettobetrag (Entgeltteil) der Forderung vorzunehmen, also vom Wert der Forderung ohne USt. Die USt. darf erst beim endgültigen Ausfall berücksichtigt werden. Wertansatz zweifelhafter Forderungen ist der vorsichtig geschätzte „wahrscheinliche" Wert.	**Uneinbringliche** Forderungen werden in voller Höhe ausgebucht. Hier ist die USt. sofort zu berichtigen, soweit das vereinbarte Entgelt uneinbringlich geworden ist (§ 17 Abs. 1 Nr. 1 und Abs. 2 Nr. 1 Satz 1 UStG). Sie stellt dann einen Erstattungsanspruch gegenüber dem Finanzamt dar.

Da es insbesondere größeren Unternehmen mit entsprechendem Forderungsbestand wirtschaftlich nicht zuzumuten ist, den Grundsatz der Einzelbewertung einzuhalten, können auch Pauschalwertberichtigungen vorgenommen werden.

Pauschalwertberichtigungen

Ist eine Einzelbewertung nicht möglich, schätzt man auf der Grundlage betrieblicher Erfahrungswerte über Forderungsverluste in der Vergangenheit die voraussichtlichen Ausfälle pauschal unter Anwendung eines bestimmten Prozentsatzes auf den Netto-Gesamtbetrag (ohne USt) der Forderungen.

Einen Anhaltspunkt für die Bemessung der Risiken geben die betrieblichen Verhältnisse der Vergangenheit, solange sie sich nicht wesentlich ändern. Früher wurden von der Finanzverwaltung Pauschalwertberichtigungen bis zu 3 % anerkannt. Eine solche Nichtbeanstandungsgrenze gibt es heute nicht. Es kommt immer auf die jeweilige Situation des Unternehmens an. In der Regel wird jedoch eine Pauschalwertberichtigung in Höhe von 1 % der Forderungen toleriert (BP-Rationalisierungserlass).

Die Pauschalwertberichtigung darf nur auf den um die Bruttobeträge der einzeln wertberichtigten Forderungen bereinigten Nettoforderungsbestand angewendet werden. Eine Forderung darf also nicht zweimal, einzeln und pauschal wertberichtigt werden.

BEISPIEL: für die Kombination von Einzel- und Pauschalwertberichtigung von Forderungen.

Forderungsvolumen: 1.547.000 € (inkl. 19 % USt). Hiervon ist bei vier Forderungen im Gesamtwert von 95.200 € (brutto) eine Einzelwertberichtigung durchzuführen. Es droht nach vorsichtiger Schätzung ein Ausfall von 50 % der Forderungen. Der Rest der Forderungen soll pauschal mit 3 % wertberichtigt werden.

Einzelwertberichtigung:

Zweifelhafte Forderungen (Nettobetrag)	80.000 €
(Berechnung: 95.200 € : 1,19 = 80.000 €)	
Einzelwertberichtigung 50 %	40.000 €

Ermittlung der Pauschalwertberichtung:

	1.547.000 €	Forderungsbestand (brutto) 31.12.
-	95.200 €	Forderungen, die im Wege der Einzelwertberichtigung korrigiert wurden
=	1.451.800 €	verbleibende Forderungen
-	231.800 €	Umsatzsteuer
=	1.220.000 €	Bemessungsgrundlage für die Pauschalwertberichtigung
x	3 %	
=	36.600 €	Pauschalwertberichtigung

Wertansatz der Forderungen zum Bilanzstichtag:

	1.547.000 €	Forderungsbestand (brutto) 31.12.
-	40.000 €	Einzelwertberichtigungen
-	36.600 €	Pauschalwertberichtigung
=	1.470.400 €	Bilanzansatz der Forderungen

Sonstige Vermögensgegenstände

Diese Position des Umlaufvermögens sammelt alle Vermögensgegenstände, die unter den übrigen Vermögensgegenständen nicht bilanziert werden können, so zum Beispiel Steuerforderungen gegenüber dem Finanzamt, Forderungen aus noch ausstehender Miete (transitorische Rechnungsabgrenzung), Forderungen gegen Arbeitnehmer aus Gehaltsvorschüssen etc.

6.7 Wertpapiere und Liquide Mittel

Anteile an verbundenen Unternehmen

Sonstige Wertpapiere

Wertpapiere sind im Umlaufvermögen auszuweisen, wenn sie nicht dauernd dem Geschäftsbetrieb dienen sollen. Diese kurzfristig gehaltenen Wertpapiere sind mit den Anschaffungskosten zu bewerten. Am Abschlussstichtag ist ein niedrigerer Börsenwert anzusetzen.

BEISPIEL:

Zur kurzfristigen Anlage von Liquiditätsüberschüssen hat der Kfz-Händler Tempfix GmbH u. a. 100 Aktien der Fonda AG zum Kurs von je 58 €/Aktie erworben. Der Kurs am Abschlussstichtag beträgt 52 €. Für das Folgejahr wird ein kräftiger Kursanstieg der Fonda-Aktien erwartet.

Ausweis

Aufgrund der Kurzfristigkeit der Finanzanlage werden die Aktien im Umlaufvermögen ausgewiesen (Umkehrschluss aus § 247 Abs. 2 HGB).

Bewertung

Für das Umlaufvermögen gilt das strenge Niederstwertprinzip.

Somit sind Vermögensgegenstände, deren Börsen-, Marktpreis oder beizulegender Wert am Abschlussstichtag unter den Anschaffungskosten oder Herstellungskosten liegt – unabhängig von der zukünftigen Preisentwicklung (Kursentwicklung zeigt nach oben) – auf den niedrigen Wert abzuschreiben. Es muss eine außerplanmäßige Abschreibung in Höhe von 6 € pro Aktie erfolgen (600 €).

7. Bilanzierung und Bewertung der Passiva

7.1 Bewertung des Eigenkapitals

Die Aktivseite zeigt auf, wie bereits dargelegt, wie die eingesetzten Mittel verwandt wurden. Die eingesetzten Mittel stellen also die Finanzierung der Aktiva dar. Dieses eingesetzte Kapital kann sowohl eigen- als auch fremdfinanziert sein.

Unter dem Begriff Eigenkapital wird also der Teil des Kapitals verstanden, der dem Unternehmen unbefristet durch die jeweiligen Eigentümer zur Verfügung steht (Verfügungsmacht der Unternehmenseigner). Dieses kann auch durch den Verzicht von Gewinnausschüttungen (Thesaurierung) geschehen. In der Regel erhalten die Eigentümer für die Zurverfügungstellung des Kapitals eine erfolgsabhängige Vergütung. Neben der Finanzierungsfunktion hat das Eigenkapital auch eine Haftungsfunktion, d. h. dass die Eigentümer bzw. Gesellschafter mindestens (je nach Rechtsform) mit dem eingesetzten Kapital haften, so § 272 Abs. 1 Satz 1 HGB Eigenkapital: „Gezeichnetes Kapital ist das Kapital, auf das die Haftung der Gesellschafter für die Verbindlichkeiten der Kapitalgesellschaft gegenüber den Gläubigern beschränkt ist.".

Das Eigenkapital lässt sich als Differenzgröße erst nach Ansatz und Bewertung der übrigen Bilanzpositionen berechnen:

	$\sum$ aller Aktiva
-	$\sum$ aller Schulden (Rückstellungen und Verbindlichkeiten)
-	passive Rechnungsabgrenzung
-	passive latente Steuern
=	Eigenkapital

7.2 Bilanzausweis des Eigenkapitals

Der Ausweis des Eigenkapitals ist abhängig von der jeweiligen Rechtsform des Unternehmens. Für Einzel- und Personengesellschaften ist gemäß § 247 Abs. 1 HGB lediglich ein gesonderter Ausweis mit hinreichender Aufgliederung ausreichend. Für Kapitalgesellschaften ist die Einteilung des Eigenkapitalausweises in der Bilanz im § 266 Abs. 3 HGB genau vorgegeben. Demnach gliedert sich das Eigenkapital in die folgenden Größen:

Gezeichnetes Kapital entspricht dem Haftungskapital.

Bei der **Kapitalrücklage** handelt es sich um Beträge, die dem Unternehmen von außen zugeführt wurden. Im Einzelnen führt der § 272 Abs. 2 HGB auf, welche Beträge auszuweisen sind:

1. Der Betrag, der bei der Ausgabe von Anteilen, einschließlich von Bezugsanteilen über den Nennbetrag oder, falls ein Nennbetrag nicht vorhanden ist, über den rechnerischen Wert hinaus erzielt wird, (Agio).

2. Der Betrag, der bei der Ausgabe von Schuldverschreibungen für Wandlungsrechte und Optionsrechte zum Erwerb von Anteilen erzielt wirt, (Agio).

3. Der Betrag, von Zuzahlungen, die Gesellschafter gegen Gewährung eines Vorzugs für ihre Anteile leisten.

4. Der Betrag von anderen Zuzahlungen, die Gesellschafter in das Eigenkapital leisten.

Gewinnrücklagen werden i. d. R. aus versteuerten erzielten Gewinnen gebildet. Bei der Ergebnisverwendung wird dieser Teil des Gewinnes nicht ausgeschüttet, sondern geht thesauriert in die Rücklagen ein. Zu den Gewinnrücklagen zählt die **gesetzliche Rücklage**: Das Aktiengesetz schreibt für Unternehmen in der Rechtsform der AG vor, dass 5 % des Jahresüberschusses (gemindert um des Verlustvortrages des Vorjahres) in die Gewinnrücklagen einzustellen sind. Die Auflösung dieser Rücklagen ist an strenge Bedingungen geknüpft (vgl. § 150 Abs. 3 und 4 AktG).

Ebenso ist die **Rücklage für eigene Anteile** eine Gewinnrücklage: diese muss gemäß § 272 Abs. 4 Satz 1 HGB gebildet werden, wenn die Gesellschaft Anteile von den Gesellschaftern zurückkauft und auch wenn sie diese unentgeltlich zurück erhält. Diese Anteile werden auf der Aktivseite im Umlaufvermögen als Wertpapiere gesondert ausgewiesen. In gleicher Höhe ist für diese Wertpapiere die Rücklage zu bilden, da im Insolvenzfall die Papiere kaum liquidiert werden können.

Die Gewinnrücklagen beinhalten außerdem die **satzungsmäßigen Rücklagen**. Entsprechend der jeweiligen Satzung werden hier die satzungsmäßigen Rücklagen ausgewiesen, die nicht unter die gesetzlichen Rücklagen zu subsumieren sind (§ 29 Abs. 1 GmbH, § 58 Abs. 4 AktG).

Abschließend sind die **anderen Gewinnrücklagen** auszuweisen. Diese sind freiwillig gebildete Rücklagen, die nicht zu den oben aufgeführten gehören. Gemäß § 266 Abs. 1 Satz 3 HGB dürfen kleine Kapitalgesellschaften die Rücklagen in verkürzter Form darstellen.

ABB. 34: Einteilung Rücklagen

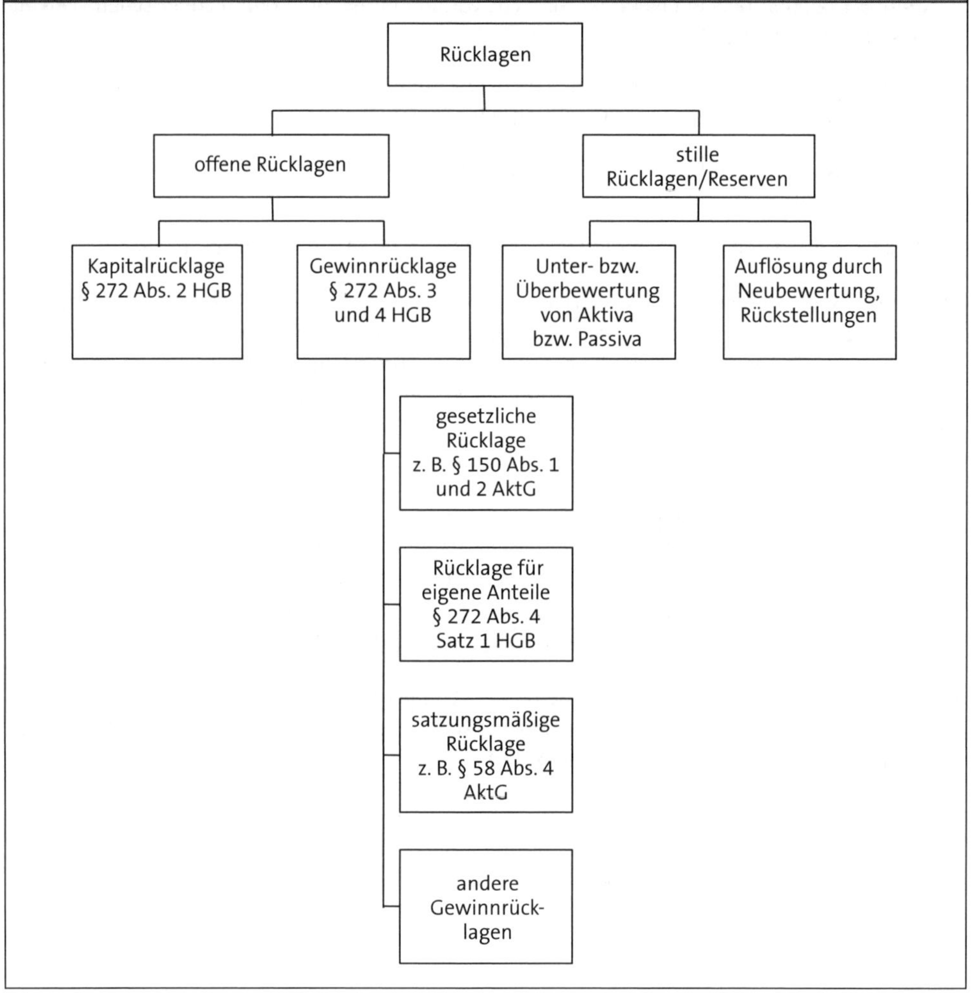

Gewinn-/Verlustvortrag

Unter der Position Eigenkapital IV wird der Gewinn-/Verlustvortrag ausgewiesen. Der Gewinnvortrag ist der Rest des Bilanzgewinns eines Jahres, der nach Gewinnverwendungsbeschluss übrig bleibt. Er wird mit Hilfe der Bilanzposition „Gewinn-/Verlustvortrag" in das nächste Jahr vorgetragen und dient dann der betragsmäßigen Regulierung der Gewinnverwendung des Folgejahres. Ein Gewinnvortrag muss dem Erfolg des Folgejahres hinzugerechnet werden.

Als letzte Position des Eigenkapitals wird der Jahresüberschuss/Jahresfehlbetrag ausgewiesen, dies ist das positive (negative) Geschäftsergebnis (Gegensatz: Jahresfehlbetrag) eines Geschäftsjahres, das aus der Gewinn- und Verlustrechnung resultiert.

7.3 Nicht durch Eigenkapital gedeckter Fehlbetrag (§ 268 Abs. 3 HGB)

Ist das gesamte Eigenkapital durch Verluste aufgebraucht und ergibt sich ein Überschuss der Passivposten (Schulden) über die Aktivposten (Vermögensgegenstände), so ist dieser Betrag nach § 268 Abs. 3 HGB unter der Bezeichnung „Nicht durch Eigenkapital gedeckter Fehlbetrag" am Schluss der Bilanz auf der **Aktivseite** gesondert auszuweisen. Dieser Posten ist weder ein Vermögensgegenstand noch eine Bilanzierungshilfe, sondern eine sich rein rechnerisch ergebende **Korrekturgröße zum Eigenkapital**. Der Posten weist auf eine **bilanzielle Überschuldung** hin und nicht auf die insolvenzrechtliche Überschuldung, die durch einen insolvenzrechtlichen Überschuldungsstatus ermittelt wird. Durch die Aktivierung des Fehlbetrages auf der Aktivseite werden die übrigen Eigenkapitalpositionen (Kapital- und Gewinnrücklagen, Gewinnvortrag) nicht berührt. Eine **Saldierung** würde gegen das in § 246 Abs. 2 HGB geregelte Saldierungsverbot und das Vollständigkeitsgebot verstoßen.

7.4 Bewertung von Rückstellungen

Rückstellungen sind Verbindlichkeiten mit Merkmalen der Ungewissheit. Es können Höhe, Fälligkeit und/oder Grund der Verbindlichkeit ungewiss sein. Rückstellungen werden gebildet, um aus Vorsichtsgründen künftige Verluste vorwegzunehmen (z. B. bei schwebenden Geschäften). Dies entspricht der statischen Bilanzauffassung. Oder es werden Rückstellungen gebildet, um künftige Auszahlungen im Jahr der wirtschaftlichen Zugehörigkeit zu Aufwand zu machen (periodengerechte Gewinnermittlung). Dies entspricht der dynamischen Bilanzauffassung. Zur Vermeidung von Gewinnmanipulationen durch Rückstellungsbildung enthält § 249 HGB eine erschöpfende Aufzählung von Rückstellungsgründen:

ABB. 35: Arten von Rückstellungen

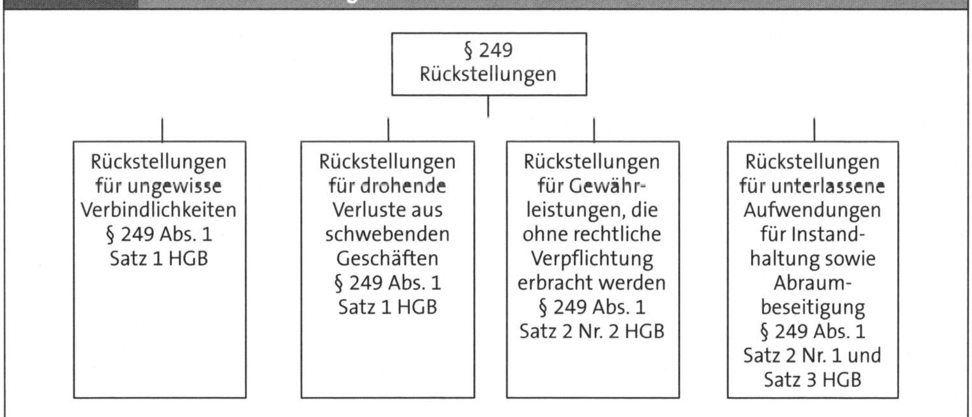

Rückstellungen unterscheiden sich in Aufwandsrückstellungen (Verpflichtungen gegenüber Dritten) und Verbindlichkeitsrückstellungen (Verpflichtungen gegen sich selbst).

ABB. 36: Aufwandsrückstellungen (Innenverpflichtung)	
Instandhaltung	**Abraumbeseitigung**
Ansatzpflicht bei Nachholung innerhalb von drei Monaten im Folgejahr	Ansatzpflicht bei Nachholung innerhalb des Folgejahres

Die Aufwandsrückstellungen unterscheiden sich von den anderen Rückstellungen dadurch, dass hier nicht Verpflichtungen gegenüber Dritten sondern gegenüber dem Unternehmer selbst bestehen. Ihr Zweck ist primär die periodengerechte Aufwandszuordnung. Für **unterlassene Aufwendungen** für Instandhaltung, die im folgenden Jahr innerhalb von 3 Monaten nachgeholt werden, besteht eine Passivierungs**pflicht** (§ 249 Abs. 1 Satz 2 Nr. 1 HGB). Dieses Passivierungsgebot ist auch steuerrechtlich maßgebend (R 5.7 Abs. 11 „Instandhaltung und Abraumbeseitigung“ EStR 2008). Bei den Aufwendungen muss es sich um unaufschiebbare umfangreiche Erhaltungsarbeiten handeln, die bis zum Bilanzstichtag bereits erforderlich gewesen wären.

Nach H 5.7 Abs. 11 „Instandhaltung und Abraumbeseitigung“ EStH 2008 dürfen i. d. R. für Erhaltungsarbeiten, die erfahrungsgemäß in ungefähr gleichem Umfang und in gleichen Zeitabständen anfallen und turnusmäßig durchgeführt werden, **keine** Rückstellungen gebildet werden.

Verbindlichkeitsrückstellungen beinhalten eine Verpflichtung gegenüber Dritten (Außenverpflichtung).

ABB. 37: Verbindlichkeitsrückstellungen (Außenverpflichtung)		
Ungewisse Verbindlichkeiten	**Spezialfälle**	
► Verpflichtung ggü. Dritten ► wirtschaftliche Verursachung ► Ungewissheit ► Hinreichreichende Konkretisierung	Drohverluste Drohende Verluste aus schwebenden Geschäften	Kulanzen Gewährleistungen ohne rechtliche Verpflichtung

Rückstellungen für Kulanzen müssen gebildet werden, wenn ein Unternehmen über die gesetzlichen Pflichten hinaus freiwillig Gewährleistungen übernimmt – es besteht also keine rechtliche, sondern eine faktische Verpflichtung.

Drohverlustrückstellungen weisen einen Zukunftsbezug auf und erfassen keine direkte Verpflichtung gegenüber einem Dritten. Diese Rückstellungen setzen ein schwebendes Geschäft voraus. Schwebende Geschäfte werden nicht bilanziert, es sei denn, es droht ein Verlust.

Rückstellungen für ungewisse Verbindlichkeiten umfassen alle unsicheren Verpflichtungen gegenüber Dritten.

ABB. 38: Rückstellungen für ungewisse Verbindlichkeiten	
Pflicht	Verbot
► für betriebl. Steuern ► für Pensionen ► für Buchführung und JA ► für Prozesse	► für nicht betriebl. Steuern ► für zukünftige Beiträge und Anschaffungen ► für Kosten der Hauptversammlung

Beispiele für ungewisse Verbindlichkeiten: Altlastensanierung, Ausbildungskosten, Bürgschaften, Bußgelder, Patentverletzungen, Pensionen und ähnliche Verpflichtungen, Produzentenhaftung, Rekultivierungskosten, Schadensersatzleistungen, Steuern und sonstige Abgaben, Umweltschutzaufwendungen, öffentlich-rechtliche Verpflichtungen. (Zur steuerlichen Behandlung s. R 5.7 EStR 2008.)

Die steuerliche Anerkennung der handelsrechtlichen Rückstellungen entspricht folgendem Grundsatz: Die Passivierungspflicht gilt grundsätzlich auch für die Steuerbilanz (Maßgeblichkeitsprinzip, Ausnahme: Passivierungsverbot für Drohverlustrückstellungen in der Steuerbilanz gemäß § 5 Abs. 4a EStG).

Bewertung

	Inhalt	Norm
HGB	Bewertung von Rückstellungen zum Erfüllungsbetrag (einschl. zukünftiger Kosten- und Preissteigerungen)	§ 253 Abs. 1 Satz 2 HGB
	Generelles Abzinsungsgebot für Geld- und Sachleistungsverpflichtungen (normiertes Ermittlungsverfahren: Durchschnittszinssatz der vergangenen sieben Geschäftsjahre)	§ 253 Abs. 2 Satz 1 HGB
EStG	Bewertung von Rückstellungen zum Rückzahlungsbetrag (Stichtagsprinzip)	§ 6 Abs. 1 Nr. 3a Buchst. f EStG
	Generelles Abzinsungsgebot: 5,5 %	§ 6 Abs. 1 Nr. 3a Buchst. e EStG, § 6 Abs. 1 Nr. 3 EStG

Rückstellungen sind durch das BilMoG nach § 253 Abs. 1 Satz 2 HGB nun in Höhe des nach vernünftiger kaufmännischer Beurteilung notwendigen Erfüllungsbetrages zu bewerten. Damit sind künftige Preis- und Kostenverhältnisse im Zeitpunkt der Erfüllung der Verpflichtung zu berücksichtigen.

Nach § 6 Abs. 1 Nr. 3a Buchst. f EStG wird ausdrücklich klargestellt, dass für Zwecke der steuerlichen Gewinnermittlung bei der Rückstellungsbewertung die Wertverhältnisse am Bilanzstichtag maßgeblich sind – künftige Preis- und Kostensteigerungen dürfen in der Steuerbilanz also nicht berücksichtigt werden.

Rückstellungen mit einer Restlaufzeit von mehr als einem Jahr sind künftig mit dem durchschnittlichen Marktzinssatz der letzten sieben Geschäftsjahre generell abzuzinsen (§ 253 Abs. 2 Satz 1 HGB).

BEISPIELE:

(1) Unternehmer Max Bau will den Jahresabschluss x1 Anfang x2 durch den Steuerberater Steuerfix anfertigen lassen. Die voraussichtlichen Kosten belaufen sich auf 1.000 € zzgl. 19 % MwSt. Man rechnet mit einer Kostensteigerung von 5 %. Max Bau ist zum vollen Vorsteuerabzug berechtigt.

Es ist eine Rückstellung zum Erfüllungsbetrag in Höhe von 1.050 € zu bilden.

(2) Unternehmer Max Bau will den Jahresabschluss durch einen Angestellten erstellen lassen. Kosten in Höhe von voraussichtlich 30 Stunden à 25 €, Arbeitgeberbeitrag zur Sozialversicherung: 10 %. Die Gemeinkosten (z. B. für Räume) betragen 200 €.

Der Rückstellungsbetrag beläuft sich auf 1.025 €, da die geschätzten Vollkosten zu verwenden sind.

Steuerrechtlich sind bei der Bewertung von Rückstellungen gemäß § 6 Abs. 1 Nr. 3a EStG folgende Grundsätze zu berücksichtigen:

Bei der Bewertung von Rückstellungen für gleichartige Verpflichtungen ist auf der Grundlage der Erfahrung in der Vergangenheit zu berücksichtigen, dass der Steuerpflichtige nur zu einem Teil der Summe dieser Verpflichtung in Anspruch genommen wird. Für den Ansatz von Sachleistungsverpflichtungen gelten die Einzelkosten zuzüglich der angemessenen Teile der notwendigen Gemeinkosten.

Ein Abzinsungsgebot gilt bei Rückstellungen für Sach- und Geldleistungsverpflichtungen einschließlich Schadensverpflichtungen mit einem Zinssatz von 5,5 % (§ 6 Abs. 1 Nr. 3a Buchst. e EStG), realitätsnäherer Bewertung von Rückstellungen durch Abzug von künftigen Vorteilen, die mit der Erfüllung der Rückstellung voraussichtlich verbunden sein werden, soweit diese Einnahmen nicht als Forderungen zu aktivieren sind. (So ist zum Beispiel beim Ansatz einer Rekultivierungsverpflichtung unter Umständen zu berücksichtigen, dass dem Unternehmer von einem anderen Unternehmen Kippentgelte für die Verfüllung des Geländes gezahlt werden.)

Die Grundsätze der Rückstellungsbewertung gelten auch für Pensionsrückstellungen. Allerdings bestehen für die Bewertung von Rückstellungen für Altersversorgungsverpflichtungen folgende Besonderheiten:

- **§ 253 Abs. 1 Satz 3 HGB**

  Bei Altersversorgungsverpflichtungen, deren Höhe sich ausschließlich nach dem Zeitwert von im Anlagevermögen gehaltenen Wertpapieren bestimmt (wertpapiergebundene Pensionszusagen), sind die Rückstellungen zum beizulegenden Zeitwert dieser Wertpapiere anzusetzen, soweit dieser Zeitwert einen garantierten Mindestbetrag übersteigt. Für diese Pensionszusagen kann künftig auf die Einholung eines Penisonsgutachtens verzichtet werden.

- **§ 253 Abs. 2 Satz 2 HGB**

  Bei Rückstellungen für Altersversorgungsverpflichtungen und vergleichbare langfristige fällige Verpflichtungen darf (Nichtbeachtung des Einzelbewertungsgrundsatzes!) für jede einzelne Verpflichtung pauschal der durchschnittliche Marktzinssatz der vergangenen sieben Geschäftsjahre angesetzt werden, der sich bei einer angenommenen Restlaufzeit von 15 Jahren ergibt. Steuerrechtlich ist gemäß § 6a Abs. 3 Satz 3 EStG eine Abzinsungssatz von 6 % vorgeschrieben.

7.5 Bewertung von Verbindlichkeiten

Der Begriff Verbindlichkeiten umfasst alle am Bilanzstichtag dem Grunde, der Höhe und der Fälligkeit nach feststehenden Schulden eines Unternehmens.

- **Anleihen, davon konvertibel**

  Dies sind langfristige Darlehen wie z. B. Industrieobligationen, die das Unternehmen auf dem Kapitalmarkt aufgenommen hat. Konvertible Anleihen können bei Fälligkeit in Eigenkapital umgewandelt werden (Wandelschuldverschreibungen).

- **Verbindlichkeiten gegenüber Kreditinstituten**

  Das sind Kredite von Banken oder sonstigen Kreditinstituten, die in Höhe des Rückzahlungsbetrages zu passivieren sind.

- **Verbindlichkeiten aus Lieferungen und Leistungen**

  Hierbei handelt es sich um Verpflichtungen aus dem regelmäßigen Geschäftsverkehr mit Lieferanten (unbezahlte Lieferantenrechnungen).

- **Sonstige Verbindlichkeiten**

  Dies sind alle übrigen Verbindlichkeiten, wie z. B. Steuerverbindlichkeiten, Verbindlichkeiten für noch zu zahlende Miete, Versicherung, Provisionen etc. (antizipative Rechnungsabgrenzung).

	Inhalt	Norm
HGB	Bewertung von Verbindlichkeiten zum Erfüllungsbetrag	§ 253 Abs. 1 Satz 2 HGB
EStG	Bewertung zum Rückzahlungsbetrag (Nennwert), Abzinsungsgebot: 5,5 %	§ 6 Abs. 1 Nr. 2 und 3 EStG

Handelsrechtliche Regelung

Nach § 253 Abs. 1 Satz 2 HGB sind Verbindlichkeiten mit ihrem Erfüllungsbetrag anzusetzen. Erfüllungsbetrag ist der **Betrag, den der Schuldner für die Erfüllung (Tilgung) aufwenden muss**. Dies ist i. d. R. der Betrag, in dessen Höhe die Verbindlichkeit eingegangen wird. Die Verpflichtung, den Rückzahlungsbetrag anzusetzen, führt dazu, dass auch unverzinsliche oder besonders niedrig verzinsliche langfristige Verbindlichkeiten nicht abzuzinsen sind. Ändert sich während der Laufzeit einer Verbindlichkeit die Höhe des Rückzahlungsbetrages (z. B. bei Verbindlichkeiten in ausländischer Währung durch Wechselkursänderungen), so ist wegen des Vorsichts- bzw. Imparitätsprinzips der höhere Wert anzusetzen (Höchstwertprinzip). Vermindert sich der Rückzahlungsbetrag, so darf keine Wertkorrektur vorgenommen werden, da andernfalls nicht realisierte Gewinne ausgewiesen würden.

Für die Bewertung von Verbindlichkeiten in ausländischer Währung (Valutaverbindlichkeiten) gelten die gleichen Bewertungsgrundsätze wie bei anderen Verbindlichkeiten, d. h. sie sind ebenfalls mit dem Erfüllungsbetrag anzusetzen.

	Inhalt	Norm
HGB	Währungsumrechnung zum Devisenkassamittelkurs zum Abschlussstichtag (Folgebewertung) Explizite Sonderregelung für kurzfristige Forderungen und Verbindlichkeiten	§ 256a HGB
EStG	Keine steuerliche Spezialregelung: Maßgeblichkeit der Handelsbilanz	

§ 256a HGB schreibt vor, dass auf fremde Währung lautende Vermögensgegenstände und Verbindlichkeiten mit einer Laufzeit von mehr als einem Jahr am Abschlussstichtag zum Devisenkassamittelkurs umzurechnen sind. Er soll eine weitere Vereinfachung nach sich ziehen, da sich nunmehr die Unterscheidung zwischen Geld- und Briefkurs erübrigt. Es wird der Mittelkurs aus beiden Werten gebildet. Wertänderungen aus der Währungsumrechnung sind unter Berücksichtigung des Realisationsprinzips (§ 252 Abs. 1 Nr. 4 2. Halbsatz HGB) sowie des Anschaffungskostenprinzips (§ 253 Abs. 1 HGB) zu behandeln.

BEISPIEL:

Die Verbindlichkeit wird am 01.07.x1 mit 200.000 € bewertet. Durch den Wechselkursrückgang hat sie am 31.12.x1 nur noch einen Wert von 180.000 €. Nach dem Realisationsprinzip darf aber keine Abschreibung der Verbindlichkeit erfolgen, da es sich um einen unrealisierten Gewinn handelt.

Zudem bestimmt § 256a Satz 1 HGB, dass Vermögensgegenstände und Verbindlichkeiten mit dem Devisenkassamittelkurs am Abschlussstichtag umzurechnen sind. Bei einer Restlaufzeit von einem Jahr oder weniger sind das Realisationsprinzips (§ 252 Abs. 1 Nr. 4 2. Halbsatz HGB) sowie das Anschaffungskostenprinzips (§ 253 Abs. 1 HGB) nicht anzuwenden (§ 256a Satz 2 HGB). Daher sind die Gewinne aus der Währungsumrechnung in der GuV-Rechnung auszuweisen. Die Regelung ist kritisch zu sehen, da gegen die kodifizierten GoB verstoßen wird. Aufgrund einer fehlenden steuerlichen Spezialvorschrift gilt die geplante handelsrechtliche Neuregelung über den Maßgeblichkeitsgrundsatz auch für die steuerliche Gewinnermittlung.

BEISPIEL:

Bei der Verbindlichkeit in Höhe von 200.000 US-Dollar mit einer Laufzeit von 9 Monaten ist der Wechselkurs am 31.12.x1 gesunken (1 US-Dollar = 0,9 €) – es entsteht ein Gewinn von 20.000 €. Die Verbindlichkeit wird nicht mehr mit 200.000 €, sondern mit 180.000 € bewertet. In der GuV-Rechnung sind sonstige betriebliche Erträge in Höhe von 20.000 € (§ 277 Abs. 5 Satz 2 HGB) auszuweisen. Beim gestiegenen Wechselkurs muss wieder eine Zuschreibung vorgenommen werden, da nach § 256a Satz 2 HGB nur das Realisationsprinzip ausgeschlossen wird. Das Imparitätsprinzip bleibt in Kraft und die Verbindlichkeit wird mit 220.000 € am Bilanzstichtag bewertet.

Steuerrechtliche Regelung

In der Steuerbilanz sind Verbindlichkeiten gemäß § 6 Abs. 1 Nr. 3 EStG (zu Einzelfällen s. H 6.10 EStH 2008) unter sinngemäßer Anwendung der Vorschriften Nr. 2 auszuweisen und mit einem Zinssatz von 5,5 % abzuzinsen. Ausgenommen von der Abzinsung sind Verbindlichkeiten, deren Laufzeit am Bilanzstichtag weniger als 12 Monate beträgt und Verbindlichkeiten, die verzinslich sind oder auf einer Anzahlung oder Vorausleistung beruhen. Dies bedeutet, dass Verbindlichkeiten mit den Anschaffungskosten oder dem höheren Teilwert (beide Werte entsprechen dem im handelsrechtlichen Jahresabschluss anzusetzenden Rückzahlungsbetrag) anzusetzen und dann ggf. abzuzinsen sind (s. hierzu H 6.10 „Anschaffungskosten" EStH 2008).

Bilanzielle Behandlung des Disagios von Darlehen

Das Disagio ist der Unterschiedsbetrag zwischen dem Ausgabebetrag (Verfügungsbetrag) und dem höheren Rückzahlungsbetrag eines Darlehens. Wirtschaftlich gesehen stellt es ein zusätzliches Entgelt für das überlassene Kapital dar. Damit hat das Disagio den Charakter eines vorweggenommenen Zinses.

Aktivierungswahlrecht in der Handelsbilanz

Gemäß § 250 Abs. 3 Satz 1 HGB besteht für das Disagio beim Darlehensnehmer ein Aktivierungswahlrecht in der Handelsbilanz. Wird der Unterschiedsbetrag aktiviert, so ist er in der Bilanz auf der Aktivseite unter den Rechnungsabgrenzungsposten anzusetzen. Das Aktivierungswahlrecht kann nur im Jahr der Kreditaufnahme, also bei Auszahlung, in Anspruch genommen werden; es liegt im Ermessen des Unternehmens, den Unterschiedsbetrag in diesem Jahr ganz oder teilweise zu aktivieren oder in vollem Umfang gewinnmindernd als Zinsaufwand zu berücksichtigen. Eine spätere Aktivierung (Nachholung) ist nicht möglich. Das Disagio muss planmäßig, längstens über die gesamte Laufzeit des Darlehens, abgeschrieben werden (§ 250 Abs. 3 Satz 2 HGB). Eine kürzere planmäßige Abschreibung ist zulässig.

Aktivierungspflicht in der Steuerbilanz

Steuerrechtlich muss der Unterschiedsbetrag aktiviert werden (§ 5 Abs. 5 Satz 1 Nr. 1 EStG). Das Disagio ist als Rechnungsabgrenzungsposten auf die Laufzeit des Darlehens zu verteilen (H 6.10 „Damnum" EStH 2008).

8. Übungsaufgaben

AUFGABEN

Zum Thema: Bestimmung der Buchführungs-/Bilanzierungspflicht

Aufgabe 1

Ein Einzelkaufmann, der bislang eine Einnahmen-Überschuss-Rechnung aufstellte, hat im abgelaufenen Geschäftsjahr Umsatzeinzahlungen von 520.000 € erzielt. Gleichzeitig haben die Forderungen aus Lieferungen und Leistungen um 20.000 € abgenommen. Gegen den Einzelkaufmann ist während des Geschäftsjahres eine Schadensersatzklage erhoben worden; nach kaufmännischer Beurteilung ist mit einem Verlust aus dem Schadensersatzprozess in Höhe von 10.000 € zu rechnen. Sein vorläufiger Gewinn belief sich bislang auf 75.000 €.

Geben Sie Umsatzerlös und Gewinn an, welchen der Einzelkaufmann bei unterstellter Bilanzierung erzielt, sofern keine weiteren Anpassungseffekte erforderlich sind.

Aufgabe 2

Alfred Kowalski betreibt sein Handelsgewerbe schon seit Jahren. Er hat in den letzten Jahren die folgenden Umsatzerlöse und Jahresüberschüsse erzielt:

Jahr	JÜ	UE
10	48.000 €	492.000 €
11	51.000 €	498.000 €
12	50.000 €	500.000 €
13	48.000 €	496.000 €

Alfred Kowalski möchte so schnell wie möglich auf die handelsrechtlichen Buchführungspflichten verzichten. Ab welchem Zeitpunkt ist das möglich?

Zum Thema: Bilanzierungsfähigkeit

Aufgabe 3

Der Software-Unternehmer Compufix ist Kaufmann im Sinne des HGB und zur Aufstellung eines Jahresabschlusses verpflichtet. Es sind die folgenden Posten gegeben:

a) Ein neuer Transporter wird zum Vertrieb von Software für 40.000 € gekauft.

b) Ein neues EDV-Programm, welches im Unternehmen langfristig eingesetzt werden soll, wird für 50.000 € angeschafft.

c) Um den Bekanntheitsgrad des Unternehmens zu erhöhen wird eine große Werbekampagne für 500.000 € durchgeführt. Die Kampagne besteht aus Anzeigen- und Fernsehwerbung.

Prüfen Sie bitte jeweils, ob es sich um einen Vermögensgegenstand handelt.

Zum Thema: Bewertungsmaßstäbe / Anschaffungskosten

Aufgabe 4

Am 1.7. wird eine neue Maschine in Betrieb genommen. Der Rechnungspreis beträgt 95.000 € zzgl. 19 % MwSt (Hinweis: Die MwSt ist als Vorsteuer voll abziehbar). Der Rechnungsbetrag wurde unter Abzug von 3 % Skonto überwiesen. Im Zusammenhang mit der Anschaffung der Maschine sind noch folgende Ausgaben entstanden:

Fracht- und Transportversicherung	2.150 €
Montagekosten	5.700 €
Betriebskosten im Juli	3.450 €
Geschätzte Kosten des Einkaufs für Angebotsprüfung etc.	2.100 €

Wie hoch sind die Anschaffungskosten der Maschine?

Aufgabe 5

Eine Aktiengesellschaft erwirbt gegen Barzahlung einen Lkw zum Nettopreis von 100.000 €; Rabatt hierauf 20 %; Skonto 3 % vom Restbetrag. Des Weiteren sind folgende Kosten angefallen: Überführung und Zulassung 800 €, Tankfüllung 300 €, Nebelschlussleuchte 150 €. Die USt ist nicht zu berücksichtigen.

Mit welchem Betrag ist der Lkw zu aktivieren?

Aufgabe 6

Eine Maschine ist im August x1 gekauft worden. Der Preis beläuft sich auf 60.000 € einschließlich 19 % MwSt. Die Rechnung des Spediteurs über Transportkosten und Transportversicherung von 1.200 € liegt einschließlich 19 % MwSt vor. Auch Fundamentierungskosten sind entstanden. Die Rechnung des Bauunternehmers hierüber lautet 800 € einschließlich 19 % MwSt. Skonto ist beim Kauf der Maschine ausgenutzt worden und zwar in Höhe von 3 %. Bezahlt wurde die Maschine durch Aufnahme eines Darlehens bei der Hausbank. Die im Jahr x1 angefallenen Zinsen beliefen sich auf 2.000 €.

Mit welchem Betrag ist die Maschine zu aktivieren?

Zum Thema: Bewertungsmaßstäbe / Herstellungskosten

Aufgabe 7

Ein Spezialaggregat, das auf dem Markt nicht käuflich zu erwerben ist, wird von unternehmenseigenen Mitarbeitern hergestellt. Das Unternehmen ist vorsteuerabzugsberechtigt. Die Herstellungskosten sind wie folgt ermittelt worden:

a)	Fertigungsmaterial (einschl. 19 % MwSt)		60.000 €
b)	Materialgemeinkosten (22 % des Fertigungsmaterials)		13.200 €
c)	Fertigungslöhne, brutto	20.000 €	
	- Abzüge	5.000 €	
		15.000 €	
	+ Arbeitgeberanteil an der Sozialversicherung	3.750 €	18.750 €
d)	Fertigungsgemeinkosten (250 % des Fertigungslohnes)		46.875 €
e)	Verwaltungsgemeinkosten (10 % aus der Summe a-d)		13. 883 €
			152.708 €

Die Revision stellt fest, dass die Zuschlagssätze auch kalkulatorische Kosten enthalten. Der Betriebsabrechnungsbogen wird noch einmal ohne kalkulatorische Kosten erstellt. Hierbei ergeben sich folgende Gemeinkostenzuschlagssätze: Material 18 %, Fertigung 200 % und Verwaltung 10 %. Noch hinzuweisen ist darauf, dass Konstruktionskosten in Höhe von 10.000 € eines Ingenieurbüros angefallen sind.

Es sollen die möglichen Wertansätze der Herstellungskosten für das Spezialaggregat nach Handelsrecht und nach Steuerrecht ermittelt werden.

Aufgabe 8

Eine Gesellschaft hat ein fertiges Erzeugnis zu aktivieren. Für die Einzelkosten liegen Belege vor. Die Gemeinkosten werden in einem Betriebsabrechnungsbogen nach R 6.3 EStR 2008 ermittelt:

Fertigungsmaterialkosten	50.000 €
Fertigungslohnkosten	100.000 €
Sondereinzelkosten der Fertigung	50.000 €
Sondereinzelkosten des Vertriebs	10.000 €
Fremdkapitalzinsen	4.000 €

Zuschlagssätze:

Materialgemeinkosten	10 %
Fertigungsgemeinkosten	500 %
Verwaltungsgemeinkosten	20 %
Vertriebsgemeinkosten	25 %

Die Fremdkapitalzinsen dienen zur Finanzierung der Fertigung des Auftrags; sie entfallen allein auf den Zeitraum der Fertigung.

Ermitteln Sie den Mindest- und den Höchstwert der handels- und steuerrechtlichen Herstellungskosten.

Aufgabe 9

Bei der Vogel-GmbH wird am 10. 07. x3 eine Montagehalle fertig gestellt. Der Antrag auf Baugenehmigung wurde am 10. 01. x1 gestellt. Die Abnahme der Halle durch das Bauordnungsamt erfolgte am 20. 12. x3, die Nutzung der Halle begann am 06. 01. x4.

In der vorläufigen Steuerbilanz zum 31. 12. x3 ist die Halle mit den an die Bauunternehmung gezahlten 500 T€ aktiviert. Bei der Vogel-GmbH sind für die Halle folgende Aufwendungen entstanden:

15 T€ Fertigungslöhne und

5 T€ geschätzte Verwaltungskosten.

Der am 30. 12. x3 eingegangene Gebührenbescheid der Stadtkasse über 5.000 € für die Grundbucheintragung war zum 31. 12. x3 buchmäßig überhaupt nicht erfasst. Die Überweisung erfolgte im Januar x4.

a) Ermitteln Sie den höchstmöglichen und den niedrigstmöglichen Wert der Herstellungskosten der Halle.

b) Ermitteln Sie den endgültigen Steuerbilanzwert der Halle zum 31. 12. x3 mit dem Ziel eines möglichst geringen Gewinnausweises.

Zum Thema: Bewertungsmaßstäbe / Bewertungsvereinfachungsverfahren

Aufgabe 10

a) Unternehmer Bunt erwirbt Farbe für sein Malergeschäft. Am Jahresende sind noch 200 Kanister auf Lager.

AB:	0
Zugänge:	400 Kanister à 40 €/Stck.
	600 Kanister à 42 €/Stck.
	1.000 Kanister à 44 €/Stck.

Ermitteln Sie den Wert nach FiFo, LiFo und der Gruppenbewertung.

b) Wie wäre der Endbestand zu bewerten, wenn am Bilanzstichtag ein Wert von 42 €/Stck. zu verwenden wäre?

Strenges Niederstwertprinzip – Bewertung mit 42 €/Stck.

Aufgabe 11

Buchdrucker Max Druck erwirbt zu verschiedenen Zeitpunkten Papier.

AB:	0
01.03.	100.000 Bogen à 15 €/Bogen
01.09.	80.000 Bogen à 12 €/Bogen
01.12.	60.000 Bogen à 14 €/Bogen
EB:	25.000 Bogen

Wie wird der Endbestand nach der Durchschnittsmethode bewertet?

Zum Thema: Bewertungsmaßstäbe / Wertaufholung

Aufgabe 12

Die Maschinenbau KG hat eine Spezialfräsmaschine (ND 10 Jahre, lineare Abschreibung) zu Anschaffungskosten i. H. v. 100.000 € am 01. 01. x6 angeschafft. Aufgrund eines technischen Bedienfehlers wird sie im Jahr x10 um 30.000 € außerplanmäßig abgeschrieben. Sie wurde erst im Jahr x12 aufgrund einer Umstrukturierung des Produktionsprozesses vollständig repariert.

Wie ist der Sachverhalt in der Bilanz am 31. 12. x12 auszuweisen?

Zum Thema: Bilanzierung und Bewertung des Anlagevermögens / Immaterielle Vermögensgegenstände

Aufgabe 13

Unternehmerin Hedi Klam produziert Fernsehshows. Für ein neues Format wird ein Produktname gesucht. Ihre Marketingabteilung findet nach langer Suche einen passenden Namen. Es entstehen dabei Kosten i. H. v. 100.000 €.

Sind diese Kosten zu aktivieren?

Zum Thema: Bilanzierung und Bewertung des Anlagevermögens / Abnutzbare Sachanlagen

Aufgabe 14

Das Produktionsunternehmen Paul Prodzki GmbH hat im Jahr x0 eine Maschine für 100.000 € erworben. Die regelmäßige Nutzungsdauer beträgt lauf AfA-Tabelle 10 Jahre, die lineare Abschreibung beträgt 10.000 €. Im Jahre x2 beträgt der Teilwert der Maschine – aufgrund eines Betriebsschadens – nur noch 30.000 € bei einer Restnutzungsdauer von acht Jahren.

Wie ist der Wert der Maschine am Bilanzstichtag x2 anzusetzen?

Zum Thema: Bilanzierung und Bewertung des Anlagevermögens / Nicht abnutzbare Sach- und Finanzanlagen

Aufgabe 15

Im Jahr x6 wurde auf einem Nachbargrundstück, das nicht zum Vermögen der XY-AG gehört, aber an ein Grundstück der XY-AG angrenzt, mit einem großen Bauvorhaben begonnen. Im Zuge der Arbeiten wurde die Zufahrt zum Grundstück der XY-AG derart eingeschränkt, so dass schwere Lkws für die Dauer der Bauarbeiten das Grundstück der XY-AG nicht mehr erreichen können. Das gesamte Bauvorhaben soll zwei Jahre dauern. Danach ist die Zufahrt wieder uneingeschränkt möglich. Für die Jahre x6 und x7 sinkt der Wert des Grundstücks um 100.000 € auf 600.000 €. Der Leiter des Rechnungswesen möchte eine Abschreibung in Höhe von 100.000 € vornehmen.

Wie ist der Sachverhalt zu bewerten?

Aufgabe 16

Die Brillanz AG hält ein Aktienpaket mit einem Buchwert (= Anschaffungskosten) von 20 Mio. € an der Scherzbank AG mit langfristiger Beteiligungsabsicht. Aufgrund starker Turbulenzen auf den Kapitalmärkten beläuft sich der Tageskurs am 31. 12. x1 nur noch auf 18 Mio. €. Bereits vor Aufstellung des Jahresabschlusses ist der Gesamtwert wieder auf 21 Mio. € gestiegen.

Wie ist der Sachverhalt zu beurteilen?

Zum Thema: Bilanzierung und Bewertung des Umlaufvermögens / Vorräte

Aufgabe 17

Der Wert des Öllagers der Speedo-AG ist zum Abschlussstichtag um 12.000 € gesunken. Allerdings ist der Weltmarktpreis für Öl zum Zeitpunkt der Bilanzerstellung so stark gestiegen, dass der Wert des Öllagers über den ursprünglichen Einkaufswert von 500.000 € auf 520.000 € gestiegen ist.

Wie ist der Sachverhalt zu bewerten?

Aufgabe 18

Der Lkw-Händler Heißer Reifen OHG hat acht neuwertige Trailer der Marke SchmitzCo auf Lager, die Anschaffungskosten betrugen pro Transporter 84.000 €. Aufgrund eines rapiden Preisverfalls auf dem Markt lässt sich am 31. 12. x1 am Absatzmarkt nur noch ein Preis von 77.000 € erzielen. Die Wiederbeschaffungskosten belaufen sich auf 69.000 €.

Wie ist der Sachverhalt zu beurteilen?

Zum Thema: Bilanzierung und Bewertung des Umlaufvermögens / Forderungen

Aufgabe 19

Die Summenbilanz der Krawo GmbH weist zum 31. 12. x1 einen Forderungsbestand von 1.033.000 € aus. Davon sind 200.000 € umsatzsteuerfreie Auslandsforderungen. Der Tag der Bilanzaufstellung ist der 03. 03. x2.

Im Forderungsbestand sind die folgenden Forderungen enthalten:

52.000 € des Kunden RÜTLI aus der Schweiz und

59.500 € (inkl. 19 % USt) ggü. der BB OHG in München.

Am 02. 02. x2 erfährt die Krawo GmbH, dass RÜTLI im Dezember x1 die Eröffnung des Insolvenzverfahrens beantrag hat. Es ist davon auszugehen, dass die Forderung zu 100 % uneinbringlich ist.

Bei der Prüfung des Forderungsbestandes ist mit einem 50 %-igen Ausfall der Forderung gegenüber der BB OHG zu rechnen.

Das pauschale Ausfallrisiko bei den Auslandsforderungen beträgt 5 %, bei den Inlandsforderungen 4 %.

Bitte bewerten Sie die Forderungen zum Bilanzstichtag und nehmen Sie die erforderlichen Wertberichtigungen vor. Begründen Sie die Lösung anhand der handels- und steuerrechtlichen Vorschriften.

Zum Thema: Bilanzierung und Bewertung des Fremdkapitals / Rückstellungen

Aufgabe 20

Max Bau hat Anfang x1 eine Verpflichtung, die in fünf Jahren zu erfüllen ist und gleichmäßig zunimmt. Unter Berücksichtigung von Kostensteigerungen wird Ende x4 ein Erfüllungsbetrag von 400.000 € zugrunde gelegt. Der relevante Zinssatz beläuft sich auf 6 %.

a) Wie wird die Rückstellung Ende x1 bewertet?

b) Wie verändert sich die Rückstellung in x2?

Aufgabe 21

Im Januar x1 schließt die Getriebebau-GmbH einen Rahmenvertrag mit dem Baumaschinenhersteller Bagger über die Lieferung von monatlich 25 Getrieben bis zum 31. 12. x3 ab. Der vereinbarte Verkaufspreis beträgt 20.000 €. Aufgrund gestiegener Rohstoffpreise steigen die Herstellungskosten ab dem 11. 02. x2 bei der Getriebebau-GmbH auf 22.000 € pro Getriebe.

Wie ist der Sachverhalt in der Bilanz am 31. 12. x2 zu berücksichtigen?

Aufgabe 22

Die Bootswerft Überwasser GmbH bezieht ihren gesamten Strombedarf von ihrem in x1 aufgestellten Windkraftrad. Aufgrund des ständig steigenden Energiebedarfs entschließt sich das Unternehmen zur Aufstellung eines weiteren Windkraftrades, dieses wird allerdings erst im Februar des Jahres x2 angeschlossen.

Im Herbst x2 erleidet das aktive Windkraftrad aufgrund heftiger Stürme einen leichten Schaden an den Rotorblättern – es liefert dadurch nicht mehr die maximale Leistung. Die Reparatur könnte nur durch Abschaltung erfolgen. Darum entschließt man sich die Reparatur erst im März x3 durchzuführen, da dann das zweite Windkraftrad in Betrieb ist. Die erwarteten Reparaturkosten belaufen sich auf 150.000 €.

a) Wie ist dieser Sachverhalt am 31. 12. x2 in der Bilanz anzusetzen?

b) Wie verändert sich der Sachverhalt, wenn die Reparatur erst im Juli durchgeführt werden kann?

Aufgabe 23

Die Raub-Bau-AG kündigt im Geschäftsjahr x1 ihre Versicherungen gegen Untergang bzw. Beschädigung des eigenen Transportgutes. Die dadurch eingesparte Prämie beträgt 15.000 €. Nach der Erfahrung der vergangenen Jahre muss durchschnittlich alle fünf Jahre mit einem größeren Unfall gerechnet werden, der Schäden am eigenen Transportgut zwischen 20.000 € und 100.000 € verursacht.

Wie ist der Sachverhalt am 31. 12. x1 zu beurteilen?

Zum Thema: Bilanzierung und Bewertung von Fremdwährungsverbindlichkeiten

Aufgabe 24

Unternehmer Max Export erhält am 01. 07. x1 eine Maschine für 200.000 US-Dollar von seinem amerikanischen Lieferanten (ohne USt). Am 01. 07. x1 gilt der Devisenkassamittelkurs: 1 US-Dollar = 1 €. Die Bezahlung erfolgt Mitte x3. Somit beträgt die Restlaufzeit der Verbindlichkeit mehr als ein Jahr. Am 31. 12. x1 ist der Umrechnungskurs gesunken: 1 US-Dollar = 0,9 €.

Wie ist der Sachverhalt zu beurteilen?

LÖSUNGEN

Zum Thema: Bestimmung der Buchführungs-/Bilanzierungspflicht

Zu Aufgabe 1

Sofern keine weiteren Anpassungseffekte erforderlich sind, hätte der Einzelkaufmann bei unterstellter Bilanzierung zu diesem Abschlussstichtag erzielt:

Umsatzerlös: 500.000 € (520.000 - 20.000)

Gewinn: 45.000 € (§ 4 Abs. 3 EStG; 75.000 - 20.000 (Abnahme der Forderungen) - 10.000 (Rückstellung))

Damit könnte der Einzelkaufmann zu diesem Zeitpunkt die Voraussetzungen für die Befreiung nachweisen.

Zu Aufgabe 2

Alfred Kowalski kann erst ab dem Jahr 14 auf die handelsrechtliche Buchführung verzichten. Erst in den aufeinander folgenden Jahren 12 und 13 werden die beiden in § 241a HGB angeführten Merkmale eingehalten. Zwar werden die Kriterien auch schon im Jahr 10 eingehalten, aber das ist einmalig, da im Jahr 11 der Jahresüberschuss zu hoch ausfällt.

Zum Thema: Bilanzierungsfähigkeit

Zu Aufgabe 3

a) Der Transporter ist eine Sache, da es sich um einen körperlichen Gegenstand handelt.

   Er ist selbstständig bewertbar – AK 40.000 €.

   Auch die selbstständige Verwertbarkeit ist erfüllt, da der Transporter für sich allein vermietet oder veräußert werden kann.

b) Der Erwerb des Programmes führt zu einem Recht auf Nutzung. Das Recht ist selbstständig bewertbar – AK 50.000 €.

   Die selbstständige Verwertbarkeit ist ebenfalls gegeben, sofern das Programm nicht so speziell ist, dass es nur in Verbindung mit anderer, nicht frei erhältlicher Software funktioniert.

   Es liegt ein Vermögensgegenstand vor.

c) Die Durchführung der Werbekampagne führt zu einem sonstigen wirtschaftlichen Wert, da der Bekanntheitsgrad des Unternehmens gesteigert wird, wodurch Umsatzsteigerungen zu erwarten sind.

Die Zahlungen erfolgen in die Anzeigen- und Fernsehkampagne, aber nicht direkt in den Vorteil. Dieser entsteht in den „Köpfen" der potenziellen Abnehmer. Die selbstständige Bewertbarkeit ist nicht erfüllt. Auch eine selbstständige Verwertbarkeit des sonstigen wirtschaftlichen Wertes ist nicht gegeben. Er ist nicht allein nutzbar und übertragbar.

Es liegt kein Vermögensgegenstand vor.

Zum Thema: Bewertungsmaßstäbe / Anschaffungskosten

Zu Aufgabe 4

	Rechnungspreis	95.000 €
-	Skonto	2.850 €
		92.150 €
+	Frachtkosten, Transportversicherung	2.150 €
+	Montagekosten	5.700 €
=	Anschaffungskosten	100.000 €

Nach § 255 Abs. 1 HGB gehören alle Aufwendungen, die geleistet werden, um einen Vermögensgegenstand zu erwerben und ihn in einen betriebsbereiten Zustand zu versetzen, soweit sie dem Vermögensgegenstand einzeln zugeordnet werden können, zu den Anschaffungskosten.

Die Kosten des Einkaufs sind nicht direkt zurechenbar, gehören daher nicht zu den Anschaffungsnebenkosten.

Anschaffungspreisminderungen, hier: Skonti, sind abzusetzen (§ 255 Abs. 1 Satz 3 HGB).

Die im Juli gezahlten Betriebskosten gehören nicht mit zu den Anschaffungskosten, sondern sind als laufende Kosten (Aufwand) zu buchen. Da die MwSt. als Vorsteuer abgezogen werden kann, gehört sie nicht mit zu den Anschaffungskosten (§ 9b EStG).

Zu Aufgabe 5

	Nettopreis	100.000 €
-	20 % Rabatt	20.000 €
		80.000 €
-	3 % Skonto	2.400 €
=	Nettoanschaffungspreis	77.600 €
+	Anschaffungsnebenkosten (Zulassung)	800 €
+	Sonderausstattung (Nebelschlussleuchte)	150 €
=	Anschaffungskosten	78.550 €

Kosten der Tankfüllung gehören nicht zu den Anschaffungskosten, sondern zu den Aufwendungen für den „laufenden" Betrieb des Lkw (H 6.2 EStH 2008).

Zu Aufgabe 6

	Kaufpreis	50.420,17 €
-	3 % Skonto	1.512,61 €
		48.907,56 €
+	Kosten des Fundaments	672,27 €
+	Kosten des Transports und der Versicherung	1.008,40 €
=	Anschaffungskosten	50.588,23 €

Finanzierungskosten sind keine Anschaffungsnebenkosten.

Zum Thema: Bewertungsmaßstäbe / Herstellungskosten

Zu Aufgabe 7

Kalkulatorische Kosten dürfen nicht in die Herstellungskosten einbezogen werden (H 6.3 „Kalkulatorische Kosten" EStH 2008).

Die Kalkulation muss auf einem Betriebsabrechnungsbogen beruhen, bei dem die kalkulatorischen Kosten im Zuge der Ermittlung der Zuschlagssätze eliminiert wurden. Die Kosten für die Konstruktion stellen Sondereinzelkosten der Fertigung dar. Diese müssen aktiviert werden.

Die handels- und steuerrechtlichen **Untergrenzen** der Herstellungskosten bilden nach § 255 Abs. 2 Satz 1 und 2 HGB und R 6.3 Abs. 1 EStR 2008:

Fertigungsmaterial	50.420,17 €
Materialgemeinkosten 18 %	9.075,63 €
Fertigungslohn	23.750,00 €
Fertigungsgemeinkosten 200 %	47.500,00 €
Sondereinzelkosten der Fertigung	10.000,00 €
	140.745,80 €

Soweit Mehrwertsteuer in den Kosten enthalten ist, bedarf es einer Korrektur.

Bei der Festlegung der **Obergrenze** sind die Verwaltungsgemeinkosten (ohne Vertriebsgemeinkosten) zu berücksichtigen (§ 255 Abs. 2 Satz 3 HGB und R 6.3 Abs. 2 EStR 2008):

Fertigungsmaterial	50.420,17 €
Materialgemeinkosten 18 %	9.075,63 €
Fertigungslohn	23.750,00 €
Fertigungsgemeinkosten 200 %	47.500,00 €
Sondereinzelkosten der Fertigung	10.000,00 €
	140.745,80 €
Verwaltungsgemeinkosten (10 % von 140.745,80)	14.074,58 €
	154.820,38 €

Zu Aufgabe 8

Da gleiche Werte in der Handelsbilanz und der Steuerbilanz bilanziert werden sollen, werden die Herstellungskosten nach R 6.3 EStR 2008 ermittelt.

Für die Sondereinzelkosten des Vertriebs gilt ein Aktivierungsverbot! Zu beachten ist weiterhin die handels- und steuerrechtliche Aktivierungspflicht von Material- und Fertigungsgemeinkosten.

Ein steuer- und handelsrechtliches Wahlrecht besteht jeweils für die Verwaltungsgemeinkosten und die Fremdkapitalzinsen, soweit diese in unmittelbarem Zusammenhang mit der Herstellung stehen und auf den Zeitraum der Herstellung entfallen.

Ermittlung des Mindestwertes:

Fertigungsmaterial	50.000 €
Materialgemeinkosten 10 %	5.000 €
Fertigungslohn	100.000 €
Fertigungsgemeinkosten 500 %	500.000 €
Sondereinzelkosten der Fertigung	50.000 €
HK mind.	705.000 €

Ermittlung des Höchstwertes:

HK mind.	705.000 €
Verwaltungsgemeinkosten 20 %	141.000 €
Fremdkapitalzins	4.000 €
HK höchst	850.000 €

Zu Aufgabe 9

a) Achtung! Es sind Herstellungskosten zu ermitteln und nicht Anschaffungskosten, auch wenn die Herstellung durch Dritte erfolgt (nach R 6.3 EStR 2008).

Aktivierungspflicht besteht demnach für:

Einzelkosten	500.000 €
Fertigungslohn	15.000 €
Sonderkosten	5.000 €
HK niedrigst	520.000 €

Für die Verwaltungskosten besteht **Aktivierungswahlrecht**:

HK niedrigst	520.000 €
Verw. Gemeink.	5.000 €
HK höchst	525.000 €

b) Die Abschreibung beginnt mit der Fertigstellung, d. h. mit dem Zeitpunkt ab dem das Gebäude genutzt werden kann, also im Juli x3. Daten der Abnahme und der tatsächliche Nutzungsbeginn sind nicht relevant. Die Gebäudeabschreibung kann nur nach § 7 Abs. 4 Nr. 1 EStG mit jährlich 3 % erfolgen. Im Jahr der Anschaffung gilt jedoch „pro rata temporis", d. h., eine zeitanteilige Abschreibung für die Monate Juli bis Dezember x3 (= 6/12).

Endgültiger Wert zum 31. 12. x3:	520.000 €
	- 7.800 €
	512.200 €

Zum Thema: Bewertungsmaßstäbe / Bewertungsvereinfachungsverfahren

Zu Aufgabe 10

a)

FiFo-Methode	LiFo-Methode	Durchschnittswert
Wert EB 8.800 € (200 St. à 44 €/Stck.)	Wert EB 8.000 € (200 St. à 40 €/Stck.)	Wert EB 8.520 € (200 St. à 42,6 €/Stck.) (400 x 40 + 600 x 42 + 1.000 x 44) / 2.000

b) Strenges Niederstwertprinzip – Bewertung mit 40 €/Stck.

Zu Aufgabe 11

Der Durchschnittswert beträgt 13.75 €/Bogen (3.300.000 €/240.000 Bogen). Da sich noch 25.000 Bögen auf Lager befinden, beträgt der Wert insgesamt 343.750 €

Zum Thema: Bewertungsmaßstäbe / Wertaufholung

Zu Aufgabe 12

Ausweis

Die Spezialfräsmaschine ist ein Vermögensgegenstand des Anlagevermögens, A.II.2.

Bewertung

Die Maschine wurde im Jahre x10 außerplanmäßig wertberichtigt (§ 253 Abs. 3 Satz 3 HGB). Der Grund für diese außerplanmäßige Wertberichtigung ist in x12 aufgehoben worden.

Es besteht durch das BilMoG nun ein rechtsformunabhängiges Wertaufholungsgebot (§ 253 Abs. 5 HGB) bis zu dem Betrag, der sich unter Berücksichtigung der planmäßigen Abschreibung im Normalfall – ohne außerplanmäßige Abschreibung – ergeben hätte.

Der Wert der Maschine hätte im Jahre x12 30.000 € betragen, durch die außerplanmäßige Wertminderung in x10 (RBW x09 = 60.000 - 10.000 (planm.) - 30.000 (außerplanmäßig).

RBW in x10 = 20.000 €

Neuer Abschreibungsbetrag = 20.000 - RND 5 Jahre = 4.000 = RBW in x11 = 16.000 €

Wertaufholung in x12 = 16.000 - 4.000 (planm. Abschreibung) + 18.000 € Zuschreibung bis zum ursprünglichen Restbuchwert.

Zum Thema: Bilanzierung und Bewertung des Anlagevermögens / Immaterielle Vermögensgegenstände

Zu Aufgabe 13

Die Aufwendungen dürfen nicht angesetzt werden, da die Marke nicht entgeltlich erworben wurde (§ 248 Abs. 2 Satz 2 HGB). Wenn der Name entgeltlich erworben worden wäre, dürfte dieser in der HaBi angesetzt werden – steuerrechtlich ist der Ansatz dieser Posten verboten (§ 5 Abs. 2 EStG), sodass das Maßgeblichkeitsprinzip an dieser Stelle durchbrochen wird.

Zum Thema: Bilanzierung und Bewertung des Anlagevermögens / Abnutzbare Sachanlagen

Zu Aufgabe 14

Handels- und steuerrechtlich ist eine Teilwertabschreibung auf 30.000 € zulässig. Eine Teilwertabschreibung ist handelsrechtlich sogar ein Muss, da die Wertminderung von Dauer ist, denn der Wert des Wirtschaftsgutes zum Bilanzstichtag ist bei planmäßiger Abschreibung erst nach fünf Jahren, d. h. erst nach mehr als der Hälfte der Restnutzungsdauer, erreicht (§ 253 Abs. 3 Satz 3 HGB, § 6 Abs. 1 Nr. 1 EstG und BMF – Erlass vom 25. 02. 2000 (BStBl. I S. 372)).

Zum Thema: Bilanzierung und Bewertung des Anlagevermögens / Nicht abnutzbare Sach- und Finanzanlagen

Zu Aufgabe 15

Ausweis

Bei dem unbebauten Grundstück handelt es sich um einen Vermögensgegenstand des Anlagevermögens (unbeweglich, nicht abnutzbar), A.II.1.

Bewertung

Es gilt das gemilderte Niederstwertprinzip. Nur für Finanzanlagen besteht ein Wahlrecht zu einer außerordentlichen Abschreibung. Das unbebaute Grundstück ist allerdings dem Sachanlagevermögen zuzuordnen, sodass nur bei einer dauernden Wertminderung eine außerplanmäßige Abschreibung erfolgen darf (§ 253 Abs. 3 Satz 3 HGB, § 6 Abs. 1 Nr. 2 EStG).

Zu Aufgabe 16

Ausweis

Die Beteiligung gehört zum Anlagevermögen - Finanzanlagevermögen, A.III.3.

Bewertung

Es gilt das gemilderte Niederstwertprinzip. Nur bei Finanzanlagen besteht weiterhin ein Wahlrecht. Trotz der nur vorübergehenden Wertminderung kann hier eine außerplanmäßige Abschreibung vorgenommen werden.

Zum Thema: Bilanzierung und Bewertung des Umlaufvermögens / Vorräte

Zu Aufgabe 17

Ausweis

Bei dem Öllager handelt es sich um Umlaufvermögen, B. 1.1.

Bewertung

Es gilt das strenge Niederstwertprinzip. Eine Abschreibung ist – unabhängig davon, ob die Wertminderung dauerhaft oder vorübergehend ist – vorzunehmen. Die Vornahme einer Zuschreibung über die ursprünglichen Anschaffungs- oder Herstellungskosten untersagt das Anschaffungswertprinzip (§ 253 Abs. 1 HGB).

Zu Aufgabe 18

Ausweis

Es handelt sich um Vermögensgegenstände des Vorratsvermögens (Handelswaren), B.I.3, da das Unternehmen ein Handelsunternehmen (Lkw-Händler Heißer Reifen OHG) ist.

Bewertung

Es gilt das strenge Niederstwertprinzip. Für Handelswaren gilt die doppelte Maßgeblichkeit, d. h. der niedrigere Wert von Absatz- und Beschaffungsmarkt ist der relevante Vergleichsmaßstab.

Die Trailer sind mit 69.000 € pro Stück zu bilanzieren (§ 253 Abs. 4 HGB).

Steuerrechtlich darf nur bei einer voraussichtlich dauernden Wertminderung eine Teilwertabschreibung vorgenommen werden (§ 6 Abs. 1 Nr. 2 Satz 2 EStG), Ansatz 69.000 €.

Zum Thema: Bilanzierung und Bewertung des Umlaufvermögens / Forderungen

Zu Aufgabe 19

Gesamter Forderungsbestand	1.033.000 €
- umsatzsteuerfreie Ausfuhrlieferungen	200.000 €
Umsatzsteuerpflichtige Forderungen	833.000 €

Bewertung der Auslandsforderungen:

Die Krawo GmbH erhält nach dem Bilanzstichtag, aber vor dem Tag der Bilanzerstellung neue Kenntnisse über die Verhältnisse am Bilanzstichtag. Wegen der Wertaufhellung (§ 252 Abs. 1 Nr. 4 HGB) ist die Forderung i. v. H. 52.000 € einzeln wertzuberichtigen. Es ist von einem 100 %-igen Ausfall auszugehen. Der Ausfall ist jedoch noch nicht gewiss. Der Nennwert muss deshalb auf den wahrscheinlichen Wert abgeschrieben werden (§ 253 Abs. 4 HGB, § 6 Abs. 1 Nr. 2 EStG).

Pauschalwertberichtigung der Auslandsforderungen:

Summe der Auslandsforderungen	200.000 €
- einzeln wertberichtigte Forderungen Rütli	52.000 €
Basis-Ermittlung PWB	148.000 €
davon 5 %	7.400 €

Zum Thema: Bilanzierung und Bewertung des Fremdkapitals / Rückstellungen

Zu Aufgabe 20

a) Ende x1 ist die Rückstellung zunächst mit 80.000 € zu bewerten. Ein Fünftel der Aufwendungen ist in x1 entstanden. Allerdings muss die Rückstellung noch abgezinst werden. Ende x1 ist eine Abzinsung über vier Jahre vorzunehmen, sodass der Abzinsungsfaktor 0,792 beträgt (1,064). Der Barwert der Rückstellung beträgt 63.360 €

b) Ende x2 wird die Rückstellung mit 134.240 € bewertet (160.000 x 0,839 - Abzinsungsfaktor: 1,063). Damit steigt die Rückstellung um 70.880 €.

Zu Aufgabe 21

Es liegt der Tatbestand eines schwebenden Geschäftes vor. Nach § 249 Abs. 1 Satz 1 HGB ist eine Rückstellung für drohende Verluste aus schwebenden Geschäften zu bilanzieren, wenn dem Unternehmen ein Verlust aus dem geschlossenen Vertrag droht. Der Rückstellungsbetrag beläuft sich auf 12 Monate à 25 Getriebe = 300 noch zu liefernde Geräte – bei einem Verlust von 2.000 € pro Getriebe droht ein Verlust in Höhe von 600.000 €, der als Rückstellung zu passivieren ist.

Zu Aufgabe 22

a) Es liegt eine Rückstellung für unterlassene Instandhaltungsaufwendungen vor, die im Geschäftsjahr x2 verursacht wurde. Der Schaden ist dem Geschäftsjahr x2 zuzuordnen, obwohl der Schaden erst im darauf folgenden Jahr behoben wird. Nach § 249 Abs. 1 Nr. 1 HGB sind Rückstellungen zu bilden, wenn die Reparatur in den ersten drei Monaten des folgenden Geschäftsjahres nachgeholt wird. Steuerrechtlich ist ebenfalls eine Rückstellung zu bilden.

b) Das frühere Wahlrecht dieser handelsrechtlichen Rückstellung ist durch das BilMoG abgeschafft worden. Für andere Rückstellungen als in § 249 HGB genannt, sind keine Rückstellungen zu bilden.

Zu Aufgabe 23

Eine Rückstellung für ungewisse Verbindlichkeiten im Sinne von § 249 Abs. 1 HGB liegt nicht vor. Der künftige Schaden kann nicht ganz oder teilweise früheren oder dem abgeschlossenen Geschäftsjahr zugeordnet werden. Dies ist bei einer Selbstversicherung nicht der Fall, da kein ursächlicher Zusammenhang zwischen bereits realisierten Erträgen und den zukünftigen Aufwendungen anzunehmen ist. Eine Rückstellung kommt deshalb nicht in Betracht.

Zum Thema: Bilanzierung und Bewertung des Fremdkapitals / Verbindlichkeiten

Zu Aufgabe 24

Die Maschine wird am 01. 07. x1 mit 200.000 € (entspricht 200.000 $) aktiviert und über ihre Nutzungsdauer abgeschrieben (10 Jahre Nutzung, linear). Der Restwert am 31. 12. x1 beträgt damit 190.000 € (1/2 Jahr Abschreibung). Durch den gesunkenen Wechselkurs würde die Maschine am 31. 12. x1 nur noch 180.000 € (entspricht 200.000 $) kosten. Der Erfüllungsbetrag ist gemäß § 253 Abs. 1 Satz 2 HGB für die Bewertung der Verbindlichkeit relevant, d. h. in $ zum Devisenkassamittelkurs gemäß § 252 Abs. 1 Nr. 4 HGB in Höhe von 200.000 €.

9. Gewinn- und Verlustrechnung, Anhang, Lagebericht

Der Unternehmenserfolg lässt sich im Rahmen der Doppik sowohl in der Bilanz – als Saldo aus den Vermögenspositionen der Aktiva vermindert um die Schulden (Rückstellungen + Verbindlichkeiten) und dem Eigenkapital der Passiva – berechnen, als auch in der Gewinn- und Verlustrechnung als Unterschiedsbetrag zwischen Erträgen und Aufwendungen ermitteln.

Aufgabe der Gewinn- und Verlustrechnung (GuV) ist es, für einen periodenbezogenen Zeitraum (Geschäftsjahr), Auskünfte über Art, Höhe und Quellen der Erfolgskomponenten Ertrag und Aufwand zu geben.

Für den Kaufmann ergibt sich aus dem § 242 Abs. 2 HGB folgende rechtliche Verpflichtung zur Erstellung der GuV: „Er hat für den Schluss eines jeden Geschäftsjahrs eine Gegenüberstellung der Aufwendungen und Erträge des Geschäftsjahres (Gewinn- und Verlustrechnung) aufzustellen."

Mit der Bilanz zusammen bildet die GuV als zweiter Bestandteil den Jahresabschluss. Die GuV muss vollständig sein, d. h. sie muss sämtliche Aufwendungen und Erträge in nicht saldierter Form gemäß § 246 Abs. 1 Satz 1 und Abs. 2 HGB ausweisen. Je nach Rechtsform und Haftungsverhältnissen setzt sich die Rechnungslegung der Gesellschaften wie folgt zusammen:

ABB. 39: Zusammensetzung des Jahresabschlusses

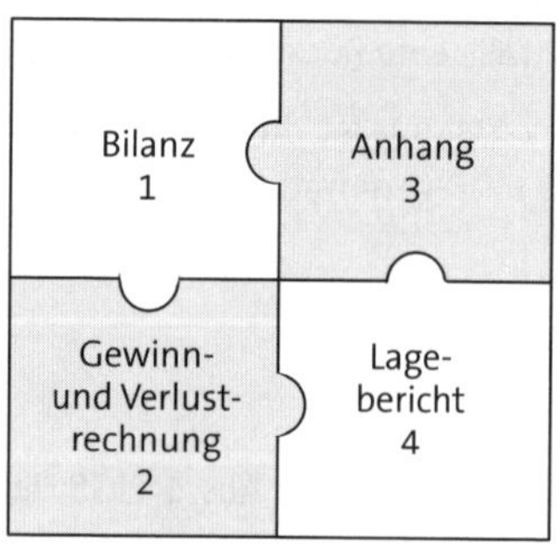

1 + 2 = JA von nicht Kapitalgesellschaften

1 + 2 + 3 = JA von Kapitalgesellschaften und Personengesellschaften ohne natürlichen Vollhafter

1 + 2 + 3 + 4 = Rechnungslegung von Kapitalgesellschaften und Personengesellschaften ohne natürlichen Vollhafter

9.1 Gestaltungsmöglichkeiten und unterschiedlicher Aussagegehalt der Gewinn- und Verlustrechnung

In Abhängigkeit der Unternehmensrechtsform kann die GuV in unterschiedlicher Weise aufgestellt und gegliedert werden. Für Kapitalgesellschaften ist jedoch die Aufstellung in der Staffelform, zu besseren Übersicht, Pflicht. Einzelunternehmen und Personengesellschaften können daneben auch die Aufstellung in Kontoform wählen. Die einmal gewählte Darstellungsform ist grundsätzlich ebenso beizubehalten wie die Postenbezeichnung und Postenfolge – soweit sie bei Einzelunternehmen und Personengesellschaften frei wählbar sind (Grundsatz der formellen Bilanzkontinuität bzw. Stetigkeit) – damit die Vergleichbarkeit der Gewinn- und Verlustrechnungen gewährleistet ist. Die GuV gewährt mit dem Anhang zusammen einen Einblick in die Ertragslage des Unternehmens.

Gegenüberstellung Konto- versus Staffelform

Bei der Aufstellung der GuV in Kontoform werden die Erträge auf der Sollseite den Aufwendungen auf der Habenseite als „Gesamtblock" gegenübergestellt. Übersteigt dabei die Summe der Erträge die Summe der Aufwendungen, ergibt sich ein Saldo auf der Sollseite und somit ein Jahresgewinn, andernfalls ergibt sich auf der Habenseite ein Jahresverlust.

ABB. 40: GuV in Kontoform

Soll	Gewinn- und Verlustrechnung	Haben
	Aufwendungen	Erträge
	Saldo Gewinn	Saldo Verlust
	Summe	Summe

Die Staffelform gibt die Erträge und Aufwendungen in skontrierenden Differenzen wieder. Es werden Zwischengrößen gebildet, wodurch sich die Aussagekraft der GuV erhöht. So ist die Zusammensetzung und damit die Beurteilung des Erfolges ersichtlicher.

9.2 Gesamtkosten- oder Umsatzkostenverfahren

§ 275 Abs. 1 HGB gibt die Möglichkeit vor, die GuV nach dem Gesamtkostenverfahren oder dem Umsatzkostenverfahren aufzustellen. In § 275 Abs. 2 HGB werden die einzelnen bezeichneten Posten des Gesamtkostenverfahrens und deren Reihenfolge genau vorgegeben; in § 275 Abs. 3 HGB die des Umsatzkostenverfahrens.

9.2.1 Gesamtkostenverfahren

Das Gesamtkostenverfahren wird auch als Produktionserfolgsrechnung bezeichnet, da es sämtliche aus dem Verkauf der produzierten Erzeugnisse resultierenden Umsätze, den aus dem Produktionsprozess erwachsenen Aufwendungen gegenüberstellt. Dieses setzt jedoch voraus, dass die produzierte Menge der Erzeugnisse mit der abgesetzten Menge übereinstimmt. Ist dieses nicht gegeben, so muss eine Korrektur des Betriebserfolges vorgenommen werden. Die Abweichungen werden als **Bestandsveränderungen** in die GuV aufgenommen. Ist die produzierte Menge größer als die der abgesetzten, so liegt eine Bestanderhöhung vor (Lageraufbau). Andernfalls, wenn mehr abgesetzt wurde als produziert, liegt eine Bestandsminderung vor (Lagerabbau).

ABB. 41: GuV in Staffelform nach GKV (§ 275 Abs. 2 HGB)

	Umsatzerlöse
+	Erhöhung des Bestandes an fertigen und unfertigen Erzeugnissen
-	Verminderung des Bestandes an fertigen und unfertigen Erzeugnissen
+	andere aktivierte Eigenleistungen
+	sonstige betriebliche Erträge
=	**Gesamtleistung**
-	Materialaufwand
=	**Rohergebnis**
+	verschiedene Erträge
-	verschiedene Aufwendungen
=	**Jahreserfolg**

Das Gesamtkostenverfahren gliedert die Kosten des Produktionsprozesses nach Aufwandsarten unter Berücksichtigung der Bestandsveränderungen. Die Handhabung ist recht einfach, da die Zahlen aus der Finanzbuchhaltung übernommen werden können. Nachteilig bei diesem Verfahren ist jedoch, dass eine direkte Zuordnung der Erfolgsquellen nicht möglich ist. Die Umsatzerlöse und Aufwendungen sind kumulierte Größen, die nicht auf die einzelnen Produkte eingehen.

9.2.2 Umsatzkostenverfahren

Das Umsatzkostenverfahren wird auch als Absatzerfolgsrechnung bezeichnet, da nur die Umsatzerlöse den Aufwendungen gegenübergestellt werden, die aus den in der Periode abgesetzten Erzeugnissen resultieren. Anders als beim Gesamtkostenverfahren erfolgt keine Korrektur der Bestandsveränderungen. Die Vorteilhaftigkeit dieses Verfahrens liegt in der Berücksichtigung der einzelnen Zurechenbarkeit der jeweiligen Aufwendungen und Umsätze der einzelnen produzierten Erzeugnisse.

Der errechnete Jahresüberschuss bzw. -fehlbetrag stimmt bei beiden Verfahren überein. Sind jedoch die Bestände der unfertigen und fertigen Erzeugnisse in den jeweiligen Verfahren unterschiedlich bewertet, kommt es zu abweichenden Jahresergebnissen.

Die folgende Abbildung gibt die unterschiedlichen Ansätze beider Verfahren wieder:

ABB. 42: Gliederung der GuV nach Umsatzkosten- und Gesamtkostenverfahren

Gliederung der Gewinn- und Verlustrechnung					
Gesamtkostenverfahren (§ 275 Abs. 2 HGB)			Umsatzkostenverfahren (§ 275 Abs. 3 HGB)		
1.		Umsatzerlöse		Umsatzerlöse	1.
2.	+/-	Bestandsveränderungen			
3.	+	andere aktivierte Eigenleistungen			
4.	+	sonstige betriebliche Erträge			
5.	-	Materialaufwand	-	Herstellungskosten der zur Erzielung der Umsatzerlöse erbrachten Leistungen	2.
6.	-	Personalaufwand	=	Bruttoergebnis vom Umsatz	3.
7.	-	Abschreibungen	-	Vertriebskosten	4.
			-	allgemeine Verwaltungskosten	5.
			+	sonstige betriebliche Erträge	6.
8.	- sonstige betriebliche Aufwendungen				7.
A.	= Betriebsergebnis (*EBIT – Earnings before interest and taxes*)				A.
9.	+ Erträge aus Beteiligungen, davon aus verbundenen Unternehmen				8.
10.	+ Erträge aus anderen Wertpapieren und Ausleihungen des Finanzanlagevermögens, davon aus verbundenen Unternehmen				9.
11.	+ sonstige Zinsen und ähnliche Erträge, davon aus verbundenen Unternehmen				10.
12.	- Abschreibungen auf Finanzanlagen und auf Wertpapiere des Umlaufvermögens				11.
13.	- Zinsen und ähnliche Aufwendungen, davon aus verbundenen Unternehmen				12.
B.	= Finanzergebnis				B.
14.	= Ergebnis der gewöhnlichen Geschäftstätigkeit (= EBIT (A) + Finanzergebnis (B))				13.
15.	+ außerordentliche Erträge				14.
16.	- außerordentliche Aufwendungen				15.
17.	= außerordentliches Ergebnis				16.
18.	- Steuern vom Einkommen und vom Ertrag				17.
19.	- sonstige Steuern				18.
C.	= Steuerergebnis				C.
20.	Jahresüberschuss/Jahresfehlbetrag (14. + 17. + C oder 13. + 16. + C.)				19.

Herstellungskosten – spezielle Position des Umsatzkostenverfahrens

Die Gestaltungsmöglichkeiten und unterschiedlichen Aussagegehalte der GuV wurden insbesondere im Zusammenhang mit der Darstellung der GuV-Rechnung bereits beschrieben. Lediglich der im Umsatzkostenverfahren vorhandene Posten „Herstellungskosten der zu Erzielung der Umsatzerlöse erbrachten Leistungen" soll noch näher betrachtet werden. Der Inhalt dieser Position wird in der Literatur, nicht zuletzt deshalb, weil der Begriff „Herstellungskosten" bereits im Rahmen der Wertansätze für die Bilanz definiert wurde, kontrovers diskutiert. Zwangsläufig stellt sich hier die Frage, ob die Herstellungskosten in Bilanz und GuV das Gleiche oder etwas Unterschiedliches bezeichnen.

Da beim Umsatzkostenverfahren die Aufwendungen – zumindest großenteils – nicht nach Güterarten, deren Verbrauch oder Gebrauch ihnen zugrunde liegt, sondern nach Funktionsbereichen (Herstellung, Vertrieb, allgemeine Verwaltung) aufgegliedert werden, denen sie zuzurechnen sind, entstehen verschiedene Probleme. Zum einen fehlen für die Aufgliederung nach Funktionen Erfahrungen, zum anderen bedarf eine solche Aufgliederung auch stets der Schlüsselung von Aufwendungen auf Funktionsbereiche, die sich nur schwerlich eindeutig und fest vorgeben lassen und so zwingend gewisse Spielräume eröffnen.

Ein schwerwiegenderes Problem ergibt sich aus den vielfältigen Interpretationsmöglichkeiten der Herstellungskosten, wobei nur die beiden wichtigsten Interpretationen, nämlich Herstellungskosten als Wertkategorie zur Bewertung bestimmter Vermögensgegenstände in der Bilanz und Herstellungskosten als Kosten des Funktionsbereichs Herstellung einschließlich Beschaffung und Material, aufgegriffen werden sollen.

Geht man davon aus, dass es aufgrund der Generalnorm des § 264 Abs. 2 Satz 1 HGB (Vermittlung eines den tatsächlichen Verhältnissen entsprechenden Bildes der Vermögens-, Finanz- und Ertragslage) bei der Bewertung in der Bilanz und der GuV keine Unterschiede geben darf, so hat sich der Inhalt des Postens 2 an dem Herstellungskostenbegriff des § 255 Abs. 2 HGB zu orientieren. In diesem Fall sind in Posten Nr. 2 lediglich folgende Beträge (auf Teil- oder Vollkostenbasis) auszuweisen:

Bei erzeugten und abgesetzten Leistungen innerhalb einer Rechnungsperiode: Die nach denselben Grundsätzen wie für die Bilanzierung ermittelten Herstellungskosten dieser Leistungen (oder umgekehrt – Bindung der Herstellungskosten der GuV für die Bilanz).

Bei Bestandsminderungen von in Vorjahren produzierten Leistungen: Die (bisher) aktivierten Herstellungskosten, ggf. zzgl. im Geschäftsjahr noch angefallenen Herstellungskosten.

Aufwendungen, die freiwillig nicht dem Posten Nr. 2 zugerechnet wurden, werden entweder unter der für sie spezifischen Aufwandsposition im GuV-Schema erfasst oder sie werden unter den sonstigen betrieblichen Aufwendungen ausgewiesen, wenn es für sie keine spezielle Position im GuV-Schema gibt. Diese Vorgehensweise führt zu einer „Aufblähung" der sonstigen betrieblichen Aufwendungen, wenn die Herstellungskosten gemäß § 255 Abs. 2 HGB nur auf die notwendigsten einzubeziehenden Aufwendungen (nur Einzelkosten) beschränkt sind. Dies wird insbesondere deutlich, wenn man bedenkt, dass bei dieser Vorgehensweise (Leer) Kosten der Unterbeschäftigung, außerplanmäßige Abschreibungen im Fertigungsbereich oder nicht auftragsgebundene Aufwendungen aus dem Forschungs- und Entwicklungsbereich ohnehin zwingend als sonstige betriebliche Aufwendungen zu behandeln sind.

Werden die Herstellungskosten der Bilanz und GuV als unabhängig voneinander betrachtet und entfällt, in Anlehnung an die Praxis der USA, die Position „sonstige betriebliche Aufwendungen", so umfasst der Posten Nr. 2 nach dieser zweiten Variante sämtliche Aufwendungen, die dem Herstellungsbereich im weiten Sinne, einschließlich des Beschaffungs- und Materialbereichs zugeordnet werden können – unabhängig davon, ob sie auch tatsächlich in die Herstellungskosten der Bilanz einbezogen werden oder werden dürfen. D. h. im Posten Nr. 2 des Umsatzkostenverfahrens sind sämtliche dem Funktionsbereich „Herstellung" zuzurechnende Aufwendungen der Periode auszuweisen. Dazu gehören im Einzelnen:

1. Die vollen (gesamten) Herstellungsaufwendungen der im Geschäftsjahr hergestellten und abgesetzten (veräußerten) Produkte und Leistungen.
2. Die im Vorjahr hergestellten und im Geschäftsjahr abgesetzten Produkte und Leistungen mit den Beträgen, mit denen sie aktiviert waren, ggf. zzgl. noch im Geschäftsjahr zur Fertigstellung entstandener Herstellungsaufwendungen.
3. Die nicht aktivierten Teile der Herstellungsaufwendungen für im Geschäftsjahr hergestellte, aber noch nicht abgesetzte Produkte und Leistungen.
4. Sämtliche Abschreibungen und Zuführungen zu Wertberichtigungen auf Vorräte im Geschäftsjahr, ggf. abzgl. von Wertaufholungen (Zuschreibungen).
5. Alle sonstigen dem Funktionsbereich Herstellung zugerechneten Aufwendungen des Geschäftsjahres, abzgl. der (direkt in der Bilanz) aktivierten Eigenleistungen.

9.3 Anhang und Lagebericht als Pflichtbestandteile des Jahresabschlusses bei Kapitalgesellschaften

Gemäß § 264 Abs. 1 HGB müssen alle Kapitalgesellschaften, sowie eingetragene Genossenschaften (§ 336 Abs. 1 HGB) und alle kapitalmarktorientierten Unternehmen, die nach dem PublG zur Rechnungslegung verpflichtet sind (§ 1 Abs. 1 und 3 i.V. m. § 5 Abs. 2 Satz 1 PublG, § 5 Abs. 2a PublG), den Jahresabschluss um einen Anhang erweitern, der mit der Bilanz und Gewinn und Verlustrechnung eine Einheit bildet. Große Kapitalgesellschaften müssen außerdem einen Lagebericht aufstellen (§ 289 HGB). Diese Ergänzung ist erforderlich, da der Jahresabschluss ein den tatsächlichen Verhältnissen entsprechendes Bild der Vermögens-, Finanz- und Ertragslage der Kapitalgesellschaft vermitteln soll (§ 264 Abs. 2 HGB). So ist der Anhang neben der Bilanz und der GuV der dritte wesentliche Bestandteil des Jahresabschlusses eines Unternehmens.

Da die Aussagekraft des Zahlenmaterials der Bilanz und Gewinn- und Verlustrechnung z. B. wegen der zugrunde liegenden Bewertungs- und Bilanzierungsmethoden, der Änderung dieser Methoden und der Wahrnehmung von Wahlrechten eingeschränkt ist, soll der Anhang weitere notwendige Informationen liefern, um die Interpretationsfähigkeit zu verbessern und Fehlinterpretationen durch die Bilanzadressaten zu vermeiden. Als Teil des Jahresabschlusses ist der Anhang ebenfalls nach den GoB zu erstellen (§ 264 Abs. 2 HGB). Mithin hat die Berichterstattung nach dem Grundsatz der Wahrheit und Vollständigkeit sowie der Klarheit und Übersichtlichkeit zu erfolgen.

9.3.1 Erstellung des Anhangs

Der Inhalt des Anhangs wird in den §§ 284-288 HGB geregelt. § 284 HGB fordert als Mindestangaben (Pflichtangaben) für alle Kapitalgesellschaften, die einen Anhang aufstellen müssen:

- Allgemeine Erläuterungen zu den Posten der Bilanz sowie der GuV zur Vermittlung eines den tatsächlichen Verhältnissen entsprechenden Bildes,
- Erläuterungen über die angewandten Bilanzierungs- und Bewertungsmethoden (meist enthalten die Anhänge hierzu nur spärliche Angaben, wie z. B. es wird nach den steuerlich günstigsten Methoden abgeschrieben),
- die Angaben, die zu den einzelnen Posten der Bilanz und GuV vorgeschrieben sind,
- Angaben, die in Ausübung eines Wahlrechts in den Anhang verlagert worden sind (sog. Wahlpflichtangaben),
- Angabe der Grundlagen für die Umrechnung von Fremdwährungsposten,
- Angabe und Erläuterung von Änderungen der Bilanzierungs- und Bewertungsvorschriften,
- Angabe von erheblichen Bewertungsunterschieden zu Börsen- oder Marktpreisen bei Bewertung nach Verbrauchsfolge- oder Gruppen- bzw. Durchschnittsverfahren sowie
- Angabe von aktivierten Fremdkapitalzinsen.

Darüber hinaus beinhaltet § 285 Nr. 1-29 HGB weitere „sonstige Pflichtangaben" für den Anhang. Hierzu zählen mit Einführung des BilMoGs auch die in der Bilanz nicht enthaltenen Geschäfte, z. B. rechtsgeschäftliche Vereinbarungen wie Factoring, Pensionsgeschäfte, Forderungsverbriefungen, Leasingverträge und dergleichen (§ 285 Satz 1 Nr. 3 HGB). Das Abschlussprüferhonorar muss gemäß § 285 Satz 1 Nr. 17 aufgeschlüsselt nach Abschlussprüfungsleistungen, Bestätigungsleistungen und Steuerberaterleistungen dargelegt werden. Zu weiteren Angaben vgl. § 285 Satz 1 HGB.

Die Form des Anhangs ist gesetzlich nicht geregelt. Es besteht mithin Gestaltungsfreiheit, unter Beachtung des Grundsatzes der Klarheit und Übersichtlichkeit. Die einmal gewählte Darstellungsform ist für die nachfolgenden Geschäftsjahre nach dem Grundsatz der formellen Stetigkeit (§ 265 Abs. 1 HGB) beizubehalten.

9.3.2 Erstellung des Lageberichts

Neben dem Jahresabschluss müssen alle Kapitalgesellschaften gemäß § 264 Abs. 1 HGB einen Lagebericht erstellen. Den Interessenten soll eine wirtschaftliche Gesamtbeurteilung der Gesellschaft ermöglicht werden, die sich aus dem Jahresabschluss allein nicht entnehmen lässt.

Gemäß § 289 Abs. 1 HGB muss der Lagebericht den Geschäftsverlauf und die Lage der Kapitalgesellschaft so darstellen, dass ein den Verhältnissen entsprechendes Bild vermittelt wird. Darüber hinaus hat er eine ausgewogene und umfassende, dem Umfang und der Komplexität der Geschäftstätigkeit entsprechende Analyse des Geschäftsverlaufs und der Lage der Gesellschaft zu enthalten (§ 289 Abs. 1 Satz 2 HGB).

Der Geschäftsverlauf wird im Wesentlichen dadurch beschrieben, dass die gesamtwirtschaftlichen und branchenzugehörigen Rahmenbedingungen sowie die Entwicklung der Tätigkeitsbereiche (Funktionsbereiche) der Unternehmung aufgezeigt werden (z. B. Angaben über die Einkaufs- und Vorratspolitik, Produktionsprogramme, Kapazitätsauslastung, Struktur des Personalaufwands, Abschlüsse wichtiger Verträge). Die Angaben zur Lage der Gesellschaft kennzeichnen die wirtschaftlichen Verhältnisse des Unternehmens am Bilanzstichtag (z. B. Angaben über die Ertragslage, Absatzlage).

Außerdem soll der Lagebericht gemäß § 289 Abs. 2 HGB aufklären über:

1. Vorgänge von besonderer Bedeutung, die nach dem Schluss des Geschäftsjahres eingetreten sind;
2. a) die Risikomanagementziele und -methoden der Gesellschaft einschließlich ihrer Methoden zur Absicherung aller wichtigen Arten von Transaktionen, die im Rahmen der Bilanzierung von Sicherungsgeschäften erfasst werden, sowie

   b) die Preisänderungs-, Ausfall- und Liquiditätsrisiken sowie die Risiken aus Zahlungsstromschwankungen, denen die Gesellschaft ausgesetzt ist

   jeweils in Bezug auf die Verwendung von Finanzinstrumenten durch die Gesellschaft und sofern dies für die Beurteilung der Lage oder der voraussichtlichen Entwicklung von Belang ist;
3. den Bereich Forschung und Entwicklung;
4. bestehende Zweigniederlassungen der Gesellschaft.

Die Aufgaben des Lageberichtes sind in der folgenden Abbildung abzulesen.

ABB. 43: Elemente des Lageberichtes[5]

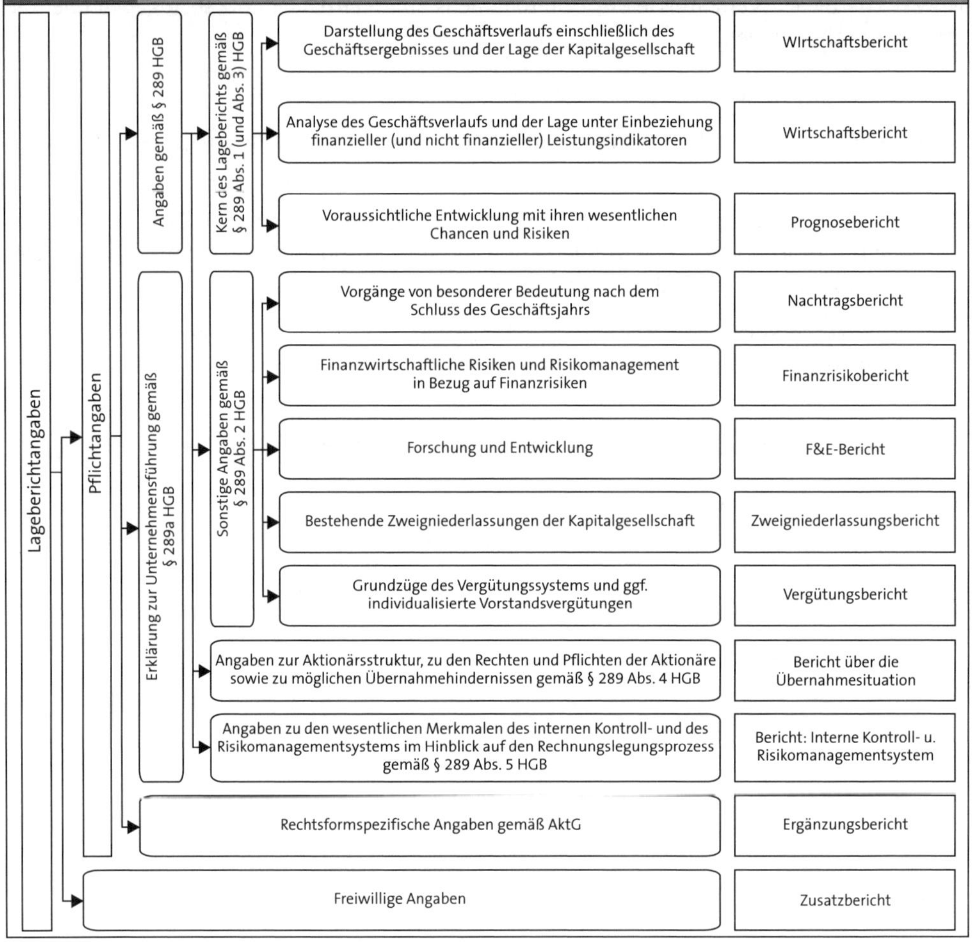

Die Ausführungen im Lagebericht dürfen durchaus subjektiv gefärbt sein. Durch unangemessenen Optimismus, unklare Formulierungen oder zurückgehaltene Tatsachen darf jedoch kein falsches Bild vom Unternehmen vermittelt werden, oder konkrete Fehlangaben gemacht werden.

Zur Verhinderung von Verstößen gegen Bilanzierungs-, Bewertungs- und Offenlegungsvorschriften im Jahresabschluss, sind Jahresabschluss und Lagebericht von mittleren und großen Kapitalgesellschaften durch einen Wirtschaftsprüfer zu prüfen und ihre Übereinstimmung mit den gesetzlichen Vorschriften zu bestätigen (vgl. §§ 316, 317 und 322 HGB).

5 Vgl. *Bieg, H./Kußmaul, H./Petersen, K.:* Bilanzrechtsmodernisierungsgesetz. Bilanzierung, Berichterstattung und Prüfung nach dem BilMoG, München 2009, S. 167.

10. Prüfungs- und Publizitätspflicht

Kapitalgesellschaften sind verpflichtet den Jahresabschluss sowie den Lagebericht (§ 289 HGB) zu veröffentlichen und prüfen zu lassen. Art und Umfang der Veröffentlichung und der Prüfungspflicht orientieren sich an der Größe der Kapitalgesellschaft.

10.1 Größenklassenabhängige Erleichterungen

Nach § 267 HGB werden die Kapitalgesellschaften in kleine, mittelgroße und große Gesellschaften eingeteilt.

Zum Schutz kleiner und mittelständischer Unternehmen vor einem zu starken Konkurrenzeinblick gibt es folgende Einteilungskriterien und Schwellenwerte:

ABB. 44: Größenklassen der Kapitalgesellschaften

Merkmal	Größenklassen		
	Kleine Kapitalgesellschaften	Mittelgroße Kapitalgesellschaften	Große Kapitalgesellschaften
Bilanzsumme	bis 4,840 Mio. €	bis 19,250 Mio. €	über 19,250 Mio. €
Umsatzerlöse	bis 9,680 Mio. €	bis 38,500 Mio. €	über 38,500 Mio. €
Beschäftigte	bis 50	bis 250	über 250

Wenn zwei der genannten Merkmale in zwei aufeinander folgenden Geschäftsjahren über- oder unterschritten werden, wird die Kapitalgesellschaft höher- bzw. herabgestuft (§ 267 Abs. 4 HGB). Eine Kapitalgesellschaft gilt grundsätzlich als groß, wenn ihre Wertpapiere an der Börse eines EU-Mitgliedstaates gehandelt werden.

Die Einteilung in Größenklassen hat Bedeutung für

- die Aufstellungsfristen,
- den Jahresabschluss und den (Umfang) Lagebericht,
- die Tiefe der Gliederung von Bilanz und GuV,
- den Umfang der Angaben im Anhang.

Aufstellungsfristen

Den Jahresabschluss, bestehend aus Bilanz, Gewinn- und Verlustrechnung und ergänzend: Anhang und Lagebericht, müssen **große und mittlere** Kapitalgesellschaften in den ersten drei Monaten des Geschäftsjahres für das abgelaufene Jahr erstellen (§ 264 Abs. 1 Satz 3 HGB). Kleine Kapitalgesellschaften brauchen den Lagebericht und für die Aufstellung des Jahresabschlusses. Hier gilt – ausnahmsweise – eine Frist von sechs Monaten (§ 264 Abs. 1 Satz 4 HGB). Diese verlängerte Frist gilt nach dem Gesetzeswortlaut jedoch nur bei ordnungsgemäßem Geschäftsbetrieb.

10.2 Umfang der Rechnungslegungspflichten

Der Umfang der Rechnungslegungsvorschriften ergibt sich aus dem § 264 HGB. Das folgende Schaubild stellt die Pflichtbestandteile je nach Unternehmensgröße dar.

ABB. 45: Umfang der Rechnungslegungspflichten

	Kapitalmarktorientierte Kap.G.	Große Kap.G.	Mittelgroße Kap.G.	Kleine Kap.G.	alle Kaufleute	Einzelkaufleute, § 241a HGB
Buchführung/Inventar	X	X	X	X	X	
Bilanz	X	X	X	X	X	
GuV	X	X	X	X	X	
Anhang	X	X	X	X		
Lagebericht	X	X	X			
Kapitalflussrechnung	X					
Eigenkapitalspiegel	X					
Segmentberichterstattung	(x) freiwillig					

Pflicht zur Offenlegung

Gemäß § 325 HGB haben die Vertreter von Kapitalgesellschaften den Jahresabschluss beim Betreiber des elektronischen Bundesanzeigers einzureichen. Die unterschiedlichen Offenlegungserfordernisse sind der nachfolgenden Tabelle zu entnehmen:

ABB. 46: Offenlegung

	Offenlegung (§ 325 HGB)				Prüfung (§ 316 HGB)
	Jahresabschluss			Lagebericht	
Kapitalgesellschaften	Bilanz	GuV	Anhang		
Kleine (§§ 325 Abs. 1, 326 HGB)	X	–	X	–	–
Mittelgroße (§§ 325 Abs. 1, 327 HGB)	X	X	X	X	X
Große (§ 325 Abs. 1 HGB)	X	X	X	X	X

Kleine und mittelgroße Kapitalgesellschaften reichen ihren Abschluss beim Handelsregister ein, große Kapitalgesellschaften hingegen müssen im Bundesanzeiger publizieren.

Ebenfalls gibt es für kleine und mittelgroße Kapitalgesellschaften Erleichterungen in Hinblick auf verkürzte Gliederungen (§§ 266 Abs. 1 Satz 3, 276 Satz 1, 327 Nr. 1 HGB) oder reduzierter Angaben im Anhang (§ 288 Satz 1 und 2 HGB).

Teil 3: Grundlagen der Jahresabschlussanalyse

1. Auswertung des Jahresabschlusses

In diesem abschließenden Kapitel erhalten Sie einen Einblick in die Grundlagen der Bilanzanalyse mit Hilfe von Kennzahlen. Der Umfang einschlägiger Bücher kennzeichnet die Jahresabschlussanalyse als ein komplexes und anspruchsvolles Teilgebiet des Rechnungswesens. Wir können daher das Fenster zur Jahresabschlussanalyse nur einen winzigen Spalt öffnen. Betrachten Sie die folgenden Ausführungen als „Appetitanregung" für ein weiterführendes Selbststudium mit Hilfe der Literaturhinweise.

Die weiteren Betrachtungen beschäftigen sich mit den Erkenntniszielen, den Adressaten und den Grenzen der Bilanzanalyse. Anschließend erfolgt die Erstellung einer Strukturbilanz.

Im Rahmen einer Gesamtbetrachtung – einer Unternehmensanalyse – unterscheiden wir danach die strategische, erfolgs- und finanzwirtschaftliche Bilanzanalyse mit ihren entsprechenden Kennzahlen.

1.1 Erkenntnisziele, Adressaten und Grenzen

Sie können nun einen Jahresabschluss aufstellen: Sie können Bilanz und Gewinn- und Verlustrechnung richtig gliedern. Sie wissen, welche Positionen in der Bilanz ausgewiesen werden müssen, dürfen, nicht dürfen. Sie können die Vermögenspositionen der Aktiva und Passiva richtig bewerten. Sie können eine Gewinn- und Verlustrechnung nach dem Gesamtkostenverfahren und nach dem Umsatzkostenverfahren aufstellen. Sie wissen, dass die Kapitalgesellschaften ihre Abschlüsse veröffentlichen müssen. Können Sie aber ein Unternehmen als Außenstehender mit Hilfe des Jahresabschlusses richtig beurteilen?

Dazu müssen wir zunächst klären, worauf Sie ein Unternehmen beurteilen wollen.

- Als **Lieferant** sind Sie daran interessiert, dass Ihr Kunde Ihre Rechnung pünktlich bezahlt.
- Als **Kreditsachbearbeiter** einer Bank sind Sie daran interessiert, dass das Unternehmen, dessen Kreditwürdigkeit Sie prüfen, Zins- und Tilgungsraten pünktlich bezahlt. Die Zahlungsfähigkeit des Unternehmens hängt mit seiner finanzwirtschaftlichen Lage, der Liquidität, zusammen. Lieferanten und andere Gläubiger wollen daher die **finanzwirtschaftliche Situation** eines Unternehmens beurteilen.
- Als **Kapitalanleger**, der z. B. Aktien erwerben will, interessiert Sie die Verzinsung des eingesetzten Kapitals. Die Verzinsung oder Rendite ist abhängig von Gewinnausschüttungen und dem späteren Veräußerungserlös Ihrer Kapitalanlage. Gewinnausschüttungen und Veräußerungserlös (Börsenkurs) sind abhängig von der Ertragslage des Unternehmens. Kapitalanleger wollen also die **Ertragslage** beurteilen.

Die finanzielle Lage und Ertragslage eines Unternehmens sind wechselseitig voneinander abhängig. Ohne Finanzmittel erfolgen keine Investitionen, ohne Investitionen können keine Erträge erwirtschaftet werden. Ohne Erträge fließen keine liquiden Mittel aus Umsatzerlösen dem Unternehmen zu.

Die Auswertung des Jahresabschlusses konzentriert sich daher auf zwei Ziele:

- Die Beurteilung der gegenwärtigen **Ertragslage** mit dem Ziel der Prognose der künftigen Ertragskraft des Unternehmens.
- Die Beurteilung der **finanziellen Stabilität** zur Einschätzung der Fähigkeit des Unternehmens, seinen gegenwärtigen und zukünftigen Zahlungsverpflichtungen nachzukommen und mögliches oder notwendiges Wachstum und Anpassungsmaßnahmen an veränderte Markt- und Konjunkturlagen finanzieren zu können.

Die Beurteilung von Liquidität und Ertrag kann nicht mit einem schnellen Blick auf Bilanz und Gewinn- und Verlustrechnung (und bei der Kapitalgesellschaft auch auf den Lagebericht) erfolgen. Die Zahlen des Jahresabschlusses sind in ihrer ursprünglichen Form wenig aussagefähig. Die Mehrzahl der Positionen müssen bereinigt und umgegliedert werden.

MERKE:

Die traditionelle Jahresabschlussanalyse ist mithin die Auswertung und kritische Beurteilung von Jahresabschlüssen durch Aufbereitung und Umgruppierung von Jahresabschlusspositionen und ihre Verdichtung zu Kennzahlen.

Die Ihnen bekannten Gliederungs-, Ansatz- und Bewertungsvorschriften, insbesondere die Generalnorm des § 264 Abs. 2 HGB, wonach der Jahresabschluss im Rahmen der GoB ein den tatsächlichen Verhältnissen entsprechendes Bild der Vermögens-, Finanz- und Ertragslage vermitteln soll, könnten den Eindruck erwecken, dass die oben abgeleiteten Erkenntnisziele der Jahresabschlussanalyse auch tatsächlich erreicht werden können. Dieses kann jedoch nur unter erheblichen Einschränkungen gelingen:

ABB. 47: Grenzen der Bilanzanalyse

Vergangenheitsbezug der Jahresabschlusszahlen	Verfälschung des Wahrheitsgehaltes		Ermessensspielraum bei Schätzwerten	Fehlende Normwerte für Jahresabschlusskennzahlen
	Willkürreserven	Zwangsreserven		

Vergangenheitsbezug der Jahresabschlusszahlen

Der Jahresabschluss ist gewissermaßen eine Momentaufnahme der Verhältnisse am Abschlussstichtag. Wichtige Ereignisse nach dem Stichtag können die Situation wesentlich verändert haben. Die Insolvenz eines Großkunden mit entsprechendem Forderungsausfall oder ein plötzlicher Nachfrageeinbruch können die Liquiditäts- und Ertragslage unter Umständen existenzbedrohend gefährden. Hinzu kommt, dass große und mittlere Kapitalgesellschaften neun Monate, und kleine Kapitalgesellschaften sogar 12 Monate, Zeit für die Offenlegung ihrer Jahresabschlüsse haben (§§ 325 und 326 HGB).

Der externe Analytiker muss sich daher bewusst sein, dass die Jahresabschlusszahlen unter Umständen längst geschmolzener Schnee von gestern sind. Der Jahresabschluss enthält lediglich einige prospektive Positionen (z. B. § 249 HGB Rückstellungen, Nutzungsdauer des Anlagevermögens oder Pauschalwertberichtigungen), aber nur Tatbestände, die aus der Vergangenheit resultieren und deren korrespondierenden Zahlungsströmen eine Wahrscheinlichkeit zugeordnet werden kann. Anhang und Lagebericht enthalten zukunftsorientierte Informationen, aber diese sind häufig nur freiwillige Angaben und in der Regel nicht detailliert genug für eine konkrete Aussagekraft.

Mit Hilfe der Jahresabschlussanalyse soll die künftige Finanz- und Ertragslage beurteilt werden. Dieses kann in Grenzen nur mit Hilfe von Vergleichsrechnungen erreicht werden. Es müssen immer die Jahresabschlüsse mehrerer Geschäftsjahre berücksichtigt werden, um aus erkennbaren Trends Schlüsse auf die künftige Entwicklung ziehen zu können.

Verfälschung des Wahrheitsgehalts des Jahresabschlusses

Der Wahrheitsgehalt der Jahresabschlusszahlen kann durch die Bildung oder Auflösung von stillen Reserven verfälscht werden. Sie wissen, dass stille Reserven verdecktes, d. h. im Jahresabschluss nicht erkennbares Eigenkapital sind. Sie entstehen durch unterbewertete Aktiva, bzw. überbewertete Passiva. Die Bildung stiller Reserven kann willkürlich durch die Ausnutzung von gesetzlich erlaubten Wahlrechten erfolgen, teilweise werden sie zwangsläufig durch die Beachtung der gesetzlichen Vorschriften gebildet.

Ermessensspielraum beim Ansatz von Schätzwerten

Die Wertansätze des Vermögens und der Schulden beruhen teilweise auf Schätzungen. So ist z. B. zur Bemessung der Abschreibungen die Nutzungsdauer abnutzbarer Anlagen zu schätzen. Im Rahmen der verlustfreien Bewertung ist häufig von einem vorsichtig geschätzten Veräußerungserlös auszugehen. Rückstellungen, die der Höhe nach ungewiss sind (z. B. Rückstellung für Sanierungsmaßnahmen, Rückstellungen für Gewährleistungen etc.), sind vorsichtig, aber willkürfrei zu schätzen. Wenn Wertansätze zwangsläufig auf Schätzungen beruhen, ist damit zwangsläufig auch ein Ermessenspielraum verbunden. Durch unterschiedliche (optimistische oder pessimistische) Ausnutzung des Ermessensspielraums kann der Ausweis von Vermögens- und Ertragslage positiv oder negativ beeinflusst werden.

Fehlende Normwerte für Jahresabschlusskennzahlen

Die traditionelle Jahresabschlussanalyse ist eine Kennzahlenrechnung, und die Kennzahlenrechnung ist immer eine Vergleichsrechnung. Grundsätzlich kommen drei Möglichkeiten der Vergleichsrechnung in Betracht:

Zeitvergleich	Betriebs- oder Branchenvergleich	Soll-Ist-Vergleich

Auf die Notwendigkeit des **Zeitvergleichs** haben wir schon im Zusammenhang mit dem fehlenden Zukunftsbezug der Jahresabschlusszahlen hingewiesen.

Eine Zeitvergleichsrechnung sollte möglichst durch einen **Branchenvergleich** ergänzt werden. Beim Branchenvergleich werden die Kennzahlen des untersuchten Unternehmens mit Durchschnittswerten der entsprechenden Branche verglichen. Branchendurchschnittswerte werden regelmäßig vom Statistischen Bundesamt, der Deutschen Bundesbank und den Wirtschaftsfachverbänden veröffentlicht. Die Durchschnittswerte einzelner Branchen, die sich aus einer Vielzahl stark streuender Einzelwerte errechnen, wie auch die Branchenabgrenzung, sind heftig umstritten. Dennoch bietet ein sorgfältig durchgeführter Branchenvergleich die Möglichkeit zur „Standortbestimmung" des Unternehmens in seiner wirtschaftlichen Umwelt, d. h. in seinem Markt und gegenüber seiner Konkurrenz. Damit kommt den Branchendurchschnittswerten gewissermaßen die Bedeutung von Richtzahlen bzw. Normwerten zu. Der Branchenvergleich nähert sich damit dem Soll-Ist-Vergleich.

Beim **Soll-Ist-Vergleich** werden die Ist-Werte des untersuchten Unternehmens mit allgemein anerkannten Normwerten verglichen. Das Problem besteht darin, dass solche Normwerte praktisch nicht existieren. Es besteht allenfalls Einigkeit darüber, dass die Kapitalrendite um einen individuell festzulegenden Prozentsatz für das Unternehmerrisiko über dem aktuellen, langfristigen Haben-Zinssatz für alternative Kapitalanlagen liegen sollte.

Aus den bisherigen Ausführungen lassen sich folgende Schlussfolgerungen ziehen:

Traditionelle Bilanzanalyse ist im Wesentlichen eine Zeit- und Branchenvergleichsrechnung mit Kennzahlen. Die Aussagen der Vergleichsrechnung sind immer relativ, d. h. „im Vergleich zu früher" oder „im Vergleich zum Branchendurchschnitt" sind Finanz- und Ertragslage besser, gleich oder schlechter. Die Ergebnisse der Vergleichsrechnung müssen sehr vorsichtig interpretiert werden, weil der Ausweis der Vermögens- und Ertragslage allein durch bilanzpolitische Maßnahmen beeinflusst sein kann.

Mit der Jahresabschlussanalyse können Wirkungen aber nur in begrenztem Maße die Ursachen aufgezeigt werden. Die Ursachen für Verbesserungen oder Verschlechterungen der wirtschaftlichen Situation eines Unternehmens können vielfältig sein, so z. B.

- Fehlentscheidungen bei der Preis- und Produktpolitik,
- ungeeigneter Führungsstil,
- Insolvenz eines Großkunden mit vollem Forderungsausfall,
- Fehlinvestitionen im Forschungs- und Entwicklungsbereich,
- Erlöseinbußen durch Wechselkursverfall,
- Nachfrageverschiebungen.

Zu einem abschließenden Urteil reichen daher allein die Zahlen des Jahresabschlusses (und gegebenenfalls des Lageberichts) nicht aus. Hierzu sind möglichst gute Branchenkenntnisse und die Auswertung weiterer Informationsquellen, wie z. B. Veröffentlichungen in der Wirtschaftspresse, notwendig. Der Jahresabschluss enthält im Wesentlichen nur quantitative Daten. Auch diese sind nicht vollständig, so wird beispielsweise ein nicht ausgenutzter Dispo-Kredit nicht ausgewiesen. Wichtige qualitative Angaben liegen dem externen Bilanzanalytiker häufig nicht vor. Vermisst werden hier u. a. Aussagen über Qualität des Managements, technisches und organisatorisches Know-how, vorhandene Kreditlinien, Eigentumsvorbehalte u. Ä.

1.2 Aufbereitung und Erstellung einer Strukturbilanz

Es ist möglich, aus einer gezielten Aufbereitung der Jahresabschlusszahlen andere Informationen zu erhalten, als diese in seiner vorgelegten Form zu entnehmen wären. Zur Aufbereitung bedient man sich folgender Instrumente:

ABB. 48: Aufbereitungsinstrumente der Bilanzanalyse

Umgliederung				Umbewertung
Umgruppierung	Neubildung	Aufspaltung	Saldierung	
Bestehender Posten wird einem anderen bereits bestehenden Posten der gleichen Jahresabschlussseite zugeordnet	Bestehender Posten wird einer neu zu schaffenden Jahresabschlusskategorie der gleichen Jahresabschlussseite zugeordnet	Bestehender Posten wird mehr als einer Abschlusskategorie der gleichen Jahresabschlussseite zugeordnet	Bestehender Posten wird mit einer Abschlusskategorie der anderen Jahresabschlussseite ganz oder teilweise verrechnet	Einzelne Posten erhalten andere Wertansätze

Der externe Analytiker muss sich in der Regel auf die Instrumente der Umgliederung beschränken. Eine Umbewertung kommt im Grunde nur bei genauer Kenntnis eventueller stiller Reserven in Betracht.

Da die Aufbereitungsmaßnahmen ausschlaggebend für die Qualität der Analyse sind, kann eine qualifizierte Bilanzanalyse nur Bestand haben, wenn die Maßnahmen eine hohe Güte aufweisen.

1.2.1 Gliederung der Aktivseite

Anlagevermögen

Anlagevermögen	
Immaterielle Vermögensgegenstände und Sachanlagen	Finanzanlagen

Die Positionen des Anlagevermögens werden zu zwei Positionsgruppen zusammengefasst. Die Herausstellung der Finanzanlagen soll auf die finanziellen Transaktionen mit langfristigem Charakter hinweisen.

Umlaufvermögen

Umlaufvermögen			
Vorräte	Kundenforderungen	sonstiges Umlaufvermögen	flüssige Mittel

Wegen ihrer Bedeutung für die Liquiditätslage werden die Kundenforderungen in einer eigenen Position gezeigt. Die übrigen Forderungen und Rechnungsabgrenzungsposten fallen unter das „sonstige Umlaufvermögen". Forderungen gegen verbundene Unternehmen und gegen Unternehmen, mit denen ein Beteiligungsverhältnis besteht, können gegen entsprechende Verbindlichkeiten saldiert werden.

Nach § 268 Abs. 4 HGB sind bei jedem Forderungsposten der Kapitalgesellschaft die Beträge mit einer Restlaufzeit von mehr als einem Jahr zu vermerken. Durch Abzug dieser **langfristigen Forderungen** von dem ausgewiesenen Gesamtbetrag ergeben sich die kurzfristigen Forderungen. Die **kurzfristigen Forderungen** können bei den Kundenforderungen und der Position „sonstiges

Umlaufvermögen“ getrennt oder zusammengefasst ausgewiesen werden. Damit lässt sich der Aussagegehalt von Kennzahlen über die Finanzlage der Unternehmung wesentlich verbessern.

In diesem Zusammenhang spielt der Zeitpunkt der Jahresabschlussanalyse eine Rolle. Im Hinblick auf die Offenlegungspflichten der Kapitalgesellschaften kann zum Zeitpunkt der Analyse die Restlaufzeit der kurzfristigen Forderungen (und Verbindlichkeiten) bis zu einem Jahr bereits abgelaufen sein.

1.2.2 Gliederung der Passivseite

Eigenkapital

Sie haben bereits die verschiedenen Positionen des Eigenkapitals der Kapitalgesellschaft kennen gelernt. Die Summe der verschiedenen Eigenkapitalpositionen ist gegebenenfalls mit einigen anderen Posten der Aktivseite zu saldieren. Eine Saldierung ist notwendig mit eventuell noch ausstehenden Einlagen, die nicht eingefordert sind, und gegebenenfalls mit der Position „Eigene Anteile“, sofern die eigenen Anteile (z. B. aufgrund des Börsenkurses) keine echten Vermögenswerte repräsentieren.

Im Regelfall wird der Jahresabschluss vor einer erfolgten Gewinnverwendung (z. B. Rücklagenzuführung, Ausschüttung) aufgestellt. Für diesen Normalfall ergibt sich das „bilanzanalytische Eigenkapital“ nach folgender Rechnung:

	gezeichnetes Kapital
-	eingeforderte ausstehende Einlagen
-	Ausschüttungen
+	Kapitalrücklagen
+	Gewinnrücklagen
+	Gewinnvortrag (-Verlustvortrag)
+	Jahresüberschuss (-Jahresfehlbetrag)
=	bilanzanalytisches Eigenkapital

Fremdkapital

Fremdkapital	
Fremdkapital, langfristig	Fremdkapital, kurzfristig

Das Fremdkapital setzt sich aus den Rückstellungen und Verbindlichkeiten zusammen. Im Hinblick auf die Beurteilung der Finanzlage der Unternehmung werden Rückstellungen und Verbindlichkeiten in kurzfristiges und langfristiges Fremdkapital unterteilt. Die Pensionsrückstellungen werden dem langfristigen Fremdkapital zugeordnet, die übrigen Rückstellungen dem kurzfristigen Fremdkapital. Bei den Verbindlichkeiten sind die kurzfristigen Verbindlichkeiten mit einer Restlaufzeit bis zu einem Jahr gesondert auszuweisen. Damit ist eine entsprechende Aufteilung in kurz- und langfristige Verbindlichkeiten problemlos möglich.

1.2.3 Aufstellung der Strukturbilanz

Nachdem die vorgehend beschriebenen Umgliederungen vorgenommen wurden, kann die für die Bilanzanalyse gewünschte Struktur (nach Liquiditätsfluss) der Bilanz wie folgt aussehen:

ABB. 49: Strukturbilanz

Aktivseite	Passivseite
Anlagevermögen Immaterielle Vermögensgegenstände und Sachanlagen Finanzanlagen Umlaufvermögen Liquide Mittel Liquiditätsnahe Mittel (z. B. Kundenforderungen) Sonstiges Umlaufvermögen	Eigenkapital Fremdkapital Langfristiges Fremdkapital Mittelfristiges Fremdkapital Kurzfristiges Fremdkapital

Mit der Aufstellung der Strukturbilanz sind die Vorbereitungen zur Jahresabschlussanalyse abgeschlossen.

1.3 Unternehmens- und Bilanzanalyse

ABB. 50: Bilanzanalyse im Kontext der Unternehmensanalyse[6]

Erfolgspotenzial	Erfolg	Liquidität
Strategische Bilanzanalyse	Erfolgswirtschaftliche Bilanzanalyse	Finanzwirtschaftliche Bilanzanalyse
Unternehmensanalyse		

Die Bilanzanalyse kann in dem Kontext der gesamten Unternehmensanalyse eingeordnet werden. Anhand dreier betriebswirtschaftlicher Ziele: Liquidität, Erfolg und Erfolgspotenzial kann eine Kategorisierung der Bilanzanalyse vorgenommen werden.

Die finanzwirtschaftliche Analyse untersucht die Finanzwirtschaft des Unternehmens. Es wird die Liquidität und die Struktur des Vermögens und des Kapitals analysiert.

Unter Kennzahlen versteht man im Rahmen der Bilanzanalyse hochverdichtete Maßzahlen, die als Verhältniszahlen oder absolute Zahlen in einer konzentrierten Form über einen zahlenmäßigen erfassbaren Tatbestand berichten. Sie erlangen erst durch Vergleiche (innerbetrieblich, Zeitvergleich, Branchenvergleich, etc.) ihre volle Aussagekraft.

Die erfolgswirtschaftliche Analyse knüpft an die Informationen der Ertragslage an, die strategische Analyse untersucht die Stärken und Schwächen, die Chancen und Risiken des Unternehmens.

6 Vgl. *Coenenberg, A.*: Jahresabschluss und Jahresabschlussanalyse, 21. Auflage, Stuttgart 2009, S. 950.

1.4 Finanzwirtschaftliche Bilanzanalyse

ABB. 51: Finanzwirtschaftliche Bilanzanalyse

Investitionsanalyse (Vermögensstruktur)	Finanzierungsanalyse (Kapitalstruktur)	Liquiditätsanalyse	
		statische	dynamische

Die finanzwirtschaftliche Analyse umfasst zum einen die **vertikale Analyse** der Bilanz mit:

- der Analyse der Kapitalverwendung (Untersuchung der Vermögensstruktur, z. B. dem Verhältnis von Anlage-, Umlaufvermögen zum Gesamtkapital),
- der Kapitalherkunft (Kapitalstruktur, dem Verhältnis von Eigen- bzw. Fremdkapital zum Gesamtkapital),

und die **horizontale** Analyse mit der **Beziehung der Kapitalverwendung und -aufbringung** in Form der

- statischen (z. B. Beziehung Eigenkapital zu Anlagevermögen, Umlaufvermögen zu Fremdkapital)
- und der dynamischen Analyse (Cashflow).

1.4.1 Investitionsanalyse (Vermögensstruktur)

Die Investitionsanalyse beschäftigt sich mit der Zusammensetzung (der Struktur) des Vermögens. Sie zeigt das Vermögenspotenzial des Unternehmens auf, um aus der Vermögensstruktur Aussagen über die künftige Zahlungsfähigkeit ableiten zu können. Die Unternehmenskennzahlen zur Investitionsanalyse zeigt die nachfolgende Übersicht:

Verhältnis von Anlage- zu Umlaufvermögen

- **Anlagenintensität**

$$\frac{\text{Anlagevermögen}}{\text{Gesamtvermögen}} \times 100$$

- **Umlaufintensität**

$$\frac{\text{Umlaufvermögen}}{\text{Gesamtvermögen}} \times 100$$

- **Konstitution**

$$\frac{\text{Anlagevermögen}}{\text{Umlaufvermögen}} \times 100$$

- **Intensität des immateriellen Vermögens**

$$\frac{\text{Immaterielle Vermögenswerte}}{\text{Gesamtvermögen}} \times 100$$

► **Aktivierungsquote**

$$\frac{\text{Aktivierte Entwicklungsaufwendungen}}{\text{Gesamter Forschungs- und Entwicklungsaufwand}} \times 100$$

Aussagegehalt

Über den Anteil des Anlagevermögens am Gesamtvermögen lassen sich bedingt Schlüsse auf den Grad der Mechanisierung und der Konjunkturempfindlichkeit ziehen. Diese steigen mit zunehmender Anlagenintensität. Es sind ferner Rückschlüsse auf die Kapazitätsauslastung möglich: Ein sinkender Wert der Anlagenintensität bei gleichem Umsatz kann auf eine verbesserte Nutzung des Anlagevermögens hindeuten und damit auch auf eine verbesserte Ertragslage.

Der Wert der Anlagenintensität kann durch bilanzpolitische Maßnahmen (Willkürreserven), durch einen bedeutenden Umfang des nicht betriebsnotwendigen Vermögens (z. B. Immobilien und Finanzanlagen) sowie durch Anlagenleasing mit Bilanzierung beim Leasinggeber verzerrt sein.

Zum Branchenvergleich ist die Kennziffer nur bedingt geeignet, weil Fertigungsprogramm und Fertigungstiefe innerhalb einer Branche erheblich streuen können. Der Anteil des UV am GV ist ein Indikator für die Flexibilität des Unternehmens. Mit sinkender Fristigkeit des Vermögens steigt das Liquiditätspotential und damit die Reaktionsfähigkeit auf Beschäftigungs- und Strukturänderungen. Es sinkt ferner der Fixkostenanteil und damit das Risiko, dass Umsatzrückgänge in die Verlustzone führen.

Durch das Bilanzrechtsmodernisierungsgesetz ist es nun möglich, selbst geschaffene immaterielle Vermögenswerte des Anlagevermögens zu aktivieren (§ 248 Abs. 2 HGB). Aufgrund dessen dürfte zukünftig auch die Kennzahl „Intensität des immateriellen Vermögens" an Bedeutung gewinnen, ähnlich wie die Aktivierungsquote, die Aussagen über die Höhe der aktivierten Entwicklungsaufwendungen gibt.

Umschlagskoeffizienten

► **Umschlagsdauer des Vorratsvermögens**

$$\frac{\varnothing\ \text{Bestand an Vorräten}}{\text{Gesamtvermögen}} \times 100$$

Aussagegehalt

Die Kennziffer zeigt an, wie viele Tage die Vorräte durchschnittlich im Unternehmen verbleiben, bis sie verbraucht bzw. verkauft werden. Die Umschlagsdauer ist ein Indikator, inwieweit das Unternehmen in der Lage ist, Anspannungen der Liquiditätslage durch den laufenden Umsatzprozess zu mildern. Ein Anstieg der Umschlagdauer ist bedenklich. Denn eine solche Entwicklung deutet auf eine suboptimale Vorratshaltung und damit eine längere Kapitalbindung im Vorratsvermögen hin. Eine Erhöhung der Umschlagdauer kann auch auf Absatzstockungen, die Auslöser einer Unternehmenskrise sein können, hinweisen.

► **Kundenziel**

$$\frac{\varnothing\ \text{Bestand an Kundenforderungen}}{\text{Umsatzerlöse des Geschäftsjahres}} \times 100$$

Aussagegehalt

Kennzahl zur Beurteilung der Zahlungsfähigkeit der Kunden des Unternehmens und damit der künftigen Liquiditätslage des Unternehmens. Durch die Gegenüberstellung des durchschnittlichen Bestandes an Warenforderungen und der Umsatzerlöse ergibt sich die durchschnittliche Zeit, in der ein fakturierter Betrag tatsächlich eingeht. Die Liquidität des Unternehmens ist erheblich von der Geldwerdungsdauer der Forderungen abhängig. Wirtschaftliche Schwierigkeiten der Kunden kündigen sich regelmäßig in einer verlängerten Forderungslaufzeit an. Ein steigendes Kundenziel beruht im Allgemeinen auf außerbetrieblichen Faktoren. Nicht der fehlende Zahlungswille, sondern die mangelhafte Zahlungsfähigkeit der Kunden ist zumeist der Grund für ein Ansteigen des Kundenziels.

1.4.2 Kennzahlen der Investitions- und Abschreibungspolitik

Ziel dieser Kennzahlen ist es, Informationen über das Alter der Sachanlagen, dem Modernisierungsbedarf und unter Umständen Wachstumstendenzen aufzuzeigen.

- **Anlagenabnutzungsgrad**

$$\frac{\text{Kumulierte Abschreibungen auf das Sachanlagevermögen}}{\text{Sachanlagevermögen zu hist. AK}}$$

- **Investitionsquote**

$$\frac{\text{Investitionen in das Sachanlagevermögen}}{\text{Sachanlagevermögen zu hist. AK}}$$

- **Wachstumsquote**

$$\frac{\text{Nettoinvestitionen in das Sachanlagevermögen}}{\text{Abschreibungen der laufenden Periode auf das Sachanlagevermögen}}$$

Der Anlagenabnutzungsgrad zeigt zumindest tendenziell inwieweit das Unternehmen über moderne Fertigungsanlagen verfügt. Je höher diese Kennzahl ausfällt, desto höher ist das Alter der Anlagen und damit der Investitionsbedarf.

Ein weiteres Kennzeichen des Unternehmenswachstums stellt die Investitionsquote dar. Ein echtes Wachstum ist aber erst dann gegeben, wenn über die Abschreibung hinaus investiert wird.

1.4.3 Finanzierungsanalyse (Kapitalstruktur)

Die kennzahlengestützte Finanzanalyse geht von folgenden begrifflichen Grundlagen aus:

- **Absolute Liquidität** (Vermögensliquidität) bezeichnet die Eigenschaft von Vermögensgegenständen, diese bei Bedarf in Geld umzuwandeln. Je kürzer hierbei die Liquidationszeit, je geringer die Liquidationskosten, je höher der Liquidationserlös, desto höher ist die Liquidität.
- **Relative Liquidität** entspricht dem Zuordnungsverhältnis von bestimmten Gruppen der Aktiva zu bestimmten Gruppen der Passiva.

- **Pagatorische Liquidität** ist die Fähigkeit von Wirtschaftssubjekten, jederzeit allen fälligen Zahlungsverpflichtungen termin- und betragsgenau nachkommen zu können.

Verschuldungsgrad

- **Eigenkapitalquote**

$$\frac{\text{Eigenkapital}}{\text{Gesamtkapital}} \times 100$$

- **Fremdkapitalquote**

(oder 1 - EKquote)

$$\frac{\text{Fremdkapital}}{\text{Gesamtkapital}} \times 100$$

- **Statischer Verschuldungsgrad**

$$\frac{\text{Fremdkapital}}{\text{Eigenkapital}} \times 100$$

Aussagegehalt

Kennziffern zur Beurteilung der Haftungssubstanz, der Kreditwürdigkeit und der Abhängigkeit von fremden Kreditgebern. Mit steigender Eigenkapitalquote sinkt die Gefahr einer durch Überschuldung (negative Differenz zwischen Vermögen und Schulden) ausgelösten Insolvenz. Eine hohe Eigenkapitalquote erleichtert auch die Beschaffung von Fremdkapital. Nach der so genannten „goldenen Bilanzregel" sollte das Verhältnis von Fremdkapital : Eigenkapital = 1 betragen, weil die Eigentümer der Unternehmung ebensoviel zur Finanzierung beitragen sollten wie die Gläubiger. Eine solche Vorgabe ist jedoch nicht haltbar. Ein anlagenintensives Chemieunternehmen benötigt sicherlich eine bessere Eigenkapitalausstattung als ein vorratsintensiver Supermarkt. Aus diesem Grunde kann die Beurteilung der Kapitalstruktur eines Unternehmens nur in Verbindung mit der Vermögensseite mit Hilfe horizontaler Bilanzstrukturkennziffern erfolgen.

1.4.4 Liquiditätsanalyse (Investition – Finanzierung)

ABB. 52: Liquiditätsanalyse

Statische Liquiditätsanalyse (bestandsorientiert)		
Verhältnis von Anlagevermögen zum Kapital	Verhältnis Umlaufvermögen zum Fremdkapital	Cashflow
(lang- und mittelfristige Kennzahlen)	(kurzfristige Kennzahlen)	
		dynamische Liquiditätsanalyse (erfolgsrechnungsorientiert)

Nach der vertikalen Analyse untersucht die Liquiditätsanalyse die horizontale Verbindung zwischen der Aktiv- und Passiv-Seite der Bilanz. Man stellt sich die Frage, welche Finanzmittel zur Schuldendeckung verfügbar sind. Die Untersuchung orientiert sich zum einen an Bestandsgrößen mit der statischen Liquiditätsanalyse und zum anderen an einer stromgrößenorientierten, der dynamischen Analyse.

1.4.4.1 Grundsatz der Fristenkongruenz

Mit Hilfe horizontaler Strukturkennziffern ist eine Beurteilung der Abstimmung von Investition und Finanzierung unter dem Aspekt der Fristenkongruenz möglich. Nach der berühmten „Goldenen Finanzierungsregel" sollten Kapitalbindungsdauer und Kapitalüberlassungsdauer übereinstimmen. Das heißt, die in den Vermögenspositionen gebundenen Mittel sollten dem Unternehmen mindestens über die Dauer der Kapitalbindung zur Verfügung stehen.

Langfristiges Vermögen soll mit langfristigem Kapital finanziert werden, kurzfristiges Vermögen dagegen mit kurzfristigem Kapital.

Bestandsorientierte Liquiditätsanalyse

a) Lang- und mittelfristige Kennzahlen

- **Deckungsgrad A**

$$\frac{\text{Eigenkapital}}{\text{Anlagevermögen}} \times 100$$

- **Deckungsgrad B**

$$\frac{\text{Eigenkapital + langfristiges Fremdkapital}}{\text{Anlagevermögen}} \times 100$$

Aussagegehalt

Der Deckungsgrad A zeigt, in welchem Umfang das Anlagevermögen durch das Eigenkapital finanziert ist. Je höher der Deckungsgrad A, desto solider ist die Finanzierung des Unternehmens. Die Kennzahl kann durch Anlagenleasing und durch einen bedeutenden Anteil des nicht betriebsnotwendigen Vermögens verzerrt sein. Die Kennzahl ist gut für den Zeit- und den Betriebsvergleich geeignet. Die Vergleiche lassen erkennen, inwieweit das Unternehmen seine Bilanzrelationen pflegt.

Das Anlagevermögen muss nicht zu 100 % durch das Eigenkapital gedeckt sein, weil auch Teile des Fremdkapitals langfristig zur Verfügung stehen. Für die Beurteilung der Einhaltung des Grundsatzes der Fristenkongruenz ist daher der Deckungsgrad B besser geeignet, Kennzahl zur Beurteilung der Einhaltung der Fristenkongruenz. Der Deckungsgrad B sollte mindestens 100 % betragen. Da jedoch auch ein Teil des Umlaufvermögens langfristig gebunden ist (eiserne Bestände), sollte der Deckungsgrad B möglichst über 100 % liegen.

b) kurzfristige Liquiditätskennzahlen

- **Liquidität 1. Grades**

$$\frac{\text{liquide Mittel}}{\text{kurzfristiges Fremdkapital}} \times 100$$

► **Liquidität 2. Grades**

$$\frac{\text{liquide Mittel + kurzfristige Forderungen}}{\text{kurzfristiges Fremdkapital}} \times 100$$

Aussagegehalt

Die Liquidität 1. Grades zeigt, wie viel Prozent der Zahlungsverpflichtungen durch liquide Mittel gedeckt sind. Damit wird eine Tendenzaussage möglich, inwieweit das Unternehmen seinen Zahlungsverpflichtungen fristgerecht nachkommen kann.

Der Aussagegehalt wird dadurch eingeschränkt, dass es sich nur um eine punktuelle Liquidität aufgrund der Verhältnisse am Abschlussstichtag handelt. Die Zahlungsfähigkeit muss zu jeder Zeit und nicht nur am Bilanzstichtag gewährleistet sein.

Im Zeitvergleich ermöglicht die Kennziffer Rückschlüsse auf die Qualität der Finanzplanung des Unternehmens.

Die Liquidität 2. Grades berücksichtigt auch die Tatsache, dass kurzfristig fällige Forderungen zur Finanzierung kurzfristiger Verbindlichkeiten herangezogen werden können. Aus diesem Grunde ist ein Wert kleiner 100 % für die Liquidität 1. Grades noch kein Grund zur Beunruhigung. Die Liquidität 2. Grades sollte möglichst 100 % oder mehr betragen. Sie entspricht dem *working capital ratio* aus dem amerikanischen Rechnungswesen.

1.4.4.2 Dynamische Liquiditätsanalyse

Der Cashflow als Indikator für die Finanzlage

Der Cashflow ist eines der bedeutendsten Instrumente der externen Bilanzanalyse. Der Cashflow lässt sich als

- liquiditätswirksamer Jahresüberschuss oder
- Finanzmittelzufluss übersetzen.

Der Cashflow ist der Überschuss zwischen den betriebsbezogenen Einnahmen und Ausgaben einer Abrechnungsperiode. Er repräsentiert die selbsterwirtschafteten Finanzmittel aus der ordentlichen Geschäftstätigkeit. Er ist damit ein Indikator für die Selbstfinanzierungs- und Schuldentilgungsfähigkeit des Unternehmens.

Der in der Gewinn- und Verlustrechnung ausgewiesene Jahresüberschuss ist der Saldo aus Erträgen und Aufwendungen. Sie wissen längst, dass Erträge und Aufwendungen nicht identisch mit Einzahlungen und Auszahlungen sind. Aus diesem Grunde wird der Cashflow mit Hilfe der Gewinn- und Verlustrechnung nach folgendem Grundschema berechnet:

	Jahresüberschuss
+	auszahlungslose Aufwendungen
-	einzahlungslose Erträge
=	Cashflow

Die Gewinn- und Verlustrechnung enthält eine Vielzahl nicht-zahlungswirksamer Positionen, so zum Beispiel:

Auszahlungslose Aufwendungen	Einzahlungslose Erträge
► Abschreibungen ► Zuführung zu den Pensionsrückstellungen	► Zuschreibungen ► Bestandserhöhungen und aktivierte Eigenleistungen

Zur Berechnung des Cashflows finden Sie in der Literatur sehr umfangreiche Vorschläge. Wir wollen uns im Folgenden auf eine einfache „Praktikerformel" beschränken:

	Jahresüberschuss
+	Abschreibungen auf immaterielle Vermögensgegenstände des Anlagevermögens und auf Sachanlagen
+	Erhöhung der Pensionsrückstellungen gegenüber dem Vorjahr
-	außerordentliche Erträge
=	Cashflow

Da bei außerordentlichen Aufwendungen und Erträgen nicht erkennbar ist, in welchem Umfang sie zahlungswirksam sind, werden sie aus Vorsichtsgründen gemäß obigem Berechnungsschema eliminiert.

Zur Beurteilung der Jahresabschlüsse kleinerer Unternehmen wird gelegentlich mit einer noch einfacheren „Faustformel"

Cashflow = Gewinn + Abschreibungen

gearbeitet.

Der Cashflow gewinnt zusätzlichen Aussagegehalt, wenn er mit anderen Größen in Beziehung gesetzt wird:

► **Entschuldungsgrad**

$$\frac{\text{Cashflow}}{\text{Nettoverschuldung}} \times 100$$

Herkunft der Werte

Zähler: GuV nach obiger Praktikerformel

Nenner: Strukturbilanz, Differenz zwischen gesamtem Fremdkapital abzüglich liquider Mittel

Aussagegehalt

Kennziffer zur Beurteilung der Schuldentilgungskraft. Der Entschuldungsgrad sagt, welcher Prozentsatz der Nettoverschuldung aus dem Cashflow zurückgezahlt werden könnte.

Wenn man die Zahl 100 durch den Entschuldungsgrad dividiert, ergibt sich der so genannte **dynamische Verschuldungsgrad**, das heißt die theoretische Tilgungsdauer in Jahren. Beträgt beispielsweise der Entschuldungsgrad 20 %, so würde das Unternehmen fünf Jahre benötigen, um seine Schulden aus dem Cashflow zu tilgen (bei unveränderten Verhältnissen). Je höher der Entschuldungsgrad, desto kürzer die theoretische Verschuldungsdauer, desto solider ist die Finanzlage des Unternehmens. Nach der sog. „dynamischen Verschuldungsregel“ sollte die theoretische Schuldentilgungsdauer aus dem Cashflow nicht länger als 3 Jahre sein.

1.5 Erfolgswirtschaftliche Bilanzanalyse

Instrumente der Erfolgsanalyse

ABB. 53: Instrumente der Erfolgsanalyse

Erfolgsanalyse			
betragsmäßige Erfolgsanalyse	Erfolgsquellen-analyse	Analyse der Aufwands- und Ertragsstruktur	weitere Instrumente, insbesondere Rentabilitätsanalyse

Betragsmäßige Erfolgsanalyse

Der ausgewiesene Jahreserfolg kann durch eine Vielzahl bilanzpolitischer Maßnahmen („kosmetisch“) verschönert oder verschlechtert sein. Die betragsmäßige Erfolgsanalyse ist der Versuch, insbesondere mit Hilfe der Angaben im Anhang der Kapitalgesellschaft, auf den tatsächlich erwirtschafteten, betriebswirtschaftlich richtigen Erfolg zu schließen. Da die Anhangangaben meist nur dürftige Hinweise auf die Bildung beziehungsweise Auflösung stiller Reserven enthalten, sind die Möglichkeiten der Erfolgsbereinigung im Rahmen der externen Jahresabschlussanalyse äußerst begrenzt.

Erfolgsquellenanalyse

Die Erfolgsquellenanalyse untersucht die Zusammensetzung des Jahreserfolgs aus Betriebsergebnis, Finanzergebnis und außerordentlichem Ergebnis. Zur Erfolgsquellenanalyse gehört auch die Analyse der Aufwands- und Ertragsstruktur der Gewinn- und Verlustrechnung in Abhängigkeit von Umsatz- oder Gesamtkostenverfahren.

Rentabilitätsanalyse

Die absolute Höhe des ausgewiesenen Jahreserfolges gibt wenig Aufschluss über die Ertragskraft des Unternehmens. Es kommt ganz wesentlich darauf an, mit welchem Kapitaleinsatz der Jahreserfolg erwirtschaftet wurde. Im Rahmen der Rentabilitätsanalyse wird daher der Erfolg in Beziehung zum Kapitaleinsatz gesetzt.

Bevor in den folgenden Kapiteln ausgewählte Kennzahlen der Erfolgsquellen- und Rentabilitätsanalyse dargestellt werden, soll zuvor noch auf die Begrifflichkeiten (wie z. B. EBIT, EBITA, EBITDA) eingegangen werden.

1.5.1 Earnings-before-Kennzahlen

ABB. 54: EBITDA

	Jahresüberschuss
+/-	außerordentliches Ergebnis
+/-	Ertragsteuern
=	EBT (Ergebnis der gewöhnlichen Geschäftstätigkeit)
+	Zinsaufwand
=	EBIT (ordentliches Ergebnis vor Zinsen und Steuern)
+	Abschreibung auf immat. Vermögensgegenstände und Geschäfts- und Firmenwert
=	EBITA
+	Abschreibungen auf das Sachanlagevermögen
=	EBITDA

Mit der zunehmenden Internationalisierung und dem Bestreben einer einheitlichen Darstellung auf den Kapitalmärkten hat die Verwendung von den sogenannten „*earnings-before*"-Kennzahlen an Bedeutung gewonnen.

Gemeinsam ist allen Kennzahlen, dass der ermittelte Jahresüberschuss um bestimmte Aufwandspositionen korrigiert wird, um eine bessere Vergleichbarkeit zu erreichen.

earnings (E)	Jahresergebnis oder das Ergebnis der gewöhnlichen Geschäftstätigkeit
interest (I)	Zinsaufwendungen
amortization (A)	Abschreibungen auf Geschäfts- oder Firmenwerte
depreciation (D)	Abschreibungen auf das Sachanlagevermögen und dem immateriellen Vermögen

EBT

Der EBT wird – wie schon erwähnt – ermittelt, um betriebliche Vergleiche zu ermöglichen. Er wird um die Steuern vom Einkommen und Ertrag bereinigt. Bereinigte Einflüsse sind hier, z. B.

- verschiedene Gewinnverwendungen (Ausschüttung, Thesaurierung),
- unterschiedliche Hebesätze der Gewerbesteuer,
- unterschiede von Personen- und Kapitalgesellschaften.

Zu beachten ist, dass nicht die sonstigen Steuern, die ergebnisunabhängig sind und Aufwendungen darstellen, addiert werden.

EBIT

Bei der Ermittlung des EBIT wird das Ergebnis der gewöhnlichen Geschäftstätigkeit (EBT) um den Zinsaufwand erhöht.

EBITA

Der EBIT wird um die Abschreibungen auf immaterielle Vermögenswerte inkl. des Geschäfts- und Firmenwertes bereinigt.

Mit dieser Bereinigung wird der Vergleich zwischen Unternehmen, die „intern" gewachsen sind und Unternehmen, die extern – durch Unternehmenskäufe – gewachsen sind, ermöglicht. Durch die Einführung des BilMoGs erlangt diese Größe eine stärkere Bedeutung.

EBITDA

Der EBITDA ist dann um die Abschreibungen auf die Sachanlagen modifiziert. Zum Zwecke des Unternehmensvergleiches eliminiert man unterschiedliche Abschreibungsmethoden, unterschiedliche Nutzungsdauern, etc.

Mit dem EBITDA entfernt man sich immer mehr vom Jahresergebnis. Es handelt sich nicht mehr um eine Erfolgsgröße, sondern eher um eine Finanzkennzahl.

EBITA-Marge

Die EBITA-Marge gibt an, wie viel Prozent des operativen Gewinns vor Zins- und Steuerzahlungen sowie Abschreibungen ein Unternehmen pro Umsatzeinheit erwirtschaften konnte.

1.5.2 Erfolgsquellenanalyse

Basis der **Erfolgsstrukturkennziffern** ist das Jahresergebnis vor Steuern, also die Summe aus ordentlichem Betriebsergebnis, dem Finanzergebnis und dem außerordentlichem Ergebnis.

Die Erfolgsbestandteile am Gesamtergebnis

$$\frac{\text{EBIT}}{\text{Gesamtergebnis vor Steuern}} \times 100$$

$$\frac{\text{Finanzergebnis}}{\text{Gesamtergebnis vor Steuern}} \times 100$$

$$\frac{\text{außerordentliches Ergebnis}}{\text{Gesamtergebnis vor Steuern}} \times 100$$

$$\frac{\text{EBIT + Finanzergebnis}}{\text{Gesamtergebnis vor Steuern}} \times 100$$

Herkunft der Werte

Bei Anwendung des Gesamtkostenverfahrens ergeben sich die Werte aus der Gewinn- und Verlustrechnung nach § 275 Abs. 2 HGB aus folgenden Positionen:

Betriebsergebnis	Positionen 1 bis 8
Finanzergebnis	Positionen 9 bis 13
Betriebsergebnis plus Finanzergebnis = Ergebnis der gewöhnlichen Geschäftstätigkeit	Position 14
Außerordentliches Ergebnis	Position 17
Gesamtergebnis vor Steuern	Summe Ergebnis der gewöhnlichen Geschäftstätigkeit plus/minus außerordentliches Ergebnis

Aussagegehalt

Da der eigentliche Betriebszweck die Basis des künftigen Unternehmenserfolgs sein dürfte, sollte der Anteil des Betriebsergebnisses am Gesamtergebnis möglichst hoch und im Zeitablauf konstant oder besser noch steigend sein.

Es wird auch die Meinung vertreten, dass es bei der Prognose der Ertragskraft eines Unternehmens im Wesentlichen auf die Regelmäßigkeit des Ertragsflusses ankommt. Bei den Finanzanlagen, die im Wesentlichen das Finanzergebnis speisen, kann ebenfalls Nachhaltigkeit beziehungsweise Regelmäßigkeit unterstellt werden. Aus diesem Grunde sollte im Umkehrschluss der Anteil des außerordentlichen Ergebnisses möglichst niedrig und im Zeitverlauf konstant beziehungsweise sinkend sein.

Bei konstantem Jahresergebnis kann ein gestiegener Anteil des außerordentlichen Ergebnisses Hinweis auf kosmetische bilanzpolitische Maßnahmen sein.

1.5.3 Rentabilitätsanalyse

- **Eigenkapitalrentabilität**

$$\frac{\text{Jahresüberschuss}}{\text{durchschnittlicher Bestand des EK}} \times 100$$

- **Gesamtkapitalrentabilität**

$$\frac{\text{Gesamtüberschuss + Fremdkapitalzinsen (EBIT)}}{\text{durchschnittlicher Wert des Gesamtkapitals}} \times 100$$

- **Umsatzrentabilität**

$$\frac{\text{EBIT}}{\text{Umsatzerlöse}} \times 100$$

Aktienrentabilität

► **Gewinn je Aktie/*Earnings per Share***

$$\frac{\text{Jahresüberschuss x Nennwert je Aktie}}{\text{durchschnittlich gezeichnetes Kapital}} \times 100$$

► **Kurs-Gewinn-Verhältnis/*price earnings ratio***

$$\frac{\text{Preis je Aktie}}{\text{Gewinn je Aktie}} \times 100$$

Herkunft der Werte

Zähler:	GuV
Ø Bestand des EK:	Strukturbilanz, arithmetisches Mittel aus dem Eigenkapital an zwei aufeinander folgenden Stichtagen
Ø Wert des GK:	arithmetisches Mittel der Bilanzsumme von zwei aufeinander folgenden Stichtagen
Umsatzerlöse:	GuV

Aussagegehalt

Jedes Unternehmen mit Gewinnstreben versucht, die Verzinsung des Eigenkapitals, die Eigenkapitalrentabilität beziehungsweise -rendite zu maximieren.

Die **Eigenkapitalrendite** sollte über dem marktüblichen Zins für langfristige Kapitalanlagen liegen, weil der Unternehmensgewinn auch eine Vergütung für das Unternehmenswagnis enthalten sollte. Zieht man von der Eigenkapitalrendite den marktüblichen Zinssatz ab, so zeigt die Differenz praktisch die vom Absatzmarkt gewährte Vergütung für das Unternehmenswagnis.

Die **Gesamtkapitalrentabilität** stellt den Erfolg des Unternehmens bezogen auf das gesamte eingesetzte Kapital unabhängig von dessen Herkunft dar. Damit sich unterschiedliche Verschuldungsgrade nicht auf die Analyse verzerrend auswirken, werden die Fremdkapitalzinsen, die den Jahresüberschuss mindern, wieder hinzugerechnet. Auf diese Weise wirken sie sich im Zeit- und Betriebsvergleich nicht verzerrend aus.

Der potenzielle Kapitalanleger wird in erster Linie die Eigenkapitalrentabilität beachten. Ergänzend ermöglicht die Gesamtkapitalrentabilität Aussagen über die Qualität des Managements, weil der Unternehmenserfolg mit Hilfe des Einsatzes von Eigen- und Fremdkapital erwirtschaftet wird.

Im Rahmen von Branchen- und Betriebsvergleichen sollte die Gesamtkapitalrentabilität aus dem Jahresergebnis vor Steuern berechnet werden, um Verzerrungen auszuschalten.

Da die Umsatzerlöse aus dem eigentlichen Geschäftszweck des Unternehmens fließen, gibt die **Umsatzrentabilität** Aufschluss über die Gewinnrate des Unternehmens. Die Umsatzrendite sagt, wie viel Prozent des Umsatzes Gewinn ist bzw. wie viel Cent Gewinn mit 1 € Umsatz erzielt werden.

Wichtige Kennzahlen der aktienanalytischen Rentabilitätsanalyse sind der **Gewinn je Aktie** und das **Kurs-Gewinn-Verhältnis**.

1.6 Strategische Bilanzanalyse

Die strategische Bilanzanalyse wird als qualitative Analyse des Erfolgspotenzials gesehen. Das Erfolgspotenzial stellt eine Menge an Wettbewerbsvorteilen dar. Hier geht man auf die Ermittlung des Unternehmenswertes ein und bedient sich **wertorientierter Kennzahlen**. Die strategische Analyse ist ein Instrument der strategischen Unternehmensführung.

Durch die Globalisierung und Internationalisierung, einem großen Kapitalbedarf der Unternehmen und einem verstärkten Gewicht der Kapitalmärkte hat sich die Sicht auf Erfolg und wirtschaftliche Leistungsfähigkeit verändert. Im Rahmen einer wertorientierten Unternehmensführung werden auch die **Kosten des Eigenkapitals** in die Analyse des Unternehmenserfolges einbezogen – man möchte auch hier eine risikoadäquate Verzinsung erreichen. Zusätzlich wird die Sichtweise um die Unternehmensbewertung erweitert, Wertmaßstäbe sind hier EVA, Shareholder Value und WACC.

Der ausgewiesene – kurzfristige – Periodengewinn ist nicht geeignet, die Wertgenerierung des Unternehmens wiederzugeben, Wertorientierung steht hier für ein nachhaltiges Unternehmenswachstum und Wertschöpfung. Wertorientierte Unternehmensführung bedeutet eine Umorientierung von der Gewinn- auf die **Kapitalrentabilität**. Die Steigerung des Unternehmenswertes steht im Vordergrund.

Das folgende Schaubild zeigt die bisherige und die wertorientierte Sichtweise:

ABB. 55: Buchhalterische und wertorientierte Perspektive[7]

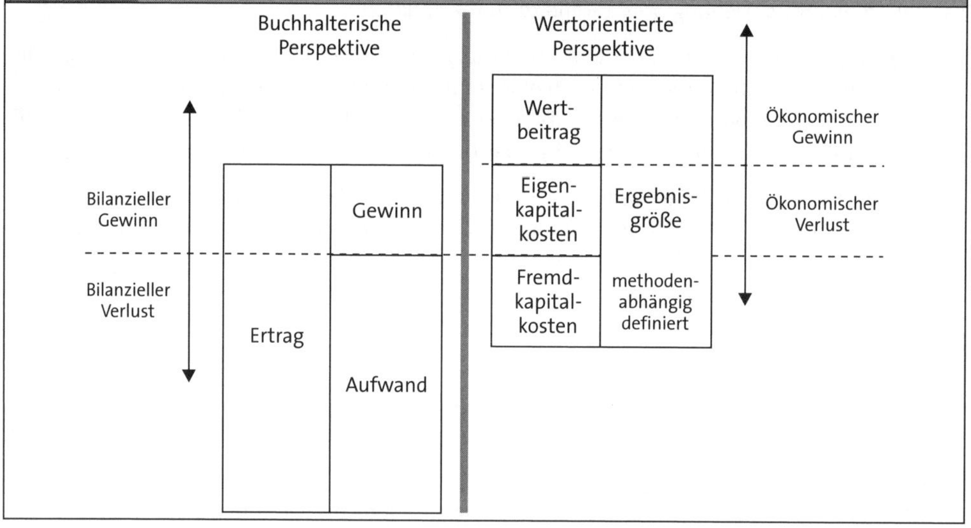

7 Vgl. *Dillerup, R./Stoi, R.*: Unternehmensführung, 2. Auflage, München 2008, S. 141.

Das folgende Beispiel verdeutlicht, dass bei der wertorientierten Unternehmensführung und damit dann auch bei dem Instrument der strategischen Bilanzanalyse, die zukunftsorientierte Wertsteigerung im Vordergrund steht:

BEISPIEL:

Ein Investor kauft eine Immobilie für 100.000 €. Dieser Betrag wird zur Hälfte fremdfinanziert, wozu ein Hypothekendarlehen mit 5 % Verzinsung aufgenommen wurde. Die Fremdkapitalkosten betragen demnach 5 % bzw. 2.500 € pro Jahr. Die andere Hälfte der Investitionssumme ist Eigenkapital, welches sich mit mindestens 6 % verzinsen soll. Die Eigenkapitalkosten betragen demnach 6 % bzw. 3.000 € pro Jahr. Diese Verzinsung würde der Investor auch für eine Alternativanlage am Kapitalmarkt mit vergleichbarem Risiko erhalten können. Insgesamt ergeben sich Kapitalkosten von 5,5 % bzw. 5.500 €. Aus Investorensicht ist die Immobilie nur dann attraktiv, wenn die Kapitalkosten mindestens gedeckt werden. Sie gleichen einer Mindesthürde, welche es zu übertreffen gilt. Angenommen die Immobilie wird vermietet und erwirtschaftet damit einen Rückfluss an den Eigentümer nach Berücksichtigung aller Kosten und Steuern von 7.500 € oder 7,5 % pro Jahr. Dann ergibt sich unter Berücksichtigung der Kapitalkosten eine Wertsteigerung von 2 % oder 2.000 €. Diese 2.000 € Wertbeitrag oder die Überrendite von 2 % ist für den Kapitalgeber die ökonomisch maßgebliche Information. Der Gewinn berücksichtigt die Fremdkapitalkosten, im Beispiel 2.500 €, und beträgt 5.000 € bzw. 5 %. Würden die Rückflüsse lediglich 4.500 € betragen, so würde zwar ein Gewinn in Höhe von 2.000 € entstehen, das Eigenkapital würde aber nicht ausreichend verzinst. Dann würde der Investor trotz Gewinn einen Wertverlust erleiden.

ABB. 56: Wertsteigerung

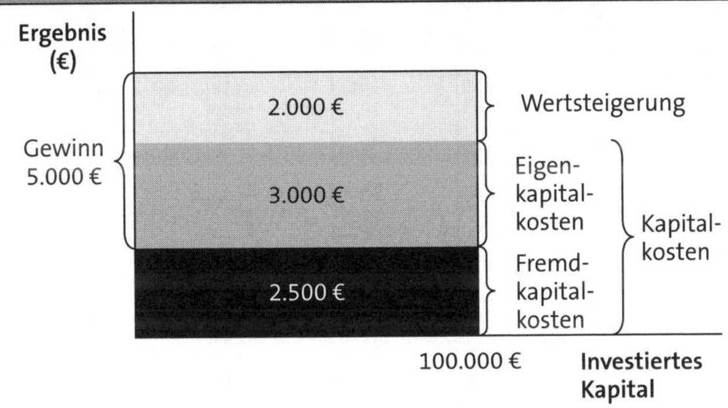

1.6.1 Branchen-Bilanzkennzahlen

Aus der folgenden aufgeführten Tabelle können Sie exemplarisch einige Kennzahlen aus unterschiedlichen Branchen entnehmen.

ABB. 57: Kennzahlen 2001-2008[8]

Bezeichnung	Gewerbe	Wirtschaft insgesamt	Verarbeitendes Gewerbe	Chemie	Maschinenbau	Fahrzeugbau	Baugewerbe	unternehmensnahe Dienstleistungen
Cashflow (in Mrd. €)	2001	251,87	139,77	23,15	13,57	18,86	14,19	32,56
	2002	245,23	133,94	21,18	13,75	19,31	13,41	31,72
	2003	238,53	127,49	19,76	12,66	17,20	13,14	30,86
	2004	246,05	129,05	19,47	13,16	15,68	13,37	34,15
	2005	267,27	140,17	21,34	15,79	15,93	12,78	38,54
	2006	294,28	157,71	25,30	19,09	21,01	15,60	40,01
	2007	327,65	182,77	24,92	23,14	36,08	14,96	44,98
	2008	316,92	167,93	26,97	24,25	17,74	17,04	47,23
Eigenkapitalrentabilität (in %)	2001	25,98	19,62	24,05	19,39	4,73	87,08	57,55
	2002	22,78	16,17	18,36	20,67	6,95	70,41	52,87
	2003	21,43	13,91	13,09	17,00	1,42	68,71	56,21
	2004	22,85	14,48	10,87	19,07	-0,77	79,24	59,09
	2005	25,17	16,61	14,15	22,49	-0,16	68,72	63,58
	2006	27,32	18,97	17,84	26,35	6,21	78,86	63,58
	2007	30,01	23,12	18,62	31,24	24,05	67,29	68,74
	2008	25,57	17,02	19,49	28,91	-2,05	78,86	67,06
Anlagendeckung I (in %)	2001	79,11	104,32	173,18	123,76	136,29	19,77	59,44
	2002	86,57	111,42	182,96	129,96	136,70	26,04	58,40
	2003	90,13	114,62	185,90	130,57	128,85	31,30	59,16
	2004	95,21	115,83	189,75	134,55	116,13	36,42	70,69
	2005	101,68	121,49	190,26	142,95	117,05	41,72	83,62
	2006	117,84	127,25	194,09	151,51	132,68	48,76	86,26
	2007	123,55	133,26	196,78	155,13	153,09	53,43	94,16
	2008	121,12	130,54	187,52	155,80	144,73	51,55	92,31
Anlagendeckung II (in %)	2001	172,85	198,87	274,81	237,08	233,32	119,75	143,77
	2002	178,25	206,63	311,29	244,20	224,12	116,24	134,88
	2003	183,37	212,27	314,16	244,73	221,44	124,04	147,72
	2004	185,24	210,90	321,74	239,76	215,25	119,36	145,95
	2005	190,26	216,45	334,97	241,43	221,53	123,77	164,05
	2006	215,48	222,89	341,21	255,22	242,96	130,27	170,11
	2007	219,14	226,73	340,54	255,32	264,79	131,08	182,77
	2008	217,77	225,80	330,00	247,45	271,49	124,60	176,30
Nettoverschuldung (in Mrd. €)	2001	1.104,50	513,39	60,02	61,78	70,03	118,40	91,30
	2002	1.082,15	523,11	70,29	58,80	73,92	109,19	90,05
	2003	1.058,68	526,57	78,62	59,15	80,56	100,20	85,62
	2004	1.021,98	524,09	79,92	57,66	85,19	83,43	77,44
	2005	1.031,81	537,79	87,46	59,62	90,58	79,99	75,34
	2006	1.079,84	577,48	93,97	67,36	101,45	71,44	81,19
	2007	1.158,64	613,77	94,57	77,02	103,71	84,62	86,45
	2008	1.203,47	632,36	100,67	82,45	109,77	87,32	97,27
Liquidität 2. Grades (in %)	2001	81,68	81,64	90,71	93,44	87,58	53,90	99,65
	2002	84,39	84,39	102,22	96,55	89,17	52,22	99,15
	2003	85,19	85,19	104,87	96,43	82,25	53,79	108,87
	2004	86,65	86,65	98,13	94,93	82,33	55,53	107,97
	2005	87,67	87,67	93,91	92,98	81,83	55,27	117,38
	2006	92,10	94,85	107,01	93,09	81,39	71,83	121,19
	2007	89,29	93,94	105,71	87,52	91,23	57,06	123,36
	2008	88,97	94,57	99,34	84,24	98,04	54,55	112,10
Anlagenintensität (in %)	2001	22,88	22,32	17,32	16,69	18,08	19,40	22,41
	2002	22,30	21,65	16,49	16,96	18,54	19,33	22,66
	2003	21,98	21,21	15,38	16,92	18,70	18,87	21,54
	2004	21,82	21,15	15,00	16,43	18,74	19,80	21,28
	2005	21,35	20,55	14,34	16,09	17,94	19,68	20,33
	2006	20,65	19,65	14,17	14,94	15,60	21,09	19,95
	2007	19,80	19,04	14,08	14,53	14,57	18,35	17,26
	2008	20,47	19,64	14,61	15,50	14,95	19,27	18,72
Eigenkapital (in %)	2001	19,46	25,07	35,32	22,60	26,40	3,93	15,58
	2002	21,11	26,58	35,89	23,99	28,38	5,18	15,81
	2003	21,59	26,60	34,88	24,29	25,66	6,07	15,36
	2004	22,81	27,11	34,99	24,67	23,66	7,41	18,12
	2005	23,79	27,43	32,32	25,76	22,48	8,43	20,31
	2006	24,33	27,54	32,30	25,77	23,05	10,58	20,61
	2007	24,46	28,03	33,61	25,17	24,61	10,09	20,04
	2008	24,79	28,18	32,46	26,70	23,67	10,19	20,99

8 Eigene Darstellung in Anlehnung an *Böttges-Papendorf, D.:* Branchenkennzahlen 2009-2010, Köln 2009, S. 533-555.

ABB. 57: Kennzahlen 2001-2008

Bezeichnung / Gewerbe		Wirtschaft insgesamt	Verarbeitendes Gewerbe	Chemie	Maschinenbau	Fahrzeugbau	Baugewerbe	unternehmensnahe Dienstleistungen
Verschuldungsgrad (in %)	2001	413,76	298,90	183,13	342,48	278,84	2.444,32	541,81
	2002	373,77	276,26	178,61	316,77	252,33	1.831,15	532,44
	2003	363,11	275,88	186,72	311,66	289,68	1.548,18	550,99
	2004	338,46	268,90	185,77	305,41	322,61	1.250,00	452,01
	2005	320,42	264,55	209,43	288,25	344,38	1.086,63	392,45
	2006	310,98	263,10	209,63	288,04	333,76	845,43	385,28
	2007	308,78	256,73	197,49	297,27	306,37	891,57	398,95
	2008	303,44	254,88	208,08	274,54	322,43	880,88	376,43

1.6.2 Überblick wichtiger Kennzahlen

Bezeichnung	**Berechnung**
Anlagenintensität	AV x 100 / BS
Umlaufintensität	UV x 100 / BS
Umschlagshäufigkeit	Umsatz / Lagerbestand
Lagerdauer	Materialbestand x 360 / Materialaufwand
Lagerdauer Erzeugnisse	Erzeugnisbestand x 360 / Umsatzerlöse
Debitoren-Laufzeit	Ford. a LuL x 360 / Umsatzerlöse
Kreditoren-Laufzeit	(Verb. a LuL + Schuldwechsel) x 360 / Materialaufwand
Abschreibungsaufwandsquote	Abschr. a. Sachanlagen x 100 / Gesamtleistung
EK-Quote	EK x 100 / BS
FK-Quote	FK x 100 / BS
Anlagendeckung II	(EK + FKL) x 100 / AV
Liquidität III	kurzfr. UV x 100 / FKK
Working Capital	UV - FKK
Cashflow-Rate	Cashflow x 100 / Gesamtleistung
Schuldentilgungsdauer in Jahren	FK - liquide Mittel / Cashflow (in T €)
Materialaufwandsquote	Materialaufwand x 100 / Gesamtleistung
Personalaufwandsquote	Personalaufwand x 100 / Gesamtleistung
sonst. betr. Aufwandsquote	sonst. betr. Aufw. x 100 / Gesamtleistung
EK-Rentabilität	Geschäftsergebnis x 100 / EK
Gesamtkapital-Rentabilität	(Geschäftsergebnis + FKZ) x 100 / BS
Gesamtleistungsrentabilität	Geschäftsergebnis x 100 / Gesamtleistung
Return on Investment	Gesamtleistungsrentabilität x Kapitalumschlag

AV = Anlagevermögen

BS = Bilanzsumme

EK = Eigenkapital

FK = Fremdkapital
FKK = kurzfristiges Fremdkapital
FKL = langfristiges Fremdkapital
FKZ = Fremdkapitalzinsen
SA = Sachanlagen
UV = Umlaufvermögen
WC = Working Capital

2. Übungsaufgaben

AUFGABEN

Aufgabe 1

Nachfolgend finden Sie die verdichtete Bilanz und GuV-Rechnung (Gesamtkostenverfahren) der Mustermann GmbH zum 31. 12. 20x1.

Aktiva	**Bilanz (§ 266 HGB) 31. 12. 20x1**		Passiva
A. Anlagevermögen	2.850.000 €	A. Eigenkapital	1.832.230 €
B. Umlaufvermögen		B. Fremdkapital	
I. Material, Vorräte	350.850 €	1. Langfristig	1.056.510 €
II. Forderungen	170.500 €	2. Mittelfristig	306.560 €
III. Bank, Kasse	46.100 €	3. Kurzfristig	222.150 €
Summe Aktiva	3.417.450 €	Summe Passiva	3.417.450 €

Gewinn- und Verlustrechnung (§ 275 HGB) 31. 12. 20x1

1. Umsatzerlöse	12.500.600 €
2. Sonstige betriebliche Erträge	1.345.500 €
3. Materialaufwand	- 5.000.120 €
4. Personalaufwand	- 6.900.700 €
5. Abschreibungen	- 300.100 €
6. Sonstige betriebliche Aufwendungen	- 1.000.010 €
7. Zinserträge	180.150 €
8. Zinsaufwendungen	- 150.230 €
9. Steuern vom Einkommen und Ertrag	- 130.430 €
10. Jahresüberschuss	**544.660 €**

Bitte berechnen Sie folgende Werte und Kennzahlen:

- Deckungsgrad B
- Liquidität 2. Grades
- Cashflow
- Rohergebnis
- Betriebsergebnis
- Ergebnis der gewöhnlichen Geschäftstätigkeit
- Umsatzrentabilität

Aufgabe 2

Erstellen Sie für die nachfolgend gegebene Bilanz eine Strukturbilanz!

Aktiva **Bilanz zum 31. 12. 20x1** (in T€) Passiva

Anlagevermögen		**Eigenkapital**	
Immaterielle Vermögensgegenst.		Gezeichnetes Kapital	20.000
GoF	3.000	Gewinnrücklagen	5.000
Sachanlagen	100.000	Bilanzgewinn	35.000
Finanzanlagen langfr.	25.000		
Umlaufvermögen		**Fremdkapital**	
Vorräte	10.000	langfr. Verbindl.	17.000
davon		mittelfr. Verbindl.	29.000
erhaltene Anzahlungen	5.000	kurzfr. Verbindl.	42.000
mittelfr. Forderungen	8.000	Pensionsrückstellungen	15.000
kurzfr. Forderungen LuL	12.000		
Bankguthaben	2.500		
Aktive RAP	2.500		
	163.000		163.000

Gegeben seien außerdem die folgenden Werte der GuV:

GuV-Angaben	31. 12. 20x1	T€
Abschreibungen		25.000
Zinsen		10.000
Zuführung zu Rückstellungen		10.000
Steuern vom Einkommen und Ertrag		5.000
Umsatzerlöse		160.000
Jahresüberschuss		35.000

Ermitteln Sie folgende Kennzahlen und interpretieren Sie die Werte.

Kennzahl	**Formel**	**Wert**	**Interpretation**
Anlagenintensität			
Umlaufintensität			
Eigenkapitalquote			
Fremdkapitalquote			
Deckungsgrad A			
Deckungsgrad B			
Working Capital			
Eigenkapital Rentabilität			
Umsatzrendite			
Gesamtkapitalrendite			
Liquidität 1. Grades			
Liquidität 2. Grades			
Liquidität 3. Grades			
Cashflow			
EBIT			
EBITDA			

LÖSUNGEN

Zu Aufgabe 1

- **Deckungsgrad B**

$$\frac{1.832.230\,€ + 1.056.510\,€}{2.850.000\,€} \times 100 = 101{,}36\,\%$$

- **Liquidität 2. Grades**

$$\frac{46.100\,€ + 170.500\,€}{222.150\,€} \times 100 = 97{,}50\,\%$$

- **Cashflow**

	Jahresüberschuss	544.660 €
+	Abschreibungen	300.100 €
=	**Cashflow**	**844.760 €**

- **Rohergebnis**

1.	Umsatzerlöse	12.500.600 €
2.	Sonstige betriebliche Erträge	1.345.500 €
3.	Materialaufwand	- 5.000.120 €
=	**Rohergebnis**	**8.845.980 €**

- **Betriebsergebnis**

1.	Umsatzerlöse	12.500.600 €
2.	Sonstige betriebliche Erträge	1.345.500 €
3.	Materialaufwand	- 5.000.120 €
4.	Personalaufwand	- 6.900.700 €
5.	Abschreibungen	- 300.100 €
6.	Sonstige betriebliche Aufwendungen	- 1.000.010 €
=	**Betriebsergebnis**	**645.170 €**

- **Ergebnis der gewöhnlichen Geschäftstätigkeit**

	Betriebsergebnis	645.170 €
7.	Zinserträge	180.150 €
8.	Zinsaufwendungen	- 150.230 €
=	**Ergebnis der gewöhnlichen Geschäftstätigkeit**	**675.090 €**

- **Umsatzrentabilität**

$$\frac{675.090\,€}{12.500.600\,€} \times 100 = 5{,}40\,\%$$

$$\frac{544.660\,€}{12.500.600\,€} \times 100 = 4{,}36\,\%$$

Zu Aufgabe 2

Aufbereitungsmaßnahmen auf der Aktivseite

- Position GoF: ist nicht einzeln veräußerbar; Verwertbarkeit zweifelhaft

  → im Rahmen der Bilanzanalyse streichen, d. h. Saldierung mit Eigenkapital.
- Position Erhaltene Anzahlungen (§ 268 Abs. 5 HGB): Offene Absetzung von Vorräten = Nettoausweis, Bruttoausweis ist zu bevorzugen, deshalb

  → Erhöhung der Vorräte und parallel Erhöhung der Verbindlichkeiten in gleicher Höhe.
- Position aktive Rechnungsabgrenzungsposten: Zählen zu den sonstigen Vermögensgegenständen und werden im Rahmen der Bilanzanalyse

  → grundsätzlich ins Umlaufvermögen umgegliedert.

Aufbereitungsmaßnahmen auf der Passivseite

- Position Jahresüberschuss: Der Teil des Bilanzgewinnes, der ausgeschüttet werden soll muss vom Eigenkapital

  → ins kurzfristige Fremdkapital umgegliedert werden (10 % von 35.000 T€ = 3.500 T€). Der Rest ist in die Gewinnrücklagen i. H. v. 31.500 T€ einzustellen.

- Position Pensionsrückstellung: Der Barwert (nicht Rückzahlungsbetrag) ist dem

  → langfristigem Fremdkapital zuzurechnen.

Aktiva		Strukturbilanz 31. 12. 20x1		Passiva
Anlagevermögen		125.000	Eigenkapital	53.500
Umlaufvermögen			Fremdkapital	
liquide Mittel	2.500		langfr. Verbindlichkeiten	32.000
l-nahe Mittel	30.000			
sonst. UV	2.500			
		35.000	mittelfr. Verbindlichkeiten	29.000
			kurzfr. Verbindlichkeiten	45.500
		160.000		160.000

	Formel	Wert	Interpretation
			Kennzahlen des Unternehmensaufbaus
Anlagen-intensität	$\frac{AV}{GV}$	78 %	Hoher Anteil an gebundenem Kapital, deshalb vermutlich hohe Fixkosten für AV. Normalwert für Industrieunternehmen, ohne Finanzanlagen geringer.
Umlaufintensität	$\frac{UV}{GV}$	22 %	Gegenteil von Anlagegrad, für Industrieunternehmen o.k., bei Handelsunternehmen über 50 % normal.
			Kennzahlen der Finanzierung
Eigen-kapital-quote	$\frac{EK}{GK}$	33 %	Gibt Aufschluss über die Finanzierungsstruktur des Unternehmens. Für die meisten Unternehmen gilt folgende Beurteilungsskala Note 1= 100 % - 30 % Note 2 = 30 % - 20 % Note 3 = 20 % - 10 % Note 4 = 10 % - 0 Note 5 = negative EKQ

	Formel	Wert	Interpretation
Fremdkapitalquote	FK / GK	67 %	Verhältnis von FK zu GK, Gegenstück zu ERQ, hohe Fixkosten (Zinsen) durch FK, damit hoher Druck auf das Unternehmen, Kredite zu finanzieren = Anspannungskoeffizient.
Deckungsgrad A	EK / AV	43 %	Drückt aus, inwieweit das Anlagevermögen durch das Eigenkapital gedeckt ist. Je höher, desto besser die Liquiditätssituation (langfristiges AV sollte immer durch langfristiges Kapital gedeckt sein).
Deckungsgrad B	EK + langfr. FK / Anlagevermögen	68 %	Nur 68 % des Anlagevermögens sind langfristig abgesichert! Gefährlich. Möglicherweise muss AV verkauft werden, um Verbindlichkeiten zu begleichen. **GOLDENE BILANZREGEL**: D2 sollte immer über 100 % liegen!!
Working Capital	UV - kurzfr. VB	-10.500	Mittel, die für den Betriebsprozess tatsächlich zur Verfügung stehen; hier finanzielles Ungleichgewicht, Beeinträchtigung der Geschäftstätigkeit. (Kurzfr.) UV muss größer sein als kurzfr. VB.
			Kennzahlen der Rentabilität
Eigenkapital-Rentabilität	Gewinn / EK	65 %	„Verzinsung" des Eigenkapitals ist hier sehr hoch, besser als andere Geldanlagen (Sparkonten u. Ä.).
Umsatzrendite	Gewinn x 100 / Umsatzerlose	22 %	Prozentuales Verhältnis zwischen Umsatz und Gewinn - hier erbringen 100 € Umsatz 22 € Gewinn.
Gesamtkapitalrendite	Gewinn + Zinsen / Gesamtkapital	28 %	Liegt deutlich höher als ein Zinssatz bei Bankkrediten.
Liquidität 1. Grades	Zahlungsmittel / kurzf. VB	5 %	Schlecht, sollte über 50 % liegen. Hier können mit den vorhandenen Zahlungsmitteln nur 5 % der kurzfristigen Verbindlichkeiten beglichen werden.

	Formel	Wert	Interpretation
Liquidität 2. Grades	$\frac{\text{(Zahlungsmittel + kurzfr. Ford.)}}{\text{kurzfr. VB}}$	71 %	Bedrohlich! Sollte über 100 % liegen. Nicht mal 3/4 der kurzfr. Schulden könnten über kurzf. VB beglichen werden.
Liquidität 3. Grades	$\frac{\text{UV}}{\text{kurzfr. VB}}$	77 %	GEFAHR der Insolvenz! Sollte über 200 % liegen. Weniger als 100 % bedeutet, dass sogar AV veräußert werden muss, oder weitere Kredite aufgenommen werden müssen, um kurzfr. VB begleichen zu können!
			Weitere wichtige Kennzahlen
Cashflow	Reingewinn + Abschreibung + Rückstellungen	70.000	Geldbetrag, der dem Unternehmen tatsächlich zur Verfügung steht (z. B. für Investitionen, Tilgung von Krediten, Bildung von Reserven oder Gewinnausschüttung). Abschreibungen und Rückstellungen werden nie ausgezahlt
EBIT	Jahresüberschuss + Zinsen + Steuern	50.000	Kennzahl zum internationalen Vergleich (*earnings before, interests and taxes*). Da in verschiedenen Ländern unterschiedliche Abschreibungen und Steuern vorgeschrieben sind, kann man mit dieser Kennzahl die Wirtschaftskraft von Unternehmen besser vergleichen.
EBITDA	Jahresüberschuss + Zinsen + Steuern + Abschreibungen	75.000	Kennzahl zum internationalen Vergleich (*earnings bevor interests, taxes, depreciation and amortization*) hier wird die Abschreibung noch rausgerechnet, damit ein Unternehmen mit hoher Investitionsneigung nicht schlechter dargestellt wird.

Teil 4: IFRS (International Financial Reporting Standards)

1. Einführung

Die IFRS bezeichnen eine Vielzahl von Regeln, die zur Rechnungslegung von ökonomisch selbständigen Wirtschaftseinheiten (Unternehmen) herangezogen werden. Sie unterscheiden in ihren Regularien nicht zwischen verschiedenen Rechtsformen der Unternehmen und differenzieren insbesondere nicht zwischen Konzernstrukturen und solchen Unternehmen, die einzeln tätig sind. Im deutschen Sprachgebrauch wird der Begriff IFRS sowohl für die einzelnen Standards als auch für die Gesamtheit aller Standards (IFRS und IAS) sowie deren Interpretation genutzt. In der verbindlichen englischen Fassung versucht man zwischen dem einzelnen Standard (IFRS) und der Gesamtheit aller Regelungen durch die Bezeichnung IFRSs eine sprachliche Unterscheidung zu treffen. Eine solche sprachliche Unterscheidung existiert im deutschen Sprachraum nicht. Im nachfolgenden Überblick sollen die wesentlichen Unterschiede zu den handelsgesetzlichen Rechnungslegungsvorschriften aufgezeigt werden.

1.1 Ziele

Bereits seit einigen Jahrzehnten gibt es Versuche, die unterschiedlichen nationalen Systeme und Normen der Rechnungslegung zu vereinheitlichen. Dieses Ansinnen ist im Zeitalter der Globalisierung und der damit einhergehenden Ausrichtung auf internationale Kapitalmärkte umso wichtiger geworden. Jahresabschlüsse kapitalmarktorientierter Unternehmen müssen weltweit vergleichbar sein, damit der Zugang zu den Kapitalmärkten auch praktisch verfügbar ist.

Insbesondere Investoren, die beabsichtigen, ihr Kapital in internationale Konzerne zu investieren, benötigen Informationen über die frühere, aktuelle und zukünftige Lage der Unternehmung. Hier hat der Jahresabschluss eine besondere Bedeutung, da zumindest dieser bei börsennotierten Unternehmen für die Investoren öffentlich verfügbar ist. Allerdings stehen die Investoren vor dem Problem, dass in Deutschland der Einzel- bzw. Konzernabschluss nach gesetzlichen Vorschriften, u. a. HGB, EStG, KStG, erstellt wird. In den USA ist – im Fall einer Börsennotierung – der Abschluss nach den Regeln des „US-GAAP" zu erstellen. Die Vergleichbarkeit der nach unterschiedlichem Regelwerk erstellten Abschlüsse ist entsprechend schwierig. Die IFRS sollen nun, losgelöst von nationalen Rechtsvorschriften, die Aufstellung international vergleichbarer Jahres- und Konzernabschlüsse unterstützen. Hauptzielsetzung der IFRS ist folglich, die Präsentation von Informationen über die Vermögens-, Finanz- und Ertragslage des Unternehmens sicherzustellen.

Dies entspricht im Prinzip auch der Zielsetzung des handelsrechtlichen Jahresabschlusses in Deutschland. Allerdings sieht die deutsche Rechnungslegung das Prinzip des Gläubigerschutzes gemäß dem 3. Buch des HGB vorrangig vor dem Prinzip der Information über die Vermögens-, Finanz- und Ertragslage. Dadurch ergeben sich Unterschiede, die im Folgenden in Auszügen behandelt werden.

1.2 Entstehung

Bereits 1973 wurde in London durch Wirtschaftsprüferverbände aus mehreren, überwiegend angelsächsisch geprägten Staaten das IASC, d. h. das International Accounting Standards Committee gegründet, das die ersten internationalen Vorschriften entwickelte. 2001 ist in den USA die Nachfolgeorganisation des IASC, die IASCF (International Accounting Standards Committee Foundation), ins Leben gerufen worden. Hierbei handelt es sich um eine Stiftung des privaten Rechts mit Sitz in Delaware. Im März 2010 erfolgte die Umbenennung in IFRS Foundation. Das wesentliche Organ dieser Dachorganisation ist das International Accounting Standards Board (IASB) mit Sitz in London. Aufgabe dieses privatrechtlich organisierten, unabhängigen Gremiums ist die Entscheidung über Rechnungslegungsvorschriften, zu denen die Standards gehören. Anzumerken ist, dass die älteren Standards, d. h. die in den Jahren 1973 bis 2001 unter dem Kürzel IAS (*International Accounting Standards*) veröffentlichten Standards und die neueren, ab 2001 veröffentlichten Standards IFRS (*International Financial Reporting Standards*) nebeneinander bestehen und Gültigkeit besitzen. Auf eine Umbenennung der älteren Standards ist verzichtet worden. Allerdings werden alle Standards gemäß dem Zeitpunkt ihrer Entstehung fortlaufend durchnummeriert. Die Nummerierung folgt keiner inhaltlichen Systematik! Zurzeit existieren 9 IFRS Standards. Von den 41 IAS Standards sind 12 Standards z. T. aufgehoben bzw. durch IFRS Standards ersetzt worden, so dass 29 IAS Standards noch Gültigkeit besitzen. Der Ersatz alter Standards durch neue führt dazu, dass in der Aufzählung Lücken entstehen. Schon heute ist das Regelwerk der IAS/IFRS sehr umfangreich[9] und es ist zu erwarten, dass der Umfang durch weitere Regeln steigen wird. Aktuelle Vorschriften lassen sich jederzeit auf der Homepage des IASB nachlesen.

Am 09. 07. 2009 hat das IASB den lange erwarteten IFRS for SMEs (*IFRS for small and medium-sized entities*) offiziell vorgestellt. Dieser – nun publizierte – mittelstandsspezifische Standard soll zu einer höheren Entscheidungsrelevanz und einer Kostenreduzierung für klein- und mittelständische Unternehmen führen. Für diese Unternehmen gelten gekürzte und etwas vereinfachte Vorschriften. Allerdings ist der neue Standard für deutsche Unternehmen nicht verbindlich. Nach der Modernisierung des HGB wird erwartet, dass der deutsche Gesetzgeber zunächst keinen gesteigerten Wert auf eine kurzfristige Einführung dieses Standards legt.[10]

Insgesamt kann die IFRS-Foundation auf mehr als 100 Mitgliedsstaaten verweisen, was ihre Bedeutung hinsichtlich der Schaffung einer weltweiten Standardisierungsfunktion unterstreicht. Allerdings ist eine weltweite Vergleichbarkeit von Jahresabschlüssen tatsächlich bei gleicher Sprache und Währung nur dann möglich, wenn die IFRS Vorschriften keine Wahlrechte beinhalten.[11]

9 Die deutsche Ausgabe der offiziellen Verlautbarungen der IFRS zum 1. Januar 2011 ist zweibändig und etwa 3.000 Seiten dick!, vgl. *IFRS Foundation:* International Financial Reporting Standards, Teil A und Teil B, London 2011.

10 Vgl. *Winkeljohann, N./Morich, S.:* IFRS für den Mittelstand: Inhalte und Akzeptanzaussichten des neuen Standards, in: BB 2009 (64. Jg.) S. 1630-1634, S. 1633.

11 Vgl. *Buchholz, R.:* Internationale Rechnungslegung, 9. Auflage, Berlin 2011, S. 3.

1.3 Anwendung

Seit im Mai 2000 die internationale Wertpapieraufsichtsbehörde IOSCO (International Organization of Securities Commissions) empfohlen hat, die IFRS als Börsenzulassungsstandards an nationalen Börsen zuzulassen, ist der weltweiten Anwendung der IFRS die Tür geöffnet worden. Allerdings werden die IFRS an einer der wichtigsten Börsen weltweit, der New York Stock Exchange, nicht vollständig anerkannt. Nur für Emittenten mit Sitz außerhalb der USA werden die IFRS anerkannt, wenn sie in der Originalversion angewandt wurden. Deutsche Kapitalgesellschaften dagegen dürfen zur Anerkennung der Rechnungslegung nur die von der EU anerkannten IFRS anwenden. Die EU prüft in einem gesonderten Verfahren, inwieweit die Original-IFRS den europäischen Rechtsvorschriften genügen.[12]

An dieser Stelle zeigt sich bereits, dass sich die Umsetzung des Zieles, weltweit Jahresabschlüsse von Unternehmen vergleichen zu können, schwierig gestaltet und sicher noch einige Zeit und Bereitschaft zur Zielerreichung benötigt wird.

In den Mitgliedsstaaten der EU werden die IFRS durch Anerkennung der Europäischen Kommission rechtsverbindlich. Die entsprechende EU-Verordnung gilt unmittelbar in jedem Mitgliedstaat, d. h. die Standards sind durch die EU-Verordnung zu nationalem Recht geworden. Dies ist z. B. im September 2002 mit den IAS Standards (mit Ausnahme von IAS 32 und 39) geschehen. Allerdings sind die IFRS nach EU-Verordnung nicht in der Originalfassung, sondern in der jeweiligen Amtssprache des Mitgliedsstaates gültig. Für deutsche Unternehmen heißt dies, dass die im Amtsblatt der EU veröffentlichte deutsche Fassung der IFRS (mit allen eventuellen Unvollständigkeiten, Übersetzungsfehlern oder sich durch unterschiedliche Wortwahl ergebende Auslegungsstreitigkeiten) verbindlich ist. Sobald neue Standards entstehen oder bestehende überarbeitet werden, müssen diese mit Hilfe eines besonderen EU-Rechtsetzungsverfahrens anerkannt werden. Die EU veröffentlicht die anerkannten IFRS im Amtsblatt der Europäischen Union.

Die Pflicht zur Aufstellung von Jahresabschlüssen gemäß IFRS gilt nach der IAS-Verordnung der EU[13] für:

ABB. 58:	Jahresabschlussverpflichtung nach IFRS
IAS Verordnung	Die IAS-Verordnung verpflichtet solche Unternehmen, die dem Recht eines Mitgliedsstaates unterliegen und deren Wertpapiere zum Handel in einem geregelten Markt in einem Mitgliedsstaat zugelassen sind, ihre konsolidierten Jahresabschlüsse für Geschäftsjahre nach dem 1. 1. 2005 nach IFRS aufzustellen.

12 Vgl. hierzu die Ausführungen von *Buchholz, R.:* Grundzüge des Jahresabschlusses nach HGB und IFRS, München 2011, S. 230.

13 Vgl. VO (EG) Nr. 1606/2002 vom 19. Juli 2002.

<table>
<tr><td>§ 315 a (1), (2) HGB</td><td>In Deutschland wurde die Pflicht zur Anwendung der IFRS durch das Bilanzrechtsreformgesetz auch auf solche kapitalmarktorientierten Unternehmen ausgedehnt, deren Wertpapiere noch nicht gehandelt werden, für die aber eine Zulassung bereits beantragt worden ist.</td></tr>
<tr><td>§ 315 a (3) HGB</td><td>Allen nicht börsenorientierten Konzernunternehmen wird ein Wahlrecht eingeräumt, den Konzernabschluss statt nach HGB/GoB nach IAS/IFRS zu erstellen.</td></tr>
<tr><td colspan="2">Grundsätzlich kann jedes Unternehmen in Deutschland freiwillig seinen Jahresabschluss nach IAS/IFRS erstellen. In Deutschland müssen aber weiterhin alle Unternehmen zu Zwecken der Zahlungsbemessung (z. B. für Ausschüttungen) Einzelabschlüsse nach HBG/GoB aufstellen! Damit müssen zwei Jahresabschlüsse erstellt werden, was die Kosten steigen lässt!</td></tr>
</table>

2. Aufbau eines IFRS-Standards

Die auf der angloamerikanischen Rechtstradition des *case law* basierenden Standards haben keinen Gesetzescharakter wie z. B. das HGB. Es handelt sich vielmehr um Einzelfallentscheidungen, die dazu führen, dass der einzelne Standard eine Vielzahl von Erläuterungen, Ergänzungen, Definitionen, Regelungen, etc. enthält, die für die Entscheidung über den einzelnen Sachverhalt von Bedeutung sind.

Das System der IFRS setzt sich im Wesentlichen aus folgenden Teilbereichen zusammen, wobei die Inhalte von links nach rechts immer spezieller werden:

ABB. 59: Grundaufbau der IFRS

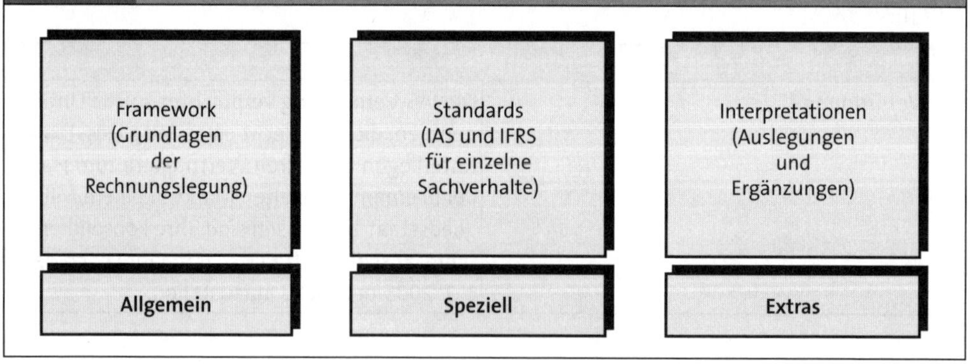

Die Standards werden z. T. durch Anwendungshinweise (Implementation Guidance) ergänzt. Allerdings gehören diese nicht zum jeweiligen Standard. Sie sind vielmehr eine Hilfestellung zur Umsetzung einiger Standards in die Praxis. Durch die Anwendungshinweise wird die Notwendigkeit für weitere Interpretationen obsolet.

Es empfiehlt sich das Lesen eines Standards, um den Aufbau im Einzelnen kennen zu lernen. Dabei wird man feststellen, dass in den Texten mit optischen Hervorhebungen gearbeitet wird.

Die Grundsätze werden durch Fettdruck hervorgehoben. Die Erläuterungen dagegen stehen in normaler Schrift.

Inhaltlicher Aufbau eines Standards

ABB. 60:	Aufbau der Standards

- Einführung (*introduction*)
- Zielsetzung (*objective*)
- Anwendungsbereich (*scope*)
- Definitionen bei IAS-Standards (*defined terms*)
- Ansatz- und Bewertungsfragen
- Ausführungen zu den notwendigen Anhangangaben (*disclosures*)
- Übergangsregelungen
- Zeitpunkt des Inkrafttretens (*effective date*)
- Anhänge (*appendices*)
- Definitionen bei IFRS-Standards (*defined terms*)

2.1 Framework

Das Rahmenkonzept für die Aufstellung und Darstellung von Abschlüssen nach IFRS (*Framework for the Preparation and Presentation of Financial Statements*) regelt die konzeptionellen Grundlagen des IFRS Abschlusses und hat somit den Charakter eines Entwicklungsrahmens für (künftige) Rechnungslegungsgrundsätze. Das Rahmenkonzept ist in insgesamt 110 Paragraphen gegliedert, die nicht, wie in deutschen Gesetzestexten üblich, mit Paragraphen bezeichnet, sondern in einfacher Form durchnummeriert werden. Trotzdem werden die einzelnen Abschnitte in der deutschen Übersetzung der IFRS als Paragraphen bezeichnet. Inhaltlich präsentiert das Rahmenkonzept die Zielsetzung der Jahresabschlüsse, die Merkmale der Rechnungslegung sowie grundlegende Definitionen und Ausführungen zum Prinzip der Kapitalerhaltung. Gemäß den Paragraphen 2 und 3 ist das Rahmenkonzept selbst kein Standard und somit nicht direkt verbindlich. Dies bedeutet, dass im Fall widersprüchlicher Regelungen im Zweifel die Regelung des Standards vorrangig zu beachten ist. *Bitz/Schneeloch/Wittstock* vergleichen das Verhältnis Rahmenkonzept und Standards mit dem Verhältnis der GoB zu den einzelnen Vorschriften des HGB – auch wenn die Standards keine Gesetzesnormen darstellen.[14]

14 Vgl. *Bitz, M./Schneeloch, D./Wittstock, W.*: Der Jahresabschluss, München 2011, S. 762.

ABB. 61: Inhalte des Frameworks

Paragraphen	**Inhalt**
Paragraph 1 bis 3	Definition des Zweckes des Rahmenkonzepts und seines Verhältnisses zu den Standards
Paragraph 5 bis 8	Regelungen für den Anwendungsbereich des Rahmenkonzeptes
Paragraph 9 bis 11	Ausführungen zu den Adressaten und ihren Informationsbedürfnissen
Paragraph 12 bis 14	Ausführungen zum Zweck des Abschlusses, d. h. zur Bereitstellung von Informationen über die Vermögens-, Finanz-, und Ertragslage des Unternehmens, die dem Adressaten zur Entscheidungsfindung dienlich sind
Paragraph 15 bis 20	Nähere Erläuterung der Begriffe Vermögens-, Finanz- und Ertragslage und ihrer Veränderungen (entspricht den in deutschen Jahresabschlüssen gebräuchlichen Ausführungen)
Paragraph 21	Erläuterung der Bedeutung und des Nutzens von Anhang und weiteren ergänzenden Angaben
Paragraph 22 bis 46	Ausführungen zu den grundlegenden Annahmen des Rahmenkonzepts und Beschreibung der grundlegenden Anforderungen an einen Jahresabschluss
Paragraph 47 bis 101	Beschreibungen zu den einzelnen Posten des Jahresabschlusses
Paragraph 102 bis 110	Ausführungen zum Konzept der Kapital- und Substanzerhaltung

Gemäß den Paragraphen 9 bis 11 ist das oberste Ziel der Abschlüsse nach IFRS, einem erweiterten Adressatenkreis Informationen über die Vermögens-, Finanz- und Ertragslage sowie Veränderungen in der Vermögens- und Finanzlage bereitzustellen, um deren – teilweise unterschiedliche – Informationsbedürfnisse, insbesondere im Hinblick auf die zukünftige Entwicklung des Unternehmens, zu befriedigen.

Zu diesem Adressatenkreis gehören die bereits aus dem Adressatenkreis deutscher Jahresabschlüsse bekannten Zielgruppen wie:

- Investoren

  Sie sind daran interessiert, ob sie Anteile an dem jeweiligen Unternehmen kaufen, halten oder verkaufen sollen.

- Arbeitnehmer

  Der Arbeitnehmer bzw. die Arbeitnehmervertretung benötigt Informationen über die Arbeitsplatzsicherheit und über die Fähigkeiten Löhne und Sonderzahlungen zu leisten.
- Kreditgeber

  Sie interessiert, ob die gewährten Darlehen und Zinsen auch gezahlt werden.
- Lieferanten und andere Gläubiger

  Sie benötigen Informationen darüber, ob das Unternehmen in der Lage ist, die bestehenden Lieferanten- und Gläubigerforderungen zu bezahlen.
- Kunden

  Hier liegt ein Interesse in der Fortführung des Unternehmens.
- Regierungen und Institutionen

  Informationsbedarf besteht hinsichtlich der Tätigkeit des Unternehmens, da evtl. Ressourcen zugeteilt werden müssen. Auch für die Steuerpolitik, für die Ermittlung des Volkseinkommens und für andere Statistiken werden Informationen benötigt.

Dabei unterstellt das Rahmenkonzept jedoch, dass sich die Informationsbedürfnisse grundsätzlich nicht unterscheiden. Im Gegensatz zu dem Adressatenkreis deutscher Abschlüsse fällt auf, dass hier vorrangig die Investoren genannt werden. Im Gegensatz dazu findet sich typischerweise die Gruppe der Kreditgeber an erster Stelle der Adressaten deutscher Jahresabschlüsse.

2.2 Standards

Die Standards regeln die einzelnen Sachverhalte eines Jahresabschlusses. Eine inhaltliche Darstellung aller Standards ist an dieser Stelle nicht möglich. Nachfolgende Tabelle gibt einen Eindruck der in den Standards behandelten Thematiken: Einige ausgewählte Standards werden anschließend kurz näher skizziert.

ABB. 62: Inhalte ausgewählter Standards

Nummer	Bezeichnung	Inhalt
IAS 1	Darstellung des Jahresabschlusses	Rechnungslegungsprinzipien, Bestandteile des Jahresabschlusses, Gliederungsvorschriften
IAS 2	Vorräte	Bewertung von Vorräten, Bewertungsverfahren (Zulässigkeit von Verbrauchsfolgeverfahren)
IAS 7	Kapitalflussrechnung	Anweisungen und Erläuterungen zu Kapitalflussrechnungen
IAS 8	Rechnungslegungsmethoden	Regelungen zu den Problembereichen der anzuwendenden Rechnungslegungsmethoden, zu Änderung von Schätzungen und der Behandlung von Fehlern
IAS 10	Ereignisse nach dem Bilanzstichtag	Regelungen zur Behandlung von Ereignissen nach dem Stichtag
IAS 11	Fertigungsaufträge	Erfassung von Aufwendungen und Erträgen in Verbindung mit Fertigungsaufträgen

Nummer	Bezeichnung	Inhalt
IAS 12	Ertragssteuern	Behandlung von tatsächlichen und latenten Ertragssteuern
IAS 16	Sachanlagen	Definition und Bewertung von Sachanlagen
IAS 17	Leasingverhältnisse	Definition und Abgrenzung von Leasingverhältnissen bei Leasinggeber und Leasingnehmer
IAS 18	Umsatzerlöse	Zeitpunkt und Erfassung von Erträgen (Gewinnrealisation)
IAS 19	Leistungen an Arbeitnehmer	Erfassung und Bewertung von Leistungen an Arbeitnehmer, Gewinnbeteiligungen und Bonuspläne, Leistungen nach Beendigung des Arbeitsverhältnisses
IAS 20	Bilanzierung und Darstellung von Zuwendungen der öffentlichen Hand	Definition und Erfassung von Zuwendungen und Beihilfen öffentlicher Hand
IAS 21	Auswirkung von Wechselkursänderungen	Erfassung und Bilanzierung von Fremdwährungstransaktionen
IAS 23	Fremdkapitalkosten	Definition und Abbildung von Fremdkapitalkosten im Jahresabschluss
IAS 24	Angaben über Beziehungen zu nahestehenden Unternehmen und Personen	Definition und Erfassung von Beziehungsgeflechten (insb. Forderungen und Verbindlichkeiten zu nahe stehenden Unternehmen/Personen)
IAS 26	Bilanzierung und Berichterstattung von Altersvorsorgeplänen	Definition, Berechnung von Barwerten und deren Häufigkeit, notwendige Angaben
IAS 27	Konzern- und Einzelabschlüsse	Bilanzierung und Bewertung von Tochterunternehmen, gemeinschaftlich geführten Unternehmen und assoziierten Unternehmen im Abschluss
IAS 28	Anteile an assoziierten Unternehmen	Definition, Bilanzierungsvorschriften (Equity-Methode), einheitliche Rechnungslegungsvorschriften
IAS 29	Rechnungslegung in Hochinflationsländern	Abschlussregelungen auf Basis historischer Anschaffungs- und Herstellungskosten, zu Tageswerten, Wahl von Preisindizes
IAS 31	Anteile an Gemeinschaftsunternehmen	Definition, Abschluss eines Partnerunternehmens, Geschäftsvorfälle zwischen Partner- und Gemeinschaftsunternehmen
IAS 32	Darstellung von Finanzinstrumenten	Ausführungen zur Unterscheidung von Schulden und Eigenkapital
IAS 33	Ergebnis je Aktie	Definition und Bewertung von Ergebnissen je Aktie
IAS 34	Zwischenberichterstattung	Definition, Mindestinhalt eines Zwischenberichts, Formvorschriften, Anwendung der Erfassungs- und Bewertungsgrundsätze
IAS 36	Wertminderung von Vermögenswerten	Vorschriften zur Wertminderung und Wertaufholung von Vermögenswerten
IAS 37	Rückstellungen, Eventualverbindlichkeiten und -forderungen	Bilanzierung und Bewertung von Rückstellungen, Eventualverbindlichkeiten und -forderungen
IAS 38	Immaterielle Vermögenswerte	Definition, Bewertung und Abschreibung von immateriellen Vermögensgegenständen

Nummer	Bezeichnung	Inhalt
IAS 39	Ansatz und Bewertung von Finanzinstrumenten	Ansatz- und Bewertungsvorschriften
IAS 40	als Finanzinvestition gehaltene Immobilien	Regelung und Bilanzierung von Immobilien als Finanzinvestition
IAS 41	Landwirtschaft	Regelungen zur Erstellung von Abschlüssen bei landwirtschaftlichen Tätigkeiten
IFRS 1	Erstmalige Anwendung der IFRS	Regelungen zur Umstellung des Jahresabschlusses von HGB auf IFRS
IFRS 2	Anteilsbasierte Vergütung	Regelung der Bilanzierung anteilsbasierter Vergütungen
IFRS 3	Unternehmenszusammenschlüsse	Relevanz, Verlässlichkeit und Vergleichbarkeit von Informationen bei Unternehmenszusammenschlüssen
IFRS 4	Versicherungsverträge	Regelungen zur Rechnungslegung von Versicherungsverträgen (Versicherer)
IFRS 5	zur Veräußerung gehaltene langfristige Vermögensgegenstände und aufgegebene Geschäftsbereiche	Ansatz- und Bewertungsvorschriften
IFRS 6	Exploration und Evaluierung von Bodenschätzen	Bilanzierung von Ausgaben für Exploration und Evaluierung, Erfassung von Wertminderungen
IFRS 7	Finanzinstrumente: Angaben	Bedeutung von Finanzinstrumenten für die Finanz-, Vermögens- und Ertragslage, Risiken (Offenlegung)
IFRS 8	Geschäftssegmente	Darstellung der Art und der Auswirkungen von Geschäftstätigkeiten auf das Gesamtunternehmen (Segmentberichterstattung)
IFRS 9	Finanzinstrumente	Ansatz und Bewertung von aktiven und passiven Finanzinstrumenten
IFRS 13	Fair Value Ermittlung	Angaben zur Fair Value Hierarchie

Weitere IFRS (insbesondere mit Konzernbezug) sollen zum 1. 1. 2013 in Kraft treten.

Wesentlich für alle Rechtsformen sind die Vorschriften zur Aufstellung von Jahresabschlüssen nach IAS 1. Ein vollständiger IFRS Abschluss, der alle als entscheidungsrelevant geltenden Informationen beinhaltet, hat nach IAS 1.10 folgende Pflichtbestandteile:

ABB. 63:	Bestandteile eines IFRS Abschlusses
Bilanz (*balance sheet*)	Stellt Informationen über die Vermögens- und Finanzlage eines Unternehmens am Abschlussstichtag zur Verfügung.
Gesamtergebnisrechnung (*statement of comprehensive income*)	Aufstellung des Periodenerfolgs
Eigenkapitalveränderungsrechnung (*statement of changes in equity*)	Aufstellung der Eigenkapitalveränderungen im betrachteten Geschäftsjahr
Kapitalflussrechnung (*statement of cashflows*)	Rechnung zur Ermittlung des Cashflows
Anhang (*notes*)	Darstellung der wesentlichen Bilanzierungs- und Bewertungsmethoden (*accounting policies*) und weitere Erläuterungen (*other explanatory information*)

Im Falle von

- rückwirkender Anwendung einer Bilanzierungsmethode,
- rückwirkender Bilanzkorrektur oder
- Umgliederung eines Bilanzpostens

ist dem Abschluss eine zusätzliche Bilanz zum Beginn des Geschäftsjahres beizufügen, d. h. für den Abschluss zum Stichtag 31. 12. 12 müsste eine weitere Bilanz zum 1. 1. 12 erstellt werden.

Obige Bestandteile des IFRS Abschlusses zeigen, dass die IFRS im Einzelabschluss deutlich mehr Angaben fordern als es bei handelsrechtlichen Abschlüssen üblich ist. Hinsichtlich der Abschlussvorschriften für Konzernabschlüsse kann von einer Entsprechung der Rechnungslegungsinstrumente gesprochen werden.

2.3 Interpretations

Zielsetzung der Interpretationen ist die Beseitigung von Unklarheiten, die bei der Anwendung der unterschiedlichen Standards entstehen können, sowie die Ergänzung der Standards. SIC (Standing Interpretations Committee) plus Nummer klassifizieren die älteren Interpretationen (SIC 7: Einführung des Euro); IFRIC (International Financial Reporting Interpretations Comittee) plus Nummer die neueren Interpretationen (IFRIC 17: Sachdividenden an Eigentümer). Im März 2010 erfolgte eine weitere Umbenennung: die IFRIC heißen nun IFRSIC und bezeichnen nun die neueren Interpretationen.

3. Grundlagen der IFRS Rechnungslegung

3.1 Grundprinzipien

Im Rahmenkonzept werden in den Paragraphen 22 und 23 zwei für die IFRS Abschlüsse wesentliche Prinzipien (*underlying assumptions*) festgeschrieben:

- das Prinzip der Periodenabgrenzung (*accrual basis*, Framework Paragraph 22)
- das Prinzip der Unternehmensfortführung (*going concern principle*, Framework Paragraph 23).

Beide Prinzipien sind auch Basis der deutschen Rechnungslegung und im System der GoB als Grundsatz der Periodenabgrenzung und Grundsatz der Unternehmensfortführung bekannt. Sie sind gleichwohl als Rechtsvorschrift in § 252 (1) Nr. 2 (Grundsatz der periodengerechten Gewinnermittlung) und Nr. 5 (Grundsatz der Unternehmensfortführung) HGB niedergelegt.

3.1.1 Periodenabgrenzung

Gemäß der deutschen Rechtsvorschrift einer periodengerechten Gewinnermittlung gilt auch für IFRS Abschlüsse, dass die Auswirkungen von Geschäftsvorfällen und anderen Ereignissen in der Buchhaltung ergebniswirksam erfasst und im Abschluss der Periode ausgewiesen werden, in der sie auftreten, und nicht in der, in der sie bezahlt werden.

BEISPIEL:

Die Alumni AG, Hagen, erwirbt im 1. Halbjahr 20x1 Waren für 1,2 Mio. €. Mit Vertrag vom 13.08.20x1 einigt sich die Alumni AG mit einem Abnehmer über den Verkauf aller Waren zum Preis von 1,8 Mio. €. Bei Vertragsabschluss einigt man sich darauf, dass 2/3 der Waren in 20x1 und 1/3 in 20x2 ausgeliefert werden.

Die Gewinnermittlung stellt sich wie folgt dar:

20x1:

Ertrag (*income*)	2/3 von 1,8 Mio. € = 1,20 Mio. €
Aufwendungen (*expenses*)	2/3 von 1,2 Mio. € = 0,80 Mio. €
Gewinn	0,40 Mio. €

20x2:

Ertrag (*income*)	1/3 von 1,8 Mio. € = 0,60 Mio. €
Aufwendungen (*expenses*)	1/3 von 1,2 Mio. € = 0,40 Mio. €
Gewinn	0,20 Mio. €

Der Periodenerfolg wird auch gemäß den Grundsätzen der IFRS von Erträgen und Aufwendungen und nicht von Zahlungsgrößen (Ein- und Auszahlungen) bestimmt!

3.1.2 Unternehmensfortführung (going-concern-Prinzip)

Das *going-concern*-Prinzip geht davon aus, dass das Unternehmen grundsätzlich fortbesteht, solange dem nicht rechtliche oder tatsächliche Gründe widersprechen. Dies bedeutet, dass bei Abschlusserstellung davon ausgegangen wird, dass das Unternehmen – im Zeitpunkt der Aufstellung des Jahresabschlusses (nicht Bilanzstichtag!) – noch für einen absehbaren Zeitraum von mindestens 12 Monaten (vom Bilanzstichtag an gerechnet = Fortführungszeitraum) fortgeführt wird. Es wird dabei unterstellt, dass das Management des Unternehmens weder rechtlich noch tatsächlich die Pflicht bzw. Absicht hat, das Unternehmen aufzulösen. Ein **rechtlicher Grund** wäre z. B. die Insolvenz eines Unternehmens.

3.2 Qualitative Anforderungen

Zusätzlich zu den oben genannten Grundprinzipien werden im Framework, insbesondere in den Paragraphen 24-46, weitere qualitative Anforderungen (*qualitative characteristics of financial statements*) an den Abschluss formuliert, die die im Abschluss erteilten Informationen für die Adressaten verständlicher und nützlicher machen sollen. Diese Anforderungen haben den Charakter genereller Vorschriften, die die Unternehmen bei der Abschlusserstellung unbedingt beachten müssen. Im Paragraphen 24 werden die wichtigsten vier Anforderungen wie folgt benannt:

- Verständlichkeit (*understandability*),
- Relevanz (*relevance*),
- Verlässlichkeit (*reliability*),
- Vergleichbarkeit (*comparability*).

In den folgenden Paragraphen 25 bis 46 des Rahmenkonzepts werden darüber hinaus weitere Anforderungen an den Jahresabschluss formuliert, die als Unterkriterien der im Paragraphen 24 genannten Anforderungen interpretiert werden. Es handelt sich hierbei z. B. um:

- die Wesentlichkeit der Information (*materiality*),
- die glaubwürdige Darstellung der Information (*faithful representation*),
- die wirtschaftliche Betrachtungsweise (*substance over form*),
- die Neutralität der Darstellung (*neutrality*),
- das Vorsichtsprinzip (*prudence*),
- das Vollständigkeitsgebot (*completeness*).

Diese Anforderungen sind in ähnlicher Form in der deutschen Rechnungslegung im Rahmen der GoB schon lange bekannt und ebenso bei der Erstellung eines Abschlusses nach deutschem Recht zu beachten.

3.2.1 Grundsatz der Verständlichkeit

Der Grundsatz der Verständlichkeit zielt, genauso wie in der deutschen Rechnungslegung, darauf ab, dass die Informationen im Abschluss für die Adressaten leicht verständlich sein müssen. Dabei wird eine gewisse fachliche Vorbildung der Adressaten sowie ein sorgfältiges Lesen des Abschlusses durch die Adressaten unterstellt. Nicht gestattet ist es, komplexe Sachverhalte wegzulassen, nur weil sie nicht verständlich dargestellt werden können.

3.2.2 Grundsatz der Relevanz

Gemäß der grundlegenden Zielsetzung der IFRS, dem Entscheider für seine wirtschaftlichen Entscheidungen entscheidungsnützliche Informationen zur Verfügung zu stellen, ergibt sich der Grundsatz der Relevanz. Denn nur für den Entscheider relevante Informationen sind ihm nützlich. Folglich müssen die Informationen im Abschluss für die wirtschaftlichen Entscheidungen der Adressaten wichtig sein, d. h. sie müssen diesen bei der Beurteilung vergangener, derzeitiger oder zukünftiger Ereignisse helfen oder ihre Beurteilungen aus der Vergangenheit bestätigen oder korrigieren. Der Paragraph 29 des Rahmenkonzepts beschreibt, dass die Relevanz von Informationen durch ihre Art und Wesentlichkeit bestimmt wird. Paragraph 30 stellt dann klar, dass Informationen dann wesentlich sind, wenn ein Weglassen oder eine fehlerhafte Darstellung zu Entscheidungen des Adressaten führen würde, die er sonst vielleicht anders gefällt hätte.

BEISPIEL:

Sie wollen das Geld einer umfangreichen Erbschaft in Aktien eines Energieunternehmens investieren. Entsprechend sind Informationen über neue technologische Entwicklungen der Energiegewinnung und -speicherung für Sie relevant, da diese Informationen Ihre Erwartung zukünftiger Gewinnmöglichkeiten beeinflussen. Wesentlich wären hier z. B. Informationen über die Entwicklung eines langfristigen Speichermediums für Energie, da ein solcher möglicher Wettbewerbsvorteil Ihre Entscheidung, Aktien gerade dieses Energieunternehmens zu kaufen, beeinflussen würde.

Da Informationen aber auch glaubwürdig dargestellt werden müssen, d. h. zu einem gewissen Grad nachprüfbar zu sein haben, ist dem Grundsatz der Relevanz eine Grenze gesetzt.

3.2.3 Grundsatz der Verlässlichkeit

Eine Information ist nach den Paragraphen 31 bis 38 des Rahmenkonzepts verlässlich, wenn sie keine wesentlichen Fehler enthält und frei von verzerrenden Einflüssen ist. Um Verlässlichkeit zu erreichen, sind folgende weitere Grundsätze zu beachten:

- **Glaubwürdige Darstellung (*faithful presentation*)**
  Die im Jahresabschluss dargestellten Informationen müssen sich auf objektive und nachvollziehbare wirtschaftliche Geschäftsvorfälle beziehen und bei den Ansatz- und Bewertungsvorschriften die Regelungen der IFRS einhalten. Eine perfekte glaubwürdige Darstellung wäre vollständig, neutral und fehlerfrei!
- **Wirtschaftliche Betrachtungsweise (*substance over form*)**
  Geschäftsvorfälle werden nach ihrer wirtschaftlichen Betrachtungsweise bilanziert, nicht ausschließlich allein gemäß ihrer rechtlichen Gestaltung. Ob ein Wirtschaftsgut bilanziert wird oder nicht, richtet sich demnach nicht nach dem rechtlichen, sondern nach dem wirtschaftlichen Eigentum. Die Bilanzierung eines Wirtschaftsgutes (z. B. bei Eigentumsvorbehalten, Sicherungsübereignung) erfolgt somit bei demjenigen Unternehmen, das den überwiegenden Nutzen aus dem Gegenstand zieht bzw. endgültig über ihn verfügen kann. Nach Überarbeitung der qualitativen Anforderungen im Framework ist dieser Grundsatz dort nicht mehr ausdrücklich erwähnt. Allerdings ist er weiterhin ein wesentliches Merkmal einer glaubwürdigen Darstellung.
- **Neutralität (*neutrality*)**
  Informationen müssen neutral sein. Darunter ist eine nicht adressatenspezifische (neutrale), willkürfreie Informationsvermittlung zu verstehen. Dem Abschlussersteller ist es nach die-

sem Grundsatz untersagt, die Informationen im Abschluss (z. B. gewählte Abschreibungsverfahren) bewusst so auszuwählen und darzustellen, dass der Adressat in seiner Entscheidung oder Beurteilung in irgendeiner Weise beeinflusst wird. Eine nachprüfbare Einhaltung dieses Grundsatzes ist allerdings kaum möglich. Der Grundsatz der Neutralität wird weiterhin durch den nachfolgend skizzierten Grundsatz der Vorsicht eingeschränkt.

- **Vorsichtsprinzip (*prudence principle*)**
  Das Vorsichtsprinzip spielt im Rahmen der IFRS Rechnungslegung nur insoweit eine Rolle, dass bei Regelungen, die einen Ermessensspielraum beinhalten (Schätzungen) vorsichtig agiert werden soll, d. h. Vermögensgegenstände und Erträge nicht zu hoch und Aufwendungen und Schuldpositionen nicht zu niedrig bewertet werden. Im Gegensatz zum HGB, wo das Vorsichtsprinzip dem Gläubigerschutz dient und eine bedeutende Rolle spielt, wenden sich die IFRS in erster Linie an Investoren. Der Ausweis bestimmter Positionen, z. B. Erträge, wird in einem speziellen Standard geregelt! Daher findet sich das Prinzip der Vorsicht nach Überarbeitung des Rahmenkonzeptes nicht mehr explizit aufgeführt.

- **Vollständigkeit (*completeness*)**
  Zur Präsentation verlässlicher Informationen ist es auch notwendig, die Vollständigkeit von Informationen zu verlangen. Allerdings bezieht sich die Vollständigkeit nur auf solche Informationen, die wesentlich sind und deren Beschaffung verhältnismäßig ist.

3.2.4 Grundsatz der Vergleichbarkeit

Der Grundsatz der Vergleichbarkeit zielt darauf ab, dass die Abschlüsse eines Unternehmens/mehrerer Unternehmen sowohl im Zeitablauf vergleichbar sein müssen als auch hinsichtlich eines zwischenbetrieblichen Vergleichs. Dazu ist es erforderlich, die genutzten Bilanzierungs- und Bewertungsmethoden offen zu legen und ggf. über Änderungen dieser zu informieren. Zur Sicherstellung eines Zeitvergleichs müssen die Abschlüsse Informationen der vorausgegangenen Periode enthalten. Im Rahmenkonzept wird explizit darauf hingewiesen, dass Vergleichbarkeit und Stetigkeit nicht dasselbe sei: Vergleichbarkeit wird als das Ziel, Stetigkeit als Hilfsmittel zur Zielerreichung bezeichnet. Zweck dieser Regelung aus Sicht der IFRS ist es, den Investoren die Entwicklung wesentlicher Erfolgsgrößen aufzuzeigen.

Der Grundsatz der Vergleichbarkeit entspricht im Grunde dem bekannten Grundsatz der Stetigkeit deutscher Rechnungslegungsvorschriften, der im § 265 HGB kodifiziert wurde.

3.2.5 Weitere qualitative Anforderungen

Im Rahmenkonzept wird explizit die Zeitnähe als qualitative Anforderung formuliert. Damit ist die zeitnahe Zurverfügungstellung von Informationen den Entscheidungsträgern gegenüber gemeint. Je älter Informationen sind, desto weniger nutzen sie dem Entscheidungsträger. Weiterhin geht das Rahmenkonzept auf die Kosten von Informationen ein. Kosten sind dabei die vorherrschende Restriktion von Informationen, die durch eine Finanzberichterstattung zur Verfügung gestellt werden können. Kosten und Nutzen von Informationen sind folglich gegeneinander abzuwägen. Im Zweifel beurteilt das Board, ob der Nutzen der Informationen für eine Berichterstattung die Kosten rechtfertigt.

Die Gültigkeit weiterer Grundsätze, die aus den deutschen Rechnungslegungsvorschriften bekannt sind, ergibt sich z. B.

- beim Einzelbewertungsgrundsatz nicht aus dem Rahmenkonzept, sondern aus den Vorschriften einzelner Regelungen der IAS (IAS 2, 16, 36).
- beim Grundsatz der Bilanzidentität ebenfalls nicht unmittelbar aus dem Rahmenkonzept, aber durch die Vorschriften des IAS 8, der die Änderung von Bilanzposten regelt.
- beim Stichtagsprinzip aus den Regelungen des IAS 10.
- beim Saldierungsverbot aus IAS 1.32.

Ein Vergleich von handelsrechtlichen Regelungen der Rechnungslegung und den Anforderungen der IFRS Abschlüsse lässt die Aussage zu, dass die handelsrechtlichen Regelungen, insbesondere durch ihre gesetzliche Kodifizierung, erheblich konkreter formuliert sind. Bei den IFRS ist die Formulierung der qualitativen Anforderungen überwiegend abstrakt. Eine eindeutige Interpretation ist folglich schwierig und führt dazu, dass kein geschlossenes Bewertungssystem präsentiert wird. So erlaubt IFRS 9 z. B. eine Bewertung zum fair value, IAS 16 räumt ein Wahlrecht hinsichtlich der Bewertung von Sachanlagen ein, IAS 2 beinhaltet ein Verbot der Bewertung von Vorräten zum beizulegenden Zeitwert. Mit dem Vorsichtsprinzip des HGB, das Vermögensgegenstände maximal mit den Anschaffungskosten bewertet, ist die Bewertungsvorschrift eindeutiger.

3.3 Vergleich Rechnungslegungsgrundsätze nach HGB und IFRS

Obige Darstellung zeigt bereits, dass die GoB und das Rahmenkonzept der IFRS an vielen Stellen Ähnlichkeiten aufweisen. Grundgedanken der GoB finden sich im Rahmenkonzept wieder, auch wenn die Bezeichnungen und Beziehungsgefüge z. T. deutlich voneinander abweichen. Letzteres lässt sich insbesondere beim Vorsichtsprinzip aufzeigen, das zwar in beiden Werken vorhanden ist, aber grundsätzlich unterschiedliche Rollen spielt. Der gravierende Unterschied zwischen beiden Werken liegt im Rechnungslegungszweck.

Ziele der handelsrechtlichen Rechnungslegung sind insbesondere der Gläubigerschutz und die Kapitalerhaltung. **„Ein Kaufmann darf sich nicht reicher rechnen als er tatsächlich ist."** Dieses spiegelt sich insbesondere in den Grundsätzen ordnungsgemäßer Buchführung, konkretisiert durch

- Vorsichtsprinzip,
- Realisationsprinzip und
- Imparitätsprinzip

wider.

Auch räumt das Handelsrecht umfangreiche Bilanzierungs- und Bewertungswahlrechte ein, mit denen z. B. ein Konzern den für Ausschüttungen zur Verfügung stellenden Gewinn beschränken kann.

Ein tendenziell niedriger Gewinn kann dazu führen, dass bei einzelnen Wirtschaftsgütern, z. B. bei Grundstücken und Gebäuden in exponierten Stadtlagen, hohe stille Reserven gebildet werden, deren Auflösung zwar den Gewinn erhöhen, aber auch einen Verlust im operativen Geschäftsbereich verdecken können.

Neben der Dokumentationsfunktion dienen die GoB der Informationsfunktion und der Zahlungsbemessungsfunktion.

Im Gegensatz dazu wollen die IFRS-Abschlüsse den Adressaten möglichst umfangreiche Informationen über die aktuelle und zukünftige Lage des Unternehmens zur Verfügung stellen. Dabei wird, wie nachfolgend noch gezeigt werden wird, weitestgehend auf Wahlrechte verzichtet. Hauptfokus ist hier die Informationsfunktion, wobei das Rahmenkonzept insbesondere auf die Zurverfügungstellung „nützlicher" Informationen abstellt!

Die folgende Tabelle soll Ihnen einen Überblick über die Unterschiede der Rechnungslegungssysteme verschaffen:

ABB. 64: Unterschiede HGB – IFRS

	HGB	IFRS
Gesetzliche Grundlagen	► Handelsgesetzbuch	► Keine (Rechnungslegungsvorschriften einer privaten Institution, mit Framework, Standards, Interpretations)
Rechtssystem	► *code law* (= Allgemeingültigkeit)	► *case law* (= Einzelfallbezogenheit)
Rechnungslegungsgrundsätze	► Grundsätze ordnungsgemäßer Buchführung: Vorsichtsprinzip Imparitätsprinzip Realisationsprinzip	Prinzip des „*true and fair-view*"
Zweck und Ziel der Rechnungslegung	► Gläubigerschutz ► Kapitalerhaltung ► Gewinnermittlung	► Informationsvermittlung an unterschiedliche Adressaten
Bilanzierungs- und Bewertungswahlrechte*	► kaum Wahlrechte	► kaum Wahlrechte
Zusammenspiel Jahresabschluss und Steuerbilanz	► Maßgeblichkeit der Handelsbilanz für die Steuerbilanz bzw.	► kein Zusammenwirken ► Steuerbilanz muss zusätzlich erstellt werden

	HGB	IFRS
Bestandteile des Jahresabschlusses*	Einzelabschluss: ► Bilanz ► GuV ► Anhang Konzernabschluss zusätzlich: ► Eigenkapitalspiegel ► Kapitalflussrechnung ► Segmentbericht (Wahlrecht)	Einzel- und Konzernabschluss: ► Bilanz ► GuV ► Anhang (inkl. Segmentbericht) ► Eigenkapitalspiegel ► Kapitalflussrechnung

* Eine detaillierte Darstellung diverser Bilanzierungs- und Bewertungswahlrechte erfolgt im weiteren Verlauf dieses Kapitels.

4. Jahresabschluss nach IFRS (Presentation of Financial Statement)

IAS 1 legt die Grundprinzipien des Abschlusses und den Inhalt eines Abschlusses fest. Die Vorschriften des IAS 1 sind sowohl auf Einzel- als auch auf Konzernabschlüsse (IAS 1.4) anzuwenden. Damit soll sichergestellt werden, dass die Vergleichbarkeit von Abschlüssen des eigenen Unternehmens im Zeitverlauf sowie mit anderen Unternehmen gewährleistet ist.

Der Jahresabschluss (*financial statement*) hat nach den Vorschriften des IAS 1.9 die Vermögens-, Finanz- und Ertragslage sowie die Cashflows eines Unternehmens entsprechend der tatsächlichen Verhältnisse darzustellen (IAS 1.15). Diese Formulierung des IAS 1.15 entspricht den Vorschriften des § 264 (2) HGB. Im Anhang des IFRS Abschlusses muss der Unternehmer eine Erklärung abgeben, dass sein Jahresabschluss mit den IFRS im Einklang steht (IAS 1.16). Erfüllt ein Abschluss nicht alle Voraussetzungen des IFRS, dann darf er nicht „als mit dem IFRS übereinstimmend" bezeichnet werden (IAS 1.16 Satz 2).

Berichtszeitraum

Der Abschluss nach IFRS ist mindestens jährlich aufzustellen und umfasst i. d. R. einen Zeitraum von zwölf Monaten (IAS 1.36).

Bestandteile

Die IFRS Vorschriften schreiben im Gegensatz zu den deutschen Rechnungslegungsvorschriften kein verbindliches Bilanzgliederungsschema vor. Allerdings definiert der IAS 1.10, dass ein vollständiger Abschluss (*complete set of financial statement*) die nachfolgend benannten Mindestbestandteile enthalten muss:

- Bilanz (*balance sheet*) zum Abschlussstichtag,
- Gesamtergebnisrechnung (*statement of comprehensive income*) für die Periode,
- Eigenkapitalveränderungsrechnung (*statement of changes in equity*) für die Periode,
- Kapitalflussrechnung (*cashflow-statement*) für die Periode,

- Anhang (*notes*), der eine zusammenfassende Darstellung der wesentlichen Rechnungslegungsmethoden und sonstige Erläuterungen enthält,
- Bilanz zu Beginn der frühesten Vergleichsperiode, wenn ein Unternehmen eine Rechnungslegungsmethode rückwirkend anwendet oder Posten im Abschluss rückwirkend anpasst, berichtigt oder untergliedert.

IAS 1.10 erlaubt explizit, dass die Unternehmen andere Begriffe für obige Bestandteile verwenden. Sollte eines dieser Elemente fehlen, dann ist der Abschluss nach IFRS nicht vollständig. IAS 1.12 erlaubt, dass ein Unternehmen die Ergebnisbestandteile im Rahmen einer einzigen Ergebnisrechnung oder in einer gesonderten Gewinn- und Verlustrechnung ausweist.

Für am Kapitalmarkt positionierte Unternehmen ist nach IFRS 8 zusätzlich ein Segmentbericht (*segment reports*) notwendig.

Jeder Bestandteil eines Jahresabschlusses muss eindeutig bezeichnet sein. Er muss den Namen des berichtenden Unternehmens, den Bilanzstichtag oder die Bilanzperiode, Bilanzwährung und eine Angabe, ob es sich um einen Einzel- oder Konzernabschluss handelt, enthalten (IAS 1.51).

§ 242 (3) HGB definiert im Gegensatz zu den IFRS Regelungen die Bestandteile des Jahresabschlusses, indem hier ausschließlich auf die GuV und die Bilanz verwiesen wird. Eine Erweiterung dieser Bestandteile wird lediglich für Kapitalgesellschaften in § 264 (1) HGB (Anhang) und § 284 (2) HGB (Angaben über Bilanzierungs- und Bewertungsmethoden) vorgenommen. Nur für Konzernunternehmen (§ 297 (1) HGB) und kapitalmarktorientierte Kapitalgesellschaften wird zusätzlich ein Eigenkapitalspiegel und eine Kapitalflussrechnung verlangt. Ein Vergleich mit den Regelungen des HGB zeigt bereits, dass Unternehmen, die einen deutschen Abschluss erstellen, nur unter zusätzlichem Aufwand gleichzeitig einen vollständigen IFRS Abschluss erlangen können.

Im Folgenden sollen einzelne Abschlussbestandteile näher erläutert werden.

4.1 Bilanz (Balance sheet)

§ 266 HGB gibt genau vor, wie die Bilanz – insbesondere bei Kapitalgesellschaften – zu gliedern ist. Die Bilanz im IFRS Abschluss soll den Adressaten über die Vermögenslage des Unternehmens informieren, wobei auch hier eine Gegenüberstellung von Vermögenswerten (*assets*) und Schulden (*liabilities and equity*) erfolgt. Wie gezeigt, enthält IAS 1.54 allerdings nur eine Aufstellung der Posten, die eine Bilanz mindestens beinhalten muss.

Eine solch straffe Reihenfolge oder Gliederung wie es das HGB vorgibt, gibt der IAS 1 nicht vor. In IAS 1.57 wird klargestellt, dass eine besondere Darstellungsform nicht vorgeschrieben wird. Es besteht somit die Möglichkeit, die Bilanz in Staffel- (*report form*) oder Kontenform (*account form*) zu erstellen, wobei sich in der Praxis die Staffelform durchgesetzt hat. Der Ausweis der Bilanzposten erfolgt nach der Fristigkeit.

Nach IAS 1.60 sind grundsätzlich nur langfristige und kurzfristige Vermögensgegenstände (Anlage- und Umlaufvermögen) sowie langfristige und kurzfristige Schulden als getrennte Gliederungspunkte darzustellen. Für Banken und andere Finanzinstitute ist eine Gliederung nach der Liquidität vorgesehen. Hilfestellung zur Klassifizierung lang- und kurzfristiger Vermögensgegenstände gibt IAS 1.66 bis 1.68. Die Differenzierungskriterien zur Abgrenzung von lang- und kurzfristigen Schulden werden in IAS 1.69 bis 1.76 gegeben.

Bei der Bilanzgliederung nach IFRS ist darüber hinaus zu beachten, dass Vermögenswerte und Schulden grundsätzlich nicht saldiert werden dürfen (Saldierungsverbot nach IAS 1.32), Vorjahreswerte anzugeben sind (IAS 1.38) und die Darstellung stetig sein sollte (IAS 1.45).

Informationen, die in der Bilanz darzustellen sind, werden nachfolgend aufgeführt (Auszug aus den Mindestinhalten nach IAS 1.54):

Aktivseite: Vermögenswerte (*assets*)		
A.	**Anlagevermögen (*noncurrent assets*):**	
	I.	Immaterielle Vermögenswerte (*intangible assets*) (Patente, Urheberrechte, Software, Firmenwert, Entwicklungskosten)
	II.	Sachanlagen (*property, plant & equipment*) (Grund und Boden, Gebäude, Maschinen, Fahrzeuge, Betriebs- und Geschäftsausstattung)
	III.	Als Finanzinvestitionen gehaltene Immobilien (*investment properties*) (Vermietungsobjekte, Objekte im Bereich des Miet- und Finanzierungsleasing)
B.	**Umlaufvermögen (*current assets*):**	
	I.	Vorräte (*inventories*) (Roh-, Hilfs-, Betriebsstoffe, Waren, Fertigerzeugnisse, halbfertige Erzeugnisse)
	II.	Forderungen aus Lieferungen und Leistungen (*trade receivables*) und sonstige Forderungen (*other receivables*)
	III.	Kurzfristige finanzielle Vermögenswerte (*current financial assets*) (Wertpapiere des Umlaufvermögens)
	IV.	Aktive Rechnungsabgrenzungsposten (*prepaid expenses*)
	V.	Zahlungsmittel und Zahlungsmitteläquivalente (*cash and cash equivalents*)
Passivseite: Eigenkapital und Schulden (*equity and liabilities*)		
A.	**Eigenkapital (*capital and reserves*)**	
	I.	Gezeichnetes Kapital (*issued capital*)
	II.	Rücklagen (*reserve*)
B.	**Langfristige Verbindlichkeiten (*noncurrent liabilities*)**	
	I.	Langfristige finanzielle Verbindlichkeiten (*noncurrent financial liabilities*) (Bankdarlehen)
	II.	Passive latente Steuern (*deferred tax liabilities*) (Entstehen, wenn die IFRS-Bilanzgewinn höher ist, als der Steuerbilanzgewinn und es sich um eine zeitliche Differenz handelt!)
	III.	Rückstellungen (*non-financial liabilities*)
C.	**Kurzfristige Verbindlichkeiten (*current liabilities*)**	
	I.	Verbindlichkeiten aus Lieferungen und Leistungen (*trade payables*) und sonstige Verbindlichkeiten (*other payables*)
	II.	Kurzfristige finanzielle Verbindlichkeiten (*current financial liabilities*) (Kontokorrentkredite, erhaltene Anzahlungen)
	III.	Passive Rechnungsabgrenzungsposten (*deferred income*).

Erläuterungen

- Anlagevermögen = Posten (Items), die langfristig im Betrieb genutzt werden
- Umlaufvermögen = kurzfristige Posten

Anzumerken ist an dieser Stelle, dass das Fehlen von detaillierten Gliederungsvorschriften im IFRS Abschluss mit der Folge, dass die präsentierten Abschlüsse unterschiedlichste Gliederungen aufweisen, die angestrebte Zielsetzung der Vergleichbarkeit und Verständlichkeit von Unternehmensabschlüssen eher erschwert, denn verbessert!

Da es den Rahmen dieses Buches sprengen würde, die Bewertungsvorschriften nach IFRS für alle in der obigen Bilanzgliederung aufgeführten Posten darzustellen, soll nachfolgend lediglich auf die wesentlichen Gliederungspositionen

- Vermögenswerte (*assets*),
- Eigenkapital (*equity*) und
- Schulden (*liabilities*)

eingegangen werden. Diese entsprechen im Prinzip der Einteilung, die aus den deutschen Rechnungslegungsvorschriften (HGB, GoB) bereits bekannt ist. Lediglich die Rechnungsabgrenzungsposten fehlen in der Mindestgliederung der IFRS. Diese sind hier inhaltlich unter den Vermögenswerten und Schulden zu finden.

4.1.1 Vermögenswerte (Assets)

Im Gegensatz zum HGB, das den Begriff Vermögensgegenstand i. S. v. veräußerbarer Vermögensgegenstand benutzt, wird im IFRS Abschluss der Begriff „**Vermögenswert**" benutzt.

Nach dem Framework (F. 49) handelt es sich bei einem Vermögenswert um eine Ressource, die auf Grund von Ereignissen in der Vergangenheit, z. B. durch Kauf oder Produktion, in den Verfügungsbereich des Unternehmens gelangt ist, und von der erwartet wird, dass dem Unternehmen aus ihr künftiger wirtschaftlicher Nutzen zufließt.

Ein wirtschaftlicher Nutzen entsteht z. B. dadurch, dass eine erworbene Maschine direkt oder indirekt mehr Mittelzufluss als Mittelabfluss generiert. Ein indirekter Zufluss von Zahlungsmitteln könnte darin liegen, dass mit der neuen Maschine Rationalisierungspotential verbunden ist, das z. B. die Personalkosten um 10 % sinken lässt. Sinkende Personalkosten bedeuten ein Sinken des Zahlungsmittelabflusses und folglich einen wirtschaftlichen Nutzen. Die Maschine stellt einen Vermögenswert dar und ist zu aktivieren.

Neben der Erfüllung der Definition der Vermögenswerte (*assets*) muss zur Aktivierung des Vermögenswertes noch das Ansatzkriterium der Wahrscheinlichkeit (*probability*) und der Messbarkeit (*reliable measurement*) erfüllt sein. Das Kriterium der *probability* stellt auf die Wahrscheinlichkeit des Nutzenzuflusses ab. Das Rahmenkonzept definiert zwar keine Wahrscheinlichkeit, aber aus der Tatsache, dass die Wahrscheinlichkeit eines Nutzenzuflusses größer sein sollte als die eines Abflusses, wird eine Wahrscheinlichkeit von mehr als 0,5 gefordert. Allerdings ist die Einschätzung der Wahrscheinlichkeit subjektiv, da sie vom Bilanzierenden durchgeführt wird. Das *reliable measurement* verlangt eine verlässliche Bestimmbarkeit des Vermögenswertes. Dieses Kriterium ist z. B. bei dem Kauf einer Maschine unproblematisch, da nachweisbare Anschaffungskosten vorliegen.

ABB. 65: Aktivierungskriterien für *assets*

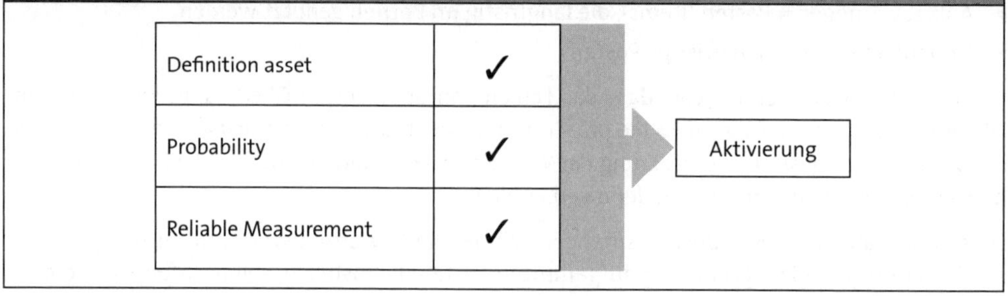

Ein Vermögenswert ist des Weiteren als kurzfristig einzustufen (IAS 1.66), wenn

a) seine Realisation innerhalb von 12 Monaten nach dem Bilanzstichtag erwartet wird,

b) seine Realisation innerhalb des Geschäftszyklus erwartet wird,

c) er für Handelszwecke gehalten wird,

d) es sich um liquide Mittel handelt.

   (Ausnahme: Das Unternehmen kann für mindestens 12 Monate diese Mittel nicht verwenden.)

Es reicht, wenn mindestens eine der vorgenannten Voraussetzungen erfüllt wird. Alle anderen nicht aufgeführten Vermögenswerte sind als langfristig einzustufen.

Die Unterscheidung von kurz- und langfristigen Vermögenswerten entspricht im Wesentlichen der Unterscheidung von Anlagevermögen und Umlaufvermögen.

Grundsätzlich ist der Begriffsinhalt des Vermögenswertes nach dem Rahmenkonzept umfassender als der Begriff des Vermögensgegenstandes des HGB. Die Voraussetzung der selbstständigen Bewertbarkeit und selbstständigen Verkehrsfähigkeit, die z. B. bei der Aktivierung von Computern und Computerzubehör immer wieder eine Rolle spielt, wird im IFRS Abschluss im Gegensatz zur deutschen Rechnungslegung nicht gefordert.

Ein wesentliches Unterscheidungskriterium in der Behandlung von *assets* nach IFRS und der Behandlung von Vermögensgegenständen im HGB liegt im Zeitbezug. Vermögensgegenstände nach HGB sind Bestandsgrößen, d. h. statische Größen, die zeitpunktbezogen betrachtet werden. Ein Vermögenswert (*asset*) dagegen weist einen dynamischen Charakter auf: nicht die Verwertbarkeit zu einem Zeitpunkt steht im Mittelpunkt der Betrachtung, sondern die Fähigkeit zur Erzielung von zukünftigen Einzahlungsüberschüssen.

4.1.2 Eigenkapital (Equity)

Der handelsrechtliche Begriff des Eigenkapitals wird im § 272 HGB definiert. Es setzt sich zusammen aus dem gezeichneten Kapital sowie den Kapital- und Gewinnrücklagen.

Der Framework (F. 49) definiert synonym zum Grundsatz der GoB und dem HGB das Eigenkapital als Differenz zwischen Vermögenswerten abzüglich Schulden.

Vermögenswerte
- Schulden
= Eigenkapital

Auch der IFRS Abschluss sieht die Möglichkeit eines gesonderten Ausweises vor. So können Konzerne Gesellschafterbeiträge (Einlagen), Gewinnrücklagen vor und nach der Verwendung (thesaurierte Gewinne) und Kapitalerhaltungsrücklagen gesondert ausweisen.

4.1.3 Schulden

Im Gegensatz zum HGB, das den Begriff der Verbindlichkeit benutzt, wird im IFRS Abschluss der Begriff der Schulden verwendet.

Bei einer Schuld handelt es sich um eine gegenwärtige Verpflichtung des Unternehmens, die aus Ereignissen der Vergangenheit entsteht und deren Erfüllung für das Unternehmen erwartungsgemäß mit einem Abfluss von Ressourcen mit wirtschaftlichem Nutzen verbunden ist (F. 49), z. B. Verbindlichkeiten aus Lieferungen und Leistungen, Aufnahme von Darlehen. Auch Rückstellungen, sofern sie als gegenwärtige Verpflichtung anzusehen sind, werden unter dem Begriff „Schuld" erfasst, z. B. Rückstellungen für Garantieverpflichtungen, Rückstellungen für Pensionsverpflichtungen etc. Auch für die Passivierungspflicht von Schulden sind gemäß den Ansatzvorschriften nach IFRS neben der Definition das Kriterium der *probability* (Wahrscheinlichkeit des Nutzenabflusses mit mehr als 50 % Wahrscheinlichkeit) und des *reliable measurement* (verlässliche Bestimmbarkeit des Nutzenabflusses) zu erfüllen. Gerade beim Ansatz von Rückstellungen spielt das Ansatzkriterium der Wahrscheinlichkeit eine nicht unerhebliche Rolle.

ABB. 66: Passivierungskriterien für *liabilities*

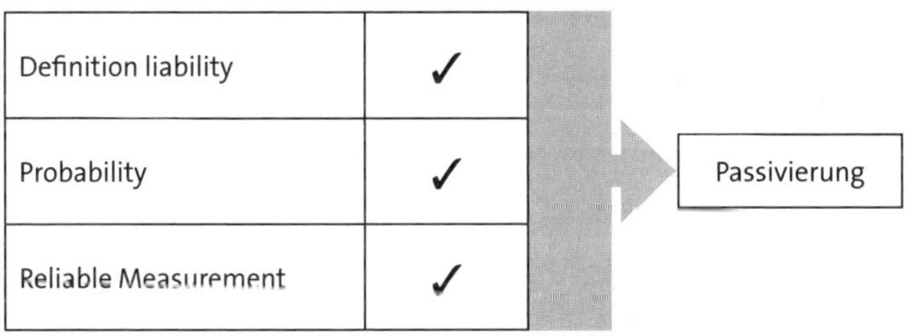

Eine Schuld ist als kurzfristig einzustufen (IAS 1.69), wenn

a) ihre Tilgung innerhalb von 12 Monaten nach dem Bilanzstichtag erwartet wird,

b) ihre Tilgung innerhalb des Geschäftszyklus erwartet wird,

c) sie für Handelszwecke gehalten wird.

Auch bei einer Schuld reicht es aus, wenn mindestens eines der vorgenannten Kriterien erfüllt wird. Alle anderen Schulden sind als langfristig einzustufen.

Die Differenzierung der Schulden in kurz- und langfristige Schulden ist im HGB nicht verankert. § 268 (5) HGB sieht lediglich vor, Verbindlichkeiten mit einer Restlaufzeit von weniger als einem Jahr entsprechend zu kennzeichnen.

Als **Geschäftszyklus** eines Unternehmens wird der Zeitraum zwischen dem Erwerb eines Vermögenswertes, der in den Leistungsprozess eingeht und seine Umwandlung, z. B. Verkauf an den Abnehmer, in Zahlungsmittel oder Zahlungsmitteläquivalente bezeichnet. Ist dieser Zeitraum nicht genau bestimmbar, wird von einem Zeitraum von zwölf Monaten ausgegangen.

Vermögenswerte und Schulden dürfen nicht miteinander saldiert werden, es sei denn, dass die Saldierung von einem Standard oder einer Interpretation ausdrücklich gefordert oder erlaubt wird (IAS 1.32).

Der IAS 1.77 schreibt vor, dass in der Bilanz mindestens folgende Schuldposten (Verbindlichkeiten) ausgewiesen werden müssen:

- Verbindlichkeiten aus Lieferungen und Leistungen und sonstige Verbindlichkeiten,
- Ertragsteuerschulden,
- Finanzschulden,
- Rückstellungen.

Darüber hinaus sind weitere zusätzliche Positionen auszuweisen, wenn dies notwendig ist, um die Vermögens- und Finanzlage des Unternehmens entsprechend den tatsächlichen Verhältnissen darzustellen (s. IAS 16).

Es besteht aber auch die Möglichkeit, weitere Angaben in den Anhang zu verlagern.

Dies führt in der Praxis zu Problemen, da so eine einheitliche Darstellung – wie z. B. das HGB im § 266 Abs. 3 HGB vorgibt – in den IFRS Abschlüssen nicht gewährleistet ist.

So können Unternehmen z. B. in Ihrer Bilanz nur die Posten Verbindlichkeiten und latente Steuern ausweisen und alle anderen Angaben im Anhang vornehmen.

Auch besteht die Möglichkeit, die Passivseite genau zu gliedern, z. B. in

- langfristiges Fremdkapital:
  - langfristige Rückstellungen,
  - langfristige Finanzschulden,
  - langfristige Verbindlichkeiten und
- kurzfristiges Fremdkapital:
  - kurzfristige Rückstellungen,
  - kurzfristige Finanzschulden und
  - kurzfristige Verbindlichkeiten.

In der Bilanzierungspraxis sollten die Unternehmen in der IFRS Bilanz ihre Schulden detailliert darstellen, um so dem Adressaten die notwendigen Informationen zur Verfügung stellen zu können, die er benötigt.

Erfolgt keine detaillierte Untergliederung in der Bilanz, muss diese im Anhang (s. Tz. 12.5) vorgenommen werden.

4.2 Gesamtergebnisrechnung (Income statement – IAS 1.81)

Nach den Vorschriften des IAS 1.81 muss ein Unternehmen alle in einer Periode erfassten Ertrags- und Aufwandsposten entweder

- in einer einzigen Gesamtergebnisrechnung oder
- in zwei Aufstellungen präsentieren: einer Aufstellung der Bestandteile des Gewinns oder Verlustes (gesonderte Gewinn- und Verlustrechnung) und einer Überleitung beginnend mit dem Gewinn oder Verlust zum Gesamtergebnis mit Ausweis der Bestandteile des sonstigen Ergebnisses.

Das sonstige Ergebnis beinhaltet die neutralen Erträge und Aufwendungen, die z. B. durch Zuschreibungen im Rahmen einer Neubewertung entstanden sind.

IAS 1.81 erlaubt zwei mögliche Darstellungsformen des Periodenergebnisses; das Ergebnis ist von der gewählten Darstellungsform unabhängig.

Ziel der Gewinn- und Verlustrechnung ist es, Informationen zur Ertragskraft des Unternehmens bereitzustellen. Im Paragraphen 70 des Rahmenkonzeptes werden die Begriffe „Erträge (*income*)" und „Aufwendungen (*expenses*)" wie folgt definiert:

- **Erträge** (*income*) stellen eine Zunahme des wirtschaftlichen Nutzens in der Berichtsperiode durch Zuflüsse oder Erhöhungen von Vermögenswerten oder Abnahme von Schulden dar, die zu einer Erhöhung des Eigenkapitals führen, die nicht auf eine Einlage des Anteilseigners zurückzuführen ist. Sie werden unterteilt in Erlöse (*revenues*) und andere Erträge (*gains*).
  - **Erlöse** (F. 74) fallen im Rahmen der gewöhnlichen Geschäftstätigkeit eines Unternehmens an und werden u. a. bezeichnet als Umsatzerlöse, Dienstleistungsentgelte, Zinsen, Mieten, Dividenden und Lizenzerträge.
  - **Andere Erträge** sind Posten, die auch die Definition von Erträgen erfüllen (s. o.). Sie können im Rahmen der gewöhnlichen Geschäftstätigkeit anfallen oder nicht. Da es auch hierbei zu einer Zunahme des wirtschaftlichen Nutzens kommt, unterscheiden sie sich in ihrer Art nach nicht von den Erlösen. Zu den anderen Erträgen gehören beispielsweise auch Erträge aus der Veräußerung von langfristigen Vermögenswerten, Erträge aus der Neubewertung marktfähiger Wertpapiere oder Erträge aus der Erhöhung des Buchwertes langfristiger Vermögenswerte (nicht realisierte Bewertungsgewinne).
- **Aufwendungen *(expenses)*** stellen eine Abnahme des wirtschaftlichen Nutzens in der Berichtsperiode durch Abflüsse oder Verminderung von Vermögenswerten oder Erhöhung von Schulden dar, die zu einer Abnahme des Eigenkapitals führen, die nicht auf Ausschüttungen an die Anteilseigner zurückzuführen ist. Auch bei den Aufwendungen wird unterschieden zwischen den Aufwendungen, die im Rahmen der gewöhnlichen Geschäftstätigkeit anfallen (= *expenses*) und den anderen Aufwendungen (= *losses*).
  - Zu den **Aufwendungen**, die im Rahmen der gewöhnlichen Tätigkeit eines Unternehmens anfallen, zählen Umsatzkosten, Löhne und Gehälter, Abschreibungen, usw. Sie treten als Abfluss oder als Abnahme von Vermögenswerten auf, z. B. Zahlungsmittel, Zahlungsmitteläquivalente, Vorräte und Sachanlagen.
  - **Andere Aufwendungen** können im Rahmen der gewöhnlichen Tätigkeit eines Unternehmens entstehen oder nicht, z. B. außerplanmäßige Abschreibungen, Veräußerungsverluste. Sie stellen eine Abnahme des wirtschaftlichen Nutzens dar und unterscheiden sich in-

sofern ihrer Art nach nicht von den Aufwendungen, die im Rahmen der gewöhnlichen Tätigkeit des Unternehmens anfallen. Im Framework werden sie daher nicht als eigenständige Posten behandelt (F. 79).

Die Unterscheidung zwischen Erträgen und Aufwendungen in den Ansatzvorschriften der IFRS entspricht der Unterscheidung in den deutschen Rechnungslegungsvorschriften gemäß GoB/HGB. Dort wird unter Erträgen ein Wertezuwachs und unter Aufwand ein Verbrauch von Gütern und Dienstleistungen in einer Periode verstanden. Die Begriffe entsprechen sich inhaltlich somit weitestgehend.

Hinsichtlich der Form der Gewinn- und Verlustrechnung schreibt § 275 HGB vor, dass die Gewinn- und Verlustrechnung in Staffelform nach dem Gesamtkostenverfahren oder dem Umsatzkostenverfahren aufgestellt werden muss.

Vergleichbare strenge Gliederungsschemata findet man in IAS 1 nicht. Vorgegeben wird lediglich eine Mindestgliederung. Zusätzliche Untergliederungen können bei Bedarf vorgenommen werden. Sie müssen vorgenommen werden, wenn andere Standards dies vorschreiben. Grundsätzlich sind alle in einer Periode erfassten Ertrags- und Aufwandsposten zu berücksichtigen, wenn sie wesentlich sind, es sei denn, ein Standard oder eine Interpretation schreibt etwas anderes vor (IAS 1.81).

IAS 1.82 nennt die Informationen, die in der Gesamtergebnisrechnung mindestens darzustellen sind:

a) Umsatzerlöse (*revenue*),
b) Finanzierungsaufwendungen (*finance costs*),
c) Gewinn- und Verlustanteile an assoziierten Unternehmen und Gemeinschaftsunternehmen, die nach der Equity-Methode bilanziert werden,
d) Gewinne oder Verluste vor Steuern auf die Veräußerung von Vermögenswerten oder die Abgeltung von Schulden in Verbindung mit der Aufgabe von Geschäftsbereichen (= Gesamtergebnis von eingestellten, aufgegebenen Geschäftsbereichen),
e) Steueraufwendungen (*tax expense*),
f) Periodenergebnis (*profit or loss*),
g) Bestandteile des sonstigen Ergebnisses (*other comprehensive income*) und
h) Gesamtergebnis der Periode (*total comprehensive income*).

Bei Konzernabschlüssen sind zusätzlich anzugeben:

a) Ergebnisanteile, die den Minderheitsanteilen (-gesellschaftern) zuzurechnen sind (*non-controlling interest*) und
b) Ergebnisanteile, die den Anteilseignern des Mutterunternehmens zuzurechnen sind (*owners of the parent*).

Des Weiteren sind zusätzliche Posten, Überschriften und Zwischensummen in der GuV darzustellen, sofern eine solche Darstellung für das Verständnis der Ertragslage des Unternehmens relevant ist (IAS 1.85).

Außerordentliche Posten (Aufwendungen und Erträge) dürfen in der GuV nicht erfasst werden (IAS 1.87).

Die Saldierung von Erträgen und Aufwendungen ist grundsätzlich verboten, es sei denn, ein Standard oder eine Interpretation fordert bzw. erlaubt dies (IAS 1.32).

An die Anteilseigner ausgeschüttete Dividenden können entweder in der Eigenkapitalveränderungsrechnung oder im Anhang ausgewiesen werden (IAS 1. 107).

Die Ermittlung des Periodenerfolgs ist auch nach den Regelungen der IFRS, wie im Handelsrecht, auf zwei Arten möglich:

- mit dem Gesamtkostenverfahren (*Nature of Expense Method*, IAS 1.102) oder
- mit dem Umsatzkostenverfahren (*Cost of Sales Method*, IAS 1.103)

Durch unterschiedliche Möglichkeiten des Ansatzes und der Bewertung von bestimmten Posten können sich im Vergleich zur Anwendung der Regeln des HGB aber unterschiedliche Periodenergebnisse ergeben.

4.2.1 Gesamtkostenverfahren nach IFRS (Nature of Expense Method – IAS 1.102)

Beim Gesamtkostenverfahren werden die Aufwendungen nach ihrer Art zusammengefasst, (z. B. Abschreibungen, Materialeinkauf, Transportaufwand, Leistungen an Arbeitnehmer, Werbekosten) und nicht nach ihrer Zugehörigkeit auf die einzelnen Funktionsbereiche des Unternehmens verteilt. Es wird somit kostenartenorientiert gebucht. Der IAS 1.102 spricht von einer einfach anzuwendenden Methode, da keine Zuordnung zu den einzelnen Funktionsbereichen (Beschaffung, Produktion, Vertrieb) des Unternehmens notwendig ist.

Die Grundgliederung der Gewinn- und Verlustrechnung nach dem Gesamtkostenverfahren hat folgendes Aussehen:

ABB. 67: Grundgliederung der Gewinn- und Verlustrechnung nach GKV

GuV-Rechnung (*Income Statement*)
1. Umsatzerlöse 2. Sonstige betriebliche Erträge 3. Bestandsveränderungen fertiger und unfertiger Erzeugnisse 4. Aufwand für Roh-, Hilfs-, und Betriebsstoffe 5. Aufwendungen für Leistungen an Arbeitnehmer 6. Planmäßige Abschreibungen 7. Sonstige Aufwendungen
= Ergebnis der betrieblichen Tätigkeit
8. Finanzerträge 9. Finanzierungsaufwendungen
= Periodenergebnis vor Steuern
10. Ertragsteueraufwand
= Periodengewinn/Periodenaufwand

BEISPIEL:

		Aufwand	Ertrag
	Umsatzerlöse		100.000.000
+	Sonstige betriebliche Erträge		50.000.000
±	Bestandsveränderungen (Fertige und unfertige Erzeugnisse)	5.000.000	
-	Aufwendungen für Roh-, Hilfs- und Betriebsstoffe	30.000.000	
-	Personalaufwand	80.000.000	
-	Aufwand für planmäßige Abschreibungen	5.000.000	
-	Sonstige betriebliche Aufwendungen	10.000.000	
		→	
	Gesamtaufwand	130.000.000	-130.000.000
=	Ergebnis der betrieblichen Tätigkeit (EBIT = *earnings before interest and taxes*)		20.000.000

BEISPIEL:

Die Strandkorb AG mit Sitz in St. Peter Ording hat im Jahr 20x1 5.000 Strandkörbe „Friesland Teak Design“ produziert. 4.000 Strandkörbe sind für 10 Mio. € zuzüglich Umsatzsteuer verkauft worden. Für die Produktion benötigte die Strandkorb AG Material für 3.600.000 €. Für Personal wurden insgesamt 4.900.000 €, davon 3.200.000 € allgemeine Verwaltungskosten, ausgegeben. Die Abschreibungen der zur Fertigung notwendigen Maschinen betragen 2.400.000 €, wobei 800.000 € außerplanmäßig durch einen Wasserschaden verursacht worden sind. Weitere nicht produktive Kosten fallen in Höhe von 360.000 € an (*other expenses*). Weiterhin wird eine erfolgsneutrale Abwertung finanzieller Vermögenswerte in Höhe von 144.000 € vorgenommen sowie eine Neubewertung von Sachanlagen in Höhe von 360.000 €.

Die Bestandsveränderung ist gemäß IFRS auf Vollkostenbasis zu berechnen. Die Herstellkosten der 5.000 produzierten Strandkörbe ergeben sich zu:

	Materialaufwand	3.600.000 €
+	Personalaufwand ohne Verwaltung	1.700.000 €
+	planmäßige Abschreibung	1.600.000 €
=	Herstellkosten	6.900.000 €
	Herstellkosten pro Stück	$\frac{6.900.000\,€}{5.000\text{ St}} = 1.380\,€/\text{St}$
	Lagerbestandszuwachs 1.000 Stück	1.000 St * 1.380 €/St =1.380.000 €

Income Statement

Umsatzerlöse	10.000.000 €
Bestandsveränderungen fertige/unfertige Erzeugnisse	1.380.000 €
Materialaufwand	-3.600.000 €
Aufwendungen für Leistungen an Arbeitnehmer	-4.900.000 €
Planmäßige Abschreibungen	-1.600.000 €
Sonstige Aufwendungen	-1.160.000 €
= Periodengewinn	120.000 €

Wenn die Darstellung der Ergebnisrechnung in zwei Teilen gewählt wird, ist das GuV-Ergebnis zum Gesamtergebnis weiterzuentwickeln. Dies geschieht durch die Erfassung sonstiger Erfolgskomponenten (ohne Steuern) wie folgt:

Statement of comprehensive Income

Periodengewinn		120.000 €
Neubewertung Sachanlage	360.000 €	
Erfolgsneutrale Abwertung	-144.000 €	
Bestandteile des sonstigen Ergebnisses	216.000 €	216.000 €
Gesamtergebnis		336.000 €

4.2.2 Umsatzkostenverfahren nach IFRS (Income by function – IAS 1.103)

Das Umsatzkostenverfahren bezeichnet und unterteilt die Aufwendungen entsprechend der funktionalen Zugehörigkeit als Teile der Umsatzkosten, z. B. Vertriebs- und Verwaltungskosten. Die Verbuchung der Aufwendungen erfolgt kostenstellenorientiert, d. h., dass eine Kostenstellenrechnung erforderlich wird, aus der zu entnehmen ist, in welchen Bereichen (Stellen) im Unternehmen die jeweiligen Aufwendungen angefallen sind.

Die Grundgliederung der GuV-Rechnung nach dem Umsatzkostenverfahren hat folgendes Aussehen:

ABB. 68:	Grundgliederung der Gewinn- und Verlustrechnung nach UKV
1. Umsatzerlöse	
2. Umsatzaufwand	
= Bruttogewinn vom Umsatz	
3. Sonstige betriebliche Erträge	
4. Vertriebskosten	
5. Verwaltungskosten	
6. Sonstige betriebliche Aufwendungen	
= Ergebnis der betrieblichen Tätigkeit (EBIT)	

Wie aus obiger Gliederung ersichtlich, erfolgt die Ermittlung des Bruttogewinns (*gross profit*) aus der Differenz von Umsatzerlösen und Umsatzaufwand. Umsatzaufwand ist dabei das Produkt aus abgesetzter Menge und Stückherstellkosten. Zu den sonstigen betrieblichen Aufwendungen gehören solche Aufwendungen, die weder der Produktion noch dem Vertrieb oder der Verwaltung zuzuordnen sind. Beispiele solcher Aufwandsarten sind Verluste, die durch den Verkauf von Sachanlagen entstehen, Forderungsabschreibungen oder auch außerplanmäßige Abschreibungen. Forschungs- und Entwicklungsaufwand darf nicht aktiviert werden, muss aber gesondert ausgewiesen werden. Der Ertragsausweis von Fertigungsaufträgen, die länger als ein Geschäftsjahr zur Fertigstellung benötigen (z. B. Schiffsbau), erfolgt nach IAS 11 bisher nach dem Fertigstellungsgrad am Bilanzstichtag; d. h., wenn der Fertigungsauftrag (Kreuzfahrtschiff) insgesamt ein Volumen von 100 Mio. € besäße und zum Bilanzstichtag der Fertigstellungsgrad 30 % betrüge, so wären 30 Mio. € Umsatzerlöse ansetzbar. Allerdings befindet sich dieser Standard zurzeit in Überarbeitung. Es wird erwartet, dass in 2012 die überarbeitete Version veröffentlicht wird und danach eine Aufteilung der gesamten Vergütung auf Teilleistungen erfolgen muss. Der Ansatz einer Teilleistung wird dann voraussichtlich erst möglich sein, wenn der Kunde Kontrolle am jeweiligen Produkt (Teilprodukt) erhält, nicht mehr nach Fertigstellungsgrad.

BEISPIEL:

Würde die Strandkorb AG ihre GuV nach dem Umsatzkostenverfahren präsentieren, ergäbe sich folgende Darstellung:

Income Statement (Cost of Sales Method)

Umsatzerlöse	10.000.000 €
Umsatzaufwand (4.000 St * 1.380 €/St)	-5.520.000 €
Bruttogewinn	= 4.480.000 €
Sonstige betriebliche Erträge (Neubewertung)	360.000 €
Verwaltungskosten	-3.200.000 €
Sonstiger Aufwand (außerpl. Abschreibung, nicht produktive Kosten und Abwertung finanzieller Vermögenswerte)	-1.304.000 €
Ergebnis der betrieblichen Tätigkeit (vor Steuern)	= 336.000 €

Entschließt sich ein Unternehmen, die GuV nach Umsatzkostenverfahren darzustellen, muss es zusätzliche Informationen über die Art der Aufwendungen im Anhang darstellen. Dies gilt insbesondere für planmäßige Abschreibungen und Leistungen an Arbeitnehmer.

Ob ein Unternehmen seine GuV nach dem Gesamt- oder Umsatzkostenverfahren gliedert, richtet sich danach, welche Darstellungsweise die verlässlichen und relevanten Informationen über das Unternehmen präsentiert.

Deutsche Unternehmen wenden bisher überwiegend das Gesamtkostenverfahren unter Beachtung der Gliederungsvorschriften des § 275 HGB an. Ein Vergleich handelsrechtlicher Vorschriften mit denen der IAS 1.102 und 1.103 ergibt, dass eine Gliederung nach § 275 (2) HGB im Prinzip den Vorgaben des IAS 1.102 und eine Gliederung nach § 275 (3) HGB den Vorgaben des IAS 1.103 entspricht. Ein Unterschied ergibt sich immer dann, wenn außerordentliche Erträge und/oder außerordentliche Aufwendungen nach HGB Gliederung ausgewiesen werden, denn die IAS/IFRS unterscheiden nicht zwischen dem Ergebnis aus der gewöhnlichen Geschäftstätigkeit und dem außerordentlichen Ergebnis. IAS 1.87 verbietet sogar den Ausweis außerordentlicher Posten!

4.3 Eigenkapitalveränderungsrechnung (Statement of changes in equity)

IAS 1.10 verlangt zu einem vollständigen Abschluss die Erstellung einer Eigenkapitalveränderungsrechnung. Im Gegensatz zum Handelsrecht, wo die Aufstellung einer Eigenkapitalveränderungsrechnung nur im Konzernabschluss verlangt wird, ist diese im IFRS Abschluss verpflichtend.

Unterschiedliche IAS- und IFRS-Standards ermöglichen eine Vielzahl von erfolgsneutralen Buchungen, die nicht in der GuV, sondern beim Eigenkapital erfasst werden, z. B. Neubewertungsgewinne und -verluste, bestimmte Umrechnungsdifferenzen, Gewinne und Verluste aus der Neubewertung der zur Veräußerung verfügbaren finanziellen Vermögenswerte. Aus Gründen der Transparenz und für die Beurteilung der Veränderungen der Finanzlage eines Unternehmens zwischen den Bilanzstichtagen ist es daher erforderlich, dass sämtliche Gewinne und Verluste erfasst werden. Mit Hilfe der Eigenkapitalveränderungsrechnung wird die Entwicklung der Eigenkapitalpositionen vom Periodenanfang bis zum Periodenende für die Adressaten offensichtlich. IAS 1.106 legt die Inhalte einer solchen Rechnung fest.

Danach müssen mindestens die folgenden Positionen in der Eigenkapitalveränderungsrechnung dargestellt werden (IAS 1.106):

a) das Periodenergebnis, wobei die Beträge, die den Eigentümern des Mutterunternehmens und den nicht beherrschenden Anteilen zuzurechnen sind, getrennt auszuweisen sind,

b) der Einfluss einer rückwirkenden Anwendung oder rückwirkenden Anpassung (gemäß IAS 8 bilanziert) für jeden Eigenkapitalbestandteil,

c) eine Überleitung vom Buchwert zu Beginn einer Periode zum Buchwert am Ende einer Periode für jeden Eigenkapitalbestandteil.

Wie bereits im Kapitel über die Gesamtergebnisrechnung erwähnt, können ausgeschüttete Dividenden ebenfalls in der Eigenkapitalveränderungsrechnung ausgewiesen werden (IAS 1.107).

Die Eigenkapitalveränderungsrechnung nach IFRS hat folgendes Aussehen (Muster):

ABB. 69: Eigenkapitalveränderungsrechnung (*statement of changes in equity*)

	Gezeichnetes Kapital (*issued capital*)	Kapitalrücklage (*share premium*)	Gewinnrücklagen (*retained earnings*)	Satzungsmäßige Rücklagen (*statutory reserves*)	Gesetzliche Rücklagen (*legal reserves*)	Andere Rücklagen (*other reserves*)	Gesamt (*sum*)
Anfangsbestand 01.01...							
Zugänge							
Abgänge							
Endbestand 31.12...							

In dem Fall, dass weitere Einflussgrößen entscheidungsrelevant werden sollten, müssen Ergänzungen vorgenommen werden.

Zum besseren Verständnis sei an dieser Stelle darauf hingewiesen, dass die IFRS grundsätzlich die folgenden Eigenkapitalpositionen unterscheiden:

- das gezeichnete Kapital (*issued capital*),
- die Rücklagen (*reserves*).

Die Rücklagen nach IFRS beinhalten folgende Positionen:

ABB. 70: Rücklagen nach IFRS

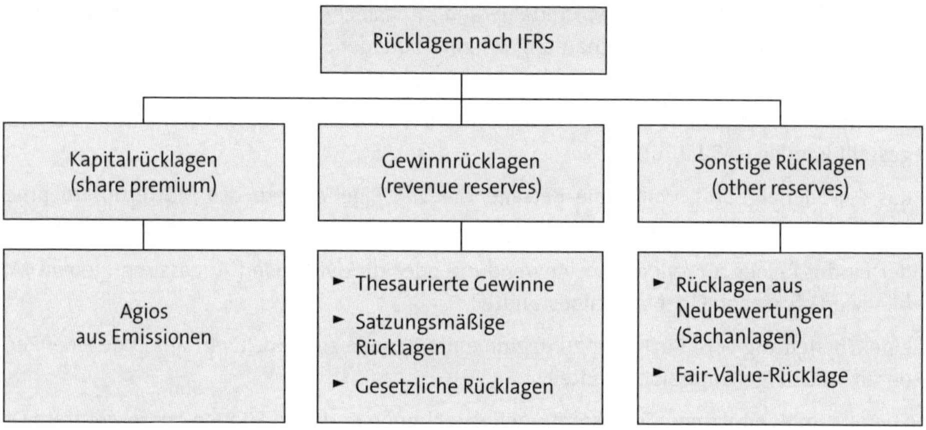

Sowohl die Kapital- als auch die sonstigen Rücklagen beinhalten Beträge, die nicht vom Unternehmen erwirtschaftet worden sind, sondern Beträge, die von den Anteilseignern eingezahlt wurden (Kapitalrücklagen) oder sich durch Wertsteigerungen (sonstige Rücklagen) ergeben. Die Gewinnrücklagen wiederum sind Ergebnis der geschäftlichen Tätigkeit des Unternehmens. Sie bestehen aus dem Periodengewinn und ggf. nicht ausgeschütteten Vorjahresgewinnen, den im Gesellschaftsvertrag festgelegten satzungsgemäßen Rücklagen und den gesetzlichen Rücklagen (nach deutschem Recht muss z. B. 5 % des Jahresüberschusses bis Erreichen der gesetzlichen Obergrenze in die gesetzlichen Rücklagen eingestellt werden).

BEISPIEL:

Die Strandkorb AG weist zum 31. 12. 20x1 folgende (handelsrechtliche) Größen aus:

Gezeichnetes Kapital	1.000.000 €
Gesetzliche Rücklagen	40.000 €
Gewinnrücklagen	480.000 €
Bilanzgewinn	320.000 €

Im Folgejahr beschließen die Aktionäre der Strandkorb AG die Ausschüttung des gesamten Bilanzgewinns des Jahres x1.

Zum 31. 12. 20x2 entstehen bei der Strandkorb AG folgende Größen:

Jahresüberschuss	680.000 €
davon 5 % in die gesetzliche Rücklage	34.000 €
Fair Value Steigerung durch erfolgsneutrale Sachanlagenbewertung	80.000 €

Zum 01. 01. x2 hat die Strandkorb AG einbehaltene Ergebnisse (*retained earnings*) in Höhe der Summe aus Bilanzgewinn und Gewinnrücklagen, d. h. 480.000 € + 320.000 € = 800.000 €. Das gezeichnete Kapital (*issued capital*) beträgt unverändert 1 Mio. €, die gesetzliche Rücklage (*legal reserves*) 40.000 €. Die Ausschüttung des Bilanzgewinns vermindert die Position der einbehaltenen Ergebnisse, der Jahresüberschuss in 12 erhöht sie wieder. Allerdings wird ein Teil des Jahresüberschusses in die gesetzlichen Rücklagen umgebucht. Die Fair Value Steigerung erhöht die Neubewertungsrücklage. Die Eigenkapitalveränderungsrechnung hat das folgende Aussehen:

in €	Eigenkapitalveränderungsrechnung				
	Gezeichnetes Kapital	Gesetzl. Rücklagen	Einbehaltene Ergebnisse	Neubewertungsrücklage (Sonstige Rücklagen)	Summe
Bilanz 01. 01. x2	1.000.000	40.000	800.000		1.840.000
Gesamtergebnis			680.000	80.000	760.000
Einstellung gesetzl. Rücklagen		34.000	(-34.000)		0
Ausschüttung			(-320.000)		(-320.000)
Bilanz 31. 12. x2	1.000.000	74.000	1.126.000	80.000	2.280.000

4.4 Kapitalflussrechnung (Cashflow statement)

Ein weiterer eigenständiger und integraler Pflichtbestandteil des IFRS Abschlusses ist, wie in IAS 1.10 vermerkt, die Kapitalflussrechnung (*Cashflow statements*). Aufbau und Darstellung des Cashflows wird in einem eigenen Standard, dem IAS 7, geregelt. Sämtliche Unternehmen sind nach IAS 7.1 verpflichtet, eine Kapitalflussrechnung aufzustellen. Im Gegensatz dazu sind im Handelsrecht im Einzelabschluss keine Verpflichtungen zur Erstellung einer Kapitalflussrechnung enthalten. Eine Pflicht zur Erstellung existiert nur im Konzernabschluss, wie aus § 297 (1) HGB hervorgeht.

Im Gegensatz zur Bilanz, die nur über die Höhe der Veränderung der Reinvermögensebene Informationen im Rahmen einer Beständedifferenzenbilanz bietet, stellt die Kapitalflussrechnung die Entwicklung der Zahlungsmittelebene zeitraumbezogen dar.

Ziel der Kapitalflussrechnung ist die Bereitstellung von Informationen über die Erwirtschaftung und Verwendung von Zahlungsmitteln und Zahlungsmitteläquivalenten in einem Unternehmen. Die Informationen sollen die Adressaten in die Lage versetzen, die Vermögens- und Finanzstruktur (einschl. Liquidität und Solvenz) bewerten zu können. Allerdings ist die Kapitalflussrechnung nach IFRS vergangenheitsorientiert, weil in ihr Daten aus dem abgelaufenen Geschäftsjahr ausgewertet werden. Durch das Aufzeigen der Quellen der Ein- und Auszahlungsströme des vergangenen Geschäftsjahres sollen Schlüsse auf die Liquidität des abgelaufenen

Geschäftsjahres gezogen werden. Somit ist die Kapitalflussrechnung auch nur bedingt geeignet, die zukünftige Solvenz von Unternehmen beurteilen zu können. Zur Beurteilung der zukünftigen Liquidität wäre eine Kapitalflussrechnung auf Basis von Plandaten nötig. Eine solche hätte aber wieder alle Probleme, die mit Plandaten verbunden sind (Unsicherheit, Subjektivität etc.).

Die Abbildung der Finanzlage mit Hilfe der Kapitalflussrechnung zollt der Tatsache Rechnung, dass Illiquidität zur Insolvenz führen kann. Aus Sicht der Adressaten des IFRS Abschlusses wäre damit der Verlust des eingesetzten Kapitals verbunden.

Die im Rahmen der Kapitalflussrechnung im Fokus stehenden Liquiditätsgrößen sind:

- Zahlungsmittel, z. B. Barmittel und Sichteinlagen,
- Zahlungsmitteläquivalente, z. B. Aktien.

Zahlungsmitteläquivalente sind nach der Definition des IAS 7.6 kurzfristige (i. d. R. nicht länger als 3 Monate), äußerst liquide Finanzinvestitionen, die jederzeit in bestimmte Zahlungsmittelbeträge umgewandelt werden können und nur unwesentlichen Wertschwankungsrisiken unterliegen. Letztlich handelt es sich hier um jederzeit veräußerungsfähige Wertpapiere des Umlaufvermögens.

BEISPIEL:

Die Strandkorb AG weist zum Bilanzstichtag am 31. 12. x1 folgende Finanzposten auf:

Kasse	5.972 €
Bank (Girokonten)	9.368 €
Aktien des Umlaufvermögens	9.600 €
Geldmarktanlage, monatliche Kündigung	8.000 €
Geldmarktanlage, halbjährliche Kündigung	20.000 €
Zahlungsmittelbestand zum 31. 12. x1	24.940 €

Die Geldmarktkonten gehören laut Definition wegen der eingeschränkten Verfügbarkeit (monatlich, halbjährlich) nicht zum Zahlungsmittelbestand.

Der IAS 7.6 definiert weiterhin Cashflows als Zu- und Abflüsse von Zahlungsmitteln und Zahlungsmitteläquivalenten. Die Veränderungen des Cashflows ergeben sich durch:

ABB. 71: Einflussfaktoren des Zahlungsmittelbestands

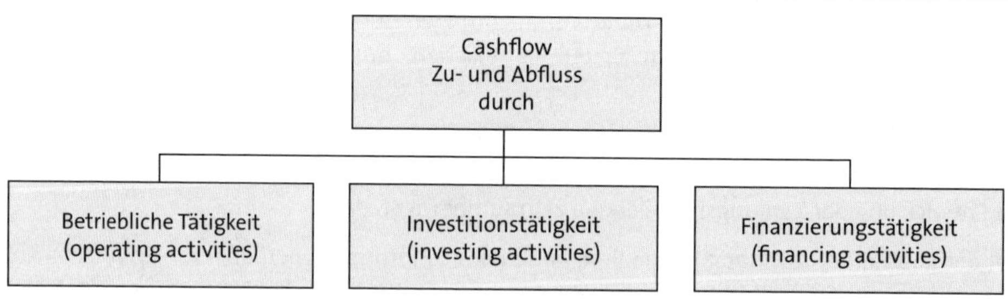

4.4.1 Cashflow aus laufender Betriebstätigkeit

Typischerweise bezieht ein Unternehmen seine Einzahlungsüberschüsse aus dem operativen Geschäft. Dies erfolgt z. B. im Rahmen der Beschaffung von Produktionsfaktoren, wenn Lieferantenrechnungen bezahlt werden und dadurch Cashflowabflüsse generiert werden. Auf der anderen Seite führt jeder Barverkauf von Produkten zu einem Cashflowzufluss. Der Cashflow aus der operativen Betriebstätigkeit gilt als Indikator der Selbstfinanzierung, d. h., es ist dem Unternehmen gelungen, ausreichend Zahlungsmittel zu erwirtschaften, um Verbindlichkeiten zu tilgen, die Leistungsfähigkeit des Unternehmens zu erhalten, den Anteilseignern Dividenden zu zahlen und Gelder für Investitionszwecke bereitzustellen.

IAS 7.14 nennt Beispiele für Cashflows aus operativer Tätigkeit:

- **Zahlungseingänge**
  - aus dem Verkauf von Gütern
  - aus der Erbringung von Dienstleistungen
  - aus Nutzungsentgelten (Lizenzen), Honoraren, Provisionen
  - aus Erstattungen von Ertragssteuern*
- **Zahlungsausgänge**
  - für Zahlungen an Lieferanten von Gütern
  - für Zahlungen an Lieferanten von Dienstleistungen
  - für Zahlungen für Personal (inkl. Lohnnebenkosten)
  - für Ertragsteuerzahlungen*

* Sie sind nur dann zu berücksichtigen, wenn sie nicht der Finanzierungs- und Investitionstätigkeit zugeordnet werden können.

Die Darstellung des Cashflows kann entweder nach der direkten Methode oder nach der indirekten Methode erfolgen, wobei IAS 7.19 die direkte Methode empfiehlt. Die direkte Methode stellt Ein- und Auszahlungsströme brutto dar (Cashflow = Einzahlungen - Auszahlungen), die indirekte Methode ermittelt Netto Cashflows (Cashflow = Jahresüberschuss ± Korrekturen durch zahlungsunwirksame Erträge/Aufwendungen).

BEISPIEL:

Die Strandkorb AG erzielt im Geschäftsjahr 20x2 durch den Verkauf der von ihr produzierten Strandkörbe Einzahlungen in Höhe von 1.400.000 €. Die Auszahlungen für alle benötigten Produktionsfaktoren betrugen 800.000 €. Die Aufwendungen für Abschreibungen betrugen 240.000 €. In der betrachteten Periode wurden Garantierückstellungen aufgelöst, wobei ein Ertrag von 40.000 € entstanden ist. Der Jahresüberschuss vor Steuern beträgt 400.000 €. Der Cashflow nach der Brutto- bzw. Nettomethode ergibt sich zu:

Bruttomethode	
Einzahlungen	1.400.000 €
Auszahlungen	800.000 €
Cashflow	600.000 €
Nettomethode	
Jahresüberschuss vor Steuern	400.000 €
nicht zahlungswirksamer Aufwand (Abschreibungen)	+240.000 €
nicht zahlungswirksamer Ertrag (Rückstellungsauflösung)	-40.000 €
Cashflow	600.000 €

4.4.2 Cashflow für die Investitionstätigkeit

Aus dem Cashflow für Investitionstätigkeit lässt sich entnehmen, welche Investitionen in Investitionsgüter, z. B. Sachanlagen, getätigt wurden, die zukünftig Erträge und Cashflow erwirtschaften.

Unter Investitionstätigkeit versteht IAS 7.6 den Erwerb und die Veräußerung langfristiger Vermögenswerte und sonstiger Finanzinvestitionen, die nicht zu den Zahlungsmitteläquivalenten gehören.

Als Beispiele nennt IAS 7.16:

- **Einzahlungen**
  - aus dem Verkauf von Sachanlagen, immateriellen und anderen langfristigen Vermögenswerten,
  - aus der Veräußerung von Eigenkapital- oder Schuldinstrumenten anderer Unternehmen und von Anteilen an Joint Ventures (= auf vertraglicher Vereinbarung begründeter Zusammenschluss von zwei oder mehr Unternehmen zur Ausübung einer wirtschaftlichen Tätigkeit unter gemeinschaftlicher Führung),
  - aus der Tilgung von Dritten gewährten Krediten und Darlehen.
- **Auszahlungen**
  - für die Beschaffung von Sachanlagen, immateriellen und anderen langfristigen Vermögenswerten,
  - für den Erwerb von Eigenkapital oder Schuldinstrumenten anderer Unternehmen und von Anteilen an Joint Ventures,
  - Auszahlungen für an Dritte gewährte Kredite und Darlehen.

Der Cashflow aus Investitionstätigkeit muss nach der direkten Methode ermittelt werden, da bei Sachanlagenkäufen in der GuV lediglich die Abschreibungen einer neu gekauften Maschine enthalten sind, nicht aber der Zahlungsmittelabfluss in Höhe der Anschaffungskosten.

4.4.3 Cashflow für die Finanzierungstätigkeit

Zu den Finanzierungstätigkeiten eines Unternehmens gehören alle Aktivitäten, die sich auf den Umfang und die Zusammensetzung des Eigen- und Fremdkapitals des Unternehmens auswirken. Es handelt sich in soweit um Zahlungsflüsse im Bereich der Außenfinanzierung.

Dazu gehören u. a. nach IAS 7.17:

- **Einzahlungen**
  - aus der Ausgabe von Anteilen oder anderen Eigenkapitalinstrumenten (z. B. Aktien, Optionen auf Eigenkapital),
  - aus der Ausgabe von Schuldverschreibungen, Schuldscheinen und Rentenpapieren,
  - aus der Aufnahme von Darlehen und Hypotheken,
  - aus der Aufnahme anderer kurz- und langfristiger Ausleihungen.
- **Auszahlungen**
  - an Eigentümer zum Erwerb oder Rückerwerb von (eigenen) Anteilen an dem Unternehmen,
  - für die Rückzahlung von Fremdkapital,
  - für Auszahlungen von Leasingnehmern zur Tilgung von Verbindlichkeiten aus Finanzierungs-Leasingverträgen.

Die Zuordnung mancher Cashflows ist nicht immer eindeutig vorzunehmen. So stellt sich bei der Behandlung von Zinsen für Kredite zur Finanzierung von Warengeschäften die Frage, ob die Zahlungsmittelveränderungen der betrieblichen Tätigkeit oder der Finanzierungstätigkeit zugeordnet werden sollen.

4.5 Anhang (Notes)

Sinn und Zweck des Anhangs im Handelsrecht ist zum einen die Erläuterung einzelner Positionen in der Bilanz und GuV (Bilanzierungs- und Bewertungsmethoden) und zum anderen die Zurverfügungstellung ergänzender Informationen über das Unternehmen und seine zukünftigen Aussichten. Nach den Bestimmungen der IFRS hat der Anhang die gleiche Aufgabe wie im Handelsrecht. IAS 1.112 legt fest, dass der Anhang insbesondere:

- Informationen über die Grundlagen der Aufstellung des Abschlusses und der spezifischen Rechnungslegungsmethoden zur Verfügung stellen muss sowie
- Informationen über Sachverhalte enthalten muss, die IAS/IFRS verlangen, aber an keiner anderen Stelle im Abschluss erbracht werden.
- Zusatzinformationen bieten muss, die für das Verständnis notwendig sind, aber ebenfalls an keiner anderen Stelle im Abschluss erbracht werden.

IAS 1.118 gibt Aufschluss darüber, was unter Bewertungsgrundlagen zu verstehen ist. Grundsätzlich stehen dem Unternehmen folgende Bewertungsmaßstäbe zur Verfügung:

- Historische Anschaffungs- oder Herstellungskosten (*historical cost*)
- Tageswerte (*current cost*)
- Nettoveräußerungswerte (*net realisable value*)

- Beizulegende Zeitwerte (*fair value*)
- Erzielbare Erträge (*recoverable amount*)

Der Begriff der sonstigen Rechnungslegungsmethoden wird nicht weiter definiert.

Entsprechend IAS 1.114 sind die Informationen im Anhang wie folgt darzustellen:

a) Erklärung des Unternehmens, dass der Abschluss mit den IFRS übereinstimmt.

b) Zusammenfassung der wesentlichen Bilanzierungs- und Bewertungsmethoden, z. B. welche Bewertungsgrundlagen (historische Anschaffungs- oder Herstellungskosten, Tageswert, Netto-Veräußerungspreis) angewendet wurden.

c) Weitere spezifische Unternehmensdaten zu den in der Bilanz, Gewinn- und Verlustrechnung, Eigenkapitalveränderungsrechnung und Kapitalflussrechnung dargestellten Positionen.

d) Sonstige Angaben, einschließlich Eventualverbindlichkeiten, nicht bilanzierte vertragliche Verpflichtungen, nicht finanzielle Angaben wie Methoden und Ziele eines Finanzrisikomanagements.

In der Bilanz, der Gewinn- und Verlustrechnung, der Eigenkapitalveränderungsrechnung und der Kapitalflussrechnung muss jeder Posten einen Querverweis auf sämtliche dazugehörigen Informationen im Anhang aufweisen.

MERKE:

Wurden die Schulden (Verbindlichkeiten) in der Bilanz noch nicht genau aufgeschlüsselt, dann muss zwingend im Anhang eine genaue Untergliederung der Verbindlichkeiten (z. B. in der Form des § 266 Abs. 3 HGB) vorgenommen werden.

4.6 Geschäftssegmente

Eine Verpflichtung zur Segmentberichterstattung gibt es im Handelsrecht für den Einzelabschluss nicht. Im Konzernabschluss besteht nach § 264 (1) HGB ein Wahlrecht für kapitalmarktorientierte Kapitalgesellschaften, eine Segmentberichterstattung durchzuführen. Lediglich der § 314 (1) HGB verpflichtet dazu, im Konzernabschluss eine Mindestaufgliederung der Umsatzerlöse im Anhang zu präsentieren.

Die Segmentberichterstattung ist nach IFRS insbesondere für solche Unternehmen verpflichtend vorgeschrieben, deren Anteile bzw. Schuldtitel an der Börse gehandelt werden. Die einzelnen Regelungen zur Segmentberichterstattung finden sich im IFRS 8. Da in der Bilanz und GuV nur Gesamtgrößen ausgewiesen werden, ist die Segmentberichterstattung gerade für die Gruppe potentieller Investoren von wesentlicher Bedeutung. Die Differenzierung des Gesamtergebnisses in einzelne Segmente (Produkte, Produktgruppen, Regionen, u. ä.) erfolgt im Anhang. Die Aufteilung bietet genauere Informationen über die Vermögens- und Ertragslage und ermöglicht Risikoanalysen, z. B. hinsichtlich der Abhängigkeit von Produktgruppen. Damit nicht zu viele berichtspflichtige Segmente gebildet werden, müssen die Segmente aus qualitativer und quantitativer Sicht relevant sein (IFRS 8.12-8.13). Eine Berichtspflicht entsteht, wenn Segmentumsatz,

-vermögen oder -ergebnisse mindestens 10 % des Umsatzes, Vermögens oder Gewinns aller Geschäftssegmente betragen, wie nachfolgende Abbildung zeigt. Gemäß IFRS 8.3 müssen bei einer freiwilligen Segmentberichterstattung die Anforderungen von IFRS 8 vollständig erfüllt sein. Sofern die Angaben nicht im vollen Umfang IFRS 8 entsprechen, dürfen diese Angaben nicht als Segmentinformationen bezeichnet werden.

Für die qualitative Abgrenzung der Geschäftssegmente ist die interne Berichterstattung des Unternehmens Ausgangspunkt. „Der Teil eines Unternehmens ist ein Geschäftssegment, in dem Erträge/Aufwendungen erwirtschaftet werden, dessen Betriebsergebnisse regelmäßig vom Hauptentscheidungsträger des Unternehmens überprüft werden, und für das einschlägige Finanzinformationen vorliegen." (IFRS 8.5)

Ggfs. sind ergänzende Faktoren notwendig, um die Geschäftssegmente für Zwecke der Segmentberichterstattung zu bestimmen, z. B.:

- Wesensart der Geschäftstätigkeiten der einzelnen Teilbereiche,
- Vorhandensein verantwortlicher Führungskräfte für einzelne Teilbereiche,
- Informationen, die dem Geschäftsführungs- und/oder Aufsichtsorgan vorgelegt werden,
- i. d. R. sollte ein Geschäftssegment einen Segment-Manager im Sinne der internen Strukturen haben, der direkt an den Hauptentscheidungsträger berichtet.

Daneben müssen die Segmente die folgenden quantitativen Merkmale erfüllen. Nur wenn die Segmente die Grenzwerte überschreiten, ist eine Berichtspflicht gegeben.

ABB. 72: Quantitative Segmentberichtspflicht

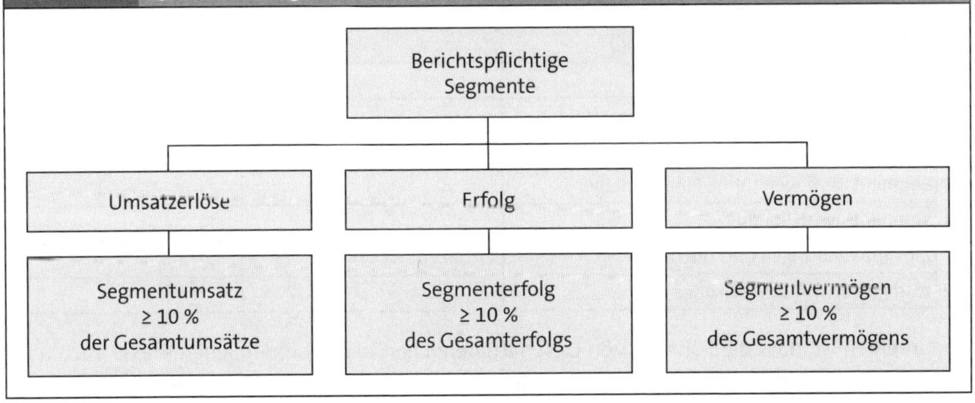

IFRS 8.13 verweist darauf, dass Segmente, die keinen der quantitativen Schwellenwerte erfüllen, als berichtspflichtig angesehen werden, wenn die Geschäftsführung der Auffassung ist, dass die Segmentinformationen für die Adressaten nützlich wären.

Machen die externen Gesamterlöse, die von den Geschäftssegmenten gemeldet werden, weniger als 75 % der Unternehmenserlöse aus, können weitere Geschäftssegmente als berichtspflichtige Segmente herangezogen werden, auch wenn sie nicht die quantitativen Kriterien erfüllen (IFRS 8.15).

IFRS 8.19 weist darauf hin, dass auch wenn die Anzahl der berichtspflichtigen Segmente grundsätzlich nicht begrenzt ist, das Unternehmen prüfen sollte, ob bei mehr als zehn Segmenten nicht eine praktikable Obergrenze überschritten ist.

BEISPIEL:

Die Strandkorb AG stellt verschiedene Strandkorbvarianten her. Eine Berichtspflicht ergibt sich nach Prüfung der angegebenen Kriterien wie folgt:

in Tausend €	Strandkorb Friesland	Strandkorbzubehör	Strandmuschel	Strandkorb XXL	Summe
Umsatzerlöse	1.040	1.000	200	240	2.480
Anteil am Gesamterlös	*41,9 %*	*40,32 %*	*8,06 %*	*9,68 %*	
Gewinn	280	232	40	48	600
Anteil am Gesamtgewinn	*46,67 %*	*38,67 %*	*6,67 %*	*8 %*	
Vermögen	248	248	48	56	600
Anteil am Gesamtvermögen	*41,33 %*	*41,33 %*	*8 %*	*9,3 %*	
quantitative Berichtspflicht	✓	✓	–	–	

Im obigen Beispiel ergäbe sich eine Berichtspflicht für die Segmente Strandkorb Friesland und Strandkorbzubehör. Nach IFRS 8 wären folgende Informationen anzugeben:

SEGMENTBERICHTE	Strandkorb Friesland	Strandkorbzubehör
Umsatzerlöse mit externen Kunden		
Interne Segmentumsätze (z. B. Segment Zubehör an Friesland)		
Summe Segmenterlöse		
Segmentabschreibungen		
Segmentergebnis		
Segmentvermögen (ohne Finanzanlagen)		
Segmentinvestitionen		
Zinsaufwendungen und -erträge		
zahlungsunwirksame Größen		

Anzumerken ist, dass die Führung von Geschäftsbereichen in der betrieblichen Praxis auch nach anderen Rechnungsgrößen, insbesondere solchen, die im Rahmen der Kostenrechnung (kalkulatorische Gewinne etc.) ermittelt werden, gesteuert wird. Diese Größen unterscheiden sich von den nach IFRS ermittelten Größen, insbesondere durch die Berücksichtigung kalkulatorischer Kosten!

5. Bewertung von einzelnen Wirtschaftsgütern in der Bilanz im Vergleich HGB zu IFRS

Im folgenden Kapitel sollen die Bewertungsmethoden der IFRS-Standards anhand ausgewählter Bilanzpositionen dargestellt werden. Gleichzeitig soll aufgezeigt werden, inwieweit sich diese Methoden von den Grundsätzen ordnungsgemäßer Buchführung (GoB) des HGB unterscheiden.

5.1 Allgemeines

Die vorangehenden Abschnitte haben gezeigt, dass zwischen IFRS/IAS und GoB/HGB eine Reihe von Gemeinsamkeiten, aber auch viele Unterschiede existieren, die im Nachfolgenden nochmals kurz zusammengefasst werden.

Im Gegensatz zum HGB sind die Grundsätze ordnungsgemäßer Buchführung für den IFRS Abschluss explizit im Rahmenkonzept für die Aufstellung und Darstellung von Abschlüssen, dem Framework geregelt. Die im Framework geregelten Grundlagen des IFRS Abschlusses kommen immer dann zur Anwendung, wenn die einzelnen Standards keine genauen Regelungen vorsehen.

Eine qualitative Anforderung an den Abschluss ist die Vergleichbarkeit (*comparability*) der Informationen. Die Bewertung und Darstellung von wirtschaftlichen Auswirkungen der Geschäftsvorfälle innerhalb eines Unternehmens muss stetig vorgenommen werden. Gleichzeitig wird gefordert, dass die Adressaten über Bilanzierungs- und Bewertungsmethoden, Änderungen dieser Methoden und deren Auswirkungen auf die Unternehmenslage informiert werden. Das der Grundsatz der Bilanzidentität jedoch nicht so streng gesehen wird, wie in den handelsrechtlichen Vorschriften, lässt sich anhand von Durchbrechungsmöglichkeiten in einzelnen Standards (z. B. IAS 8 Änderungen von Bilanzierungs- und Bewertungsmethoden) erkennen.

Wie das Handelsrecht, so geht auch der IFRS Abschluss vom Grundsatz der Unternehmensfortführung (*going concern*) aus.

Die einzelnen Positionen im Abschluss werden einzeln ausgewiesen und bewertet.

Im Framework findet sich zwar auch der Begriff „Vorsicht" (*prudence*) wieder, jedoch nur als Unterpunkt. Im Vordergrund steht die *„fair presentation"*, die Verlässlichkeit der Informationen. Dabei wird weitestgehend auf Wahlrechte verzichtet. Das im Handelsrecht fundamentierte Imparitätsprinzip ist unzulässig.

Das Periodisierungsprinzip gehört neben dem Grundsatz der Unternehmensfortführung zu den Grundannahmen im Framework. Jedoch werden im IFRS Abschluss die Aufwendungen erst in der Periode erfasst, in dem der korrespondierende Erlös zufließt.

5.2 Bilanzierung und Bewertung einzelner Vermögenswerte

Das Rahmenkonzept definiert die Bewertung von Vermögenswerten als ein Verfahren zur Bestimmung der Geldbeträge, mit denen der Abschlussposten zu erfassen und in der Bilanz und in der Gewinn- und Verlustrechnung anzusetzen ist. Dabei kann, wie bereits angesprochen, grundsätzlich zwischen verschiedenen Bewertungsgrundlagen ausgewählt werden:

- (Historische) Anschaffungs- oder Herstellungskosten (*historical costs*),
- Tageswert (*current costs*),
- Veräußerungswert (Erfüllungsbetrag),
  - bei Aktiva (*realisable value*)
  - bei Passiva (*settlement value*)
- Barwert (*net present value*).

Konkretisiert werden die o. g. Begriffe in den einzelnen Standards.

Im Folgenden sollen beispielhaft die Bewertungsverfahren bei Sachanlagen, Vorräten und Schulden dargestellt werden.

5.2.1 Bewertung von Sachanlagen

In der IFRS Bilanz kann nur dann ein Aktivposten erfasst werden, wenn ein Vermögenswert vorliegt, der einen künftigen Nutzen repräsentiert und über den das Unternehmen wirtschaftliche Verfügungsmacht hat. Dieser ist aktivierungsfähig, wenn der Zufluss des künftigen wirtschaftlichen Nutzens wahrscheinlich ist und seine Anschaffungs- und Herstellungskosten oder ein anderer Wert verlässlich ermittelt werden kann.

Der IAS 16 regelt die Bilanzierung und Bewertung von Sachanlagen im IFRS Abschluss. Sachanlagen sind nach IAS 16.6 materielle Vermögenswerte (*tangible items*),

- die für Zwecke der Erstellung oder Lieferung von Gütern und Dienstleistungen verwendet werden,
- zur Vermietung an Dritte oder für Verwaltungszwecke gehalten werden und
- die voraussichtlich länger als eine Periode (i. d. R. 1 Jahr) genutzt werden.

Nicht dazu gehören biologische Vermögenswerte (Tiere und Pflanzen), die mit landwirtschaftlicher Tätigkeit im Zusammenhang stehen, sowie Bodenschätze (Öl, Erdgas) und Abbau- und Schürfrechte auf Bodenschätze.

Im HGB wird in § 247 (2) HGB der Begriff des Anlagevermögens definiert. Der Begriff der Sachanlage wird im Handelsrecht zwar benutzt, aber nicht definiert. Letztlich handelt es sich auch im HGB um materielle Vermögensgegenstände, die dazu bestimmt sind, dem Betrieb dauernd zu dienen. Entsprechend ergeben sich inhaltlich Übereinstimmungen zu den IFRS Vorschriften.

Hinsichtlich der Bewertung von Vermögensgegenständen unterscheidet der IAS 16 grundsätzlich zwischen der Bewertung bei erstmaligem Ansatz und der Folgebewertung.

Erstbewertung:

Erworbene Sachanlagen sind bei ihrem erstmaligen Ansatz (Erstbewertung) mit den Anschaffungs- oder Herstellungskosten zu bewerten (IAS 16.15). Dies entspricht der bekannten handelsrechtlichen Regelung des § 253 (1) HGB.

Zu den Anschaffungskosten nach IFRS zählen alle Aufwendungen, die getätigt werden um den Vermögenswert in den erforderlichen, vom Management beabsichtigten, betriebsbereiten Zustand zu versetzen (IAS 16.16 und 16.17). Insoweit entspricht der Anschaffungskostenbegriff dem des Handelsrechts.

Zu den aktivierungsfähigen Kosten gehören:

- Kaufpreis zuzüglich Einfuhrzölle und nicht als Vorsteuer abziehbare Umsatzsteuer, abzüglich Skonti, Boni und Rabatte.
- Alle direkt zurechenbaren Kosten für die Standortvorbereitung und erste Inbetriebnahme (IAS 16.17) z. B.:
  - Aufwendungen für Leistungen an Arbeitnehmer, die direkt auf Grund der Herstellung und Anschaffung der Sachanlage anfallen,
  - Kosten der Standortvorbereitung, auch Abbruchkosten,
  - Transportkosten für die erstmalige Lieferung und Verbringung,
  - Installations- und Montagekosten,
  - Kosten für Testläufe,
  - Honorare.
- Zu den Anschaffungskosten gehören auch die Kosten für den Abbruch und das Abräumen des Gegenstandes und die Wiederherstellung des Standortes nach Beendigung der Nutzung (IAS 16.16 c). Die Einbeziehung solcher Kosten ist nach Handelsrecht verboten (§ 255 HGB).

Nicht zu den Anschaffungskosten gehören nach IAS 16.19:

- Kosten für die Eröffnung einer neuen Betriebsstätte,
- Verwaltungs- und andere Gemeinkosten,
- Kosten für die Geschäftsführung in einem neuen Standort,
- Kosten für die Einführung eines neuen Produktes oder einer neuen Dienstleistung.

Eine eigenständige Definition des Begriffs „Herstellungskosten" findet sich in IAS 16 nicht. Vielmehr wird allgemein darauf hingewiesen, dass für die Ermittlung der Herstellungskosten dieselben Grundsätze wie für die Ermittlung der Anschaffungskosten gelten (IAS 16.22).

Demnach gehören zu den Herstellungskosten alle Aufwendungen im Zusammenhang mit dem Herstellungsvorgang, die Transportkosten, sowie sonstige Kosten, die notwendig sind, um den Vermögenswert in den betriebsbereiten Zustand zu versetzen.

Sachanlagen mit einem geringen Wert können nach IFRS direkt in vollem Umfang abgeschrieben werden. Allerdings definieren die Standards keinen genauen Wert zur Messung der Geringwertigkeit. Sachanlagen mit einer Wertigkeit zwischen 500 € und 1.000 € werden häufig zu den geringwertigen Wirtschaftsgütern nach IFRS gezählt. Damit ergeben sich andere Grenzwerte als für GWG nach § 6 (2) EStG.

Folgebewertung:

In den folgenden Perioden **(Folgebewertung)** sind Sachanlagen nach IAS 16.29 wahlweise entweder nach dem Anschaffungskostenmodell (*cost model*, IAS 16.30) oder nach dem Neubewertungsmodell (*revaluation model*, IAS 16.31) zu bewerten.

ABB. 73: Wahlrecht der Folgebewertung

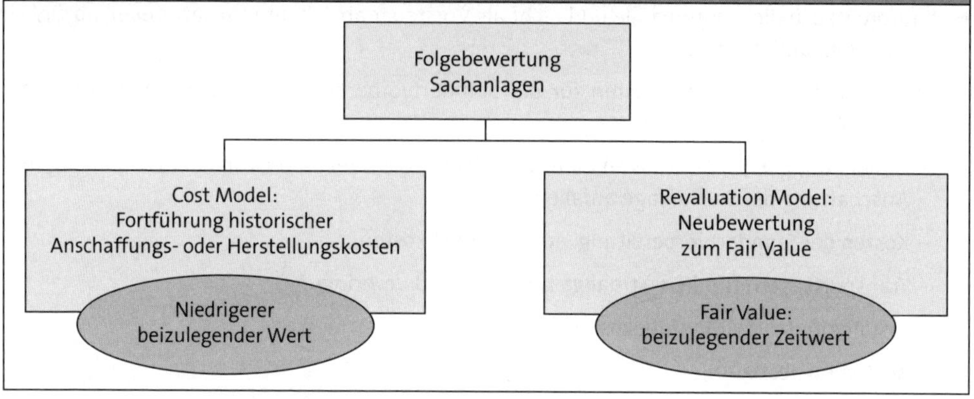

Das **Anschaffungskostenmodell** (IAS 16.30) sieht die Bewertung mit den fortgeführten Anschaffungskosten vor, d. h. Anschaffungskosten/Herstellungskosten abzüglich der planmäßigen oder außerplanmäßigen Abschreibungen. Hinsichtlich der Abschreibungsmöglichkeiten stehen die gleichen Abschreibungsmethoden wie im Handelsrecht zur Verfügung (s. auch IAS 16.43 ff. und IAS 16.38), wobei die Abschreibungsmethode zu wählen ist, die den erwarteten Verlauf des Verbrauchs des Vermögenswertes durch das Unternehmen am besten widerspiegelt (IAS 16.60). Als Abschreibungsmethoden stehen demnach

- lineare Abschreibung, in jährlich gleich bleibenden Abschreibungsbeträgen,
- degressive (geometrisch-degressiv), in jährlich sinkenden Abschreibungsbeträgen und
- verbrauchskonforme (leistungsabhängige), jährlich variierende Abschreibungsbeträge

zur Verfügung (IAS 16.62).

Eine einmal gewählte Abschreibungsmethode ist beizubehalten. Steuerrechtlich motivierte Abschreibungen sind unzulässig. Im Jahr des Zugangs wird monatsgenau abgeschrieben, damit der tatsächlich entstandene Aufwand auch richtig erfasst wird. Das Anschaffungskostenmodell (*cost model*) entspricht somit inhaltlich § 255 (1), (2) HGB.

Das **Neubewertungsmodell** (*revaluation model*, IAS 16.31-16.42) sieht vor, dass eine Sachanlage zum Stichtag mit dem *Fair Value*, d. h. mit dem aktuellen, beizulegenden Zeitwert abzüglich nachfolgender planmäßiger/außerplanmäßiger Abschreibungen angesetzt werden kann. Eine Anwendung der Neubewertungsmethode setzt nach IAS 16.31 voraus, dass die Neubewertungen mit hinreichender Regelmäßigkeit erfolgen. Allerdings darf nach IAS 16.36 die Neubewertungsmethode nur auf eine ganze Gruppe der Sachanlagen, nicht auf einen einzelnen Vermögenswert angewendet werden.

Unter einer Gruppe von Sachanlagen versteht IAS 16.37 die Zusammenfassung von Vermögenswerten, die sich durch ähnliche Art und ähnliche Verwendung in einem Unternehmen auszeichnen. Dazu gehören u. a. unbebaute Grundstücke, Grundstücke und Gebäude, Maschinen und technische Anlagen, Kraftfahrzeuge, Betriebs- und Büroausstattung.

Bei Grundstücken und Gebäuden ist der aktuelle Zeitwert durch Sachverständigengutachten zu ermitteln. Technische Anlagen sowie die Betriebs- und Büroausstattung können – i. d. R. – mit einem auf Schätzungen beruhenden Marktwert neu bewertet werden (IAS 16.32).

Führt eine Neubewertung zu einer Aufwertung/Erhöhung des Buchwertes, dann muss die Wertsteigerung direkt – „erfolgsneutral“ – in das Eigenkapital unter die Position „Neubewertungsrücklage“ eingestellt werden (IFRS 16.39).

Führt die Neubewertung dagegen zu einer Abwertung/Verringerung des Buchwertes, dann ist zunächst eine bereits bestehende Neubewertungsrücklage zu mindern und erst der übersteigende Teil wird erfolgswirksam („Aufwand“) in der GuV erfasst.

Im Verkaufsfall existiert eine Pflicht zur Umbuchung der Neubewertungsrücklage. Denn erst durch den Verkauf werden die im Fair Value aufgedeckten stillen Reserven am Markt realisiert.

BEISPIEL:

Eine Maschine wurde am 01.01.20x1 für 100.000 € angeschafft. Die Nutzungsdauer beträgt 10 Jahre. Am 31.12.20x1 beläuft sich der Buchwert bei linearer Abschreibung auf 90.000 €. Zur gleichen Zeit beträgt der Zeitwert (*Fair Value*) 112.500 €.

Bei einer Neubewertung zum 31.12.20x1 können nunmehr 22.500 € in die Neubewertungsrücklage eingestellt werden.

Die Abschreibung für das Jahr 20x2 berechnet sich dann wie folgt:

112.500 € : 9 Jahre = 12.500 €

Zudem wird ein Betrag von 12.500 €/9 Jahre = 1.288,88 € ≈ 1.289 € in die Gewinnrücklagen übertragen.

Würde sich zum 31.12.20x2 der Zeitwert für die Maschine auf 75.000 € mindern, wäre wie folgt vorzugehen:

Buchwert 31.12.20x1	112.500 €
- Abschreibung	- 12.500 €
Buchwert 31.12.20x2	100.000 €
Zeitwert 31.12.20x2 (*Fair Value*)	75.000 €
Abwertungsbetrag	100.000 €
	- 75.000 €
	25.000 €

Zunächst ist die bestehende Neubewertungsrücklage aus dem Jahr 20x1 aufzulösen.

Bestehende Neubewertungsrücklage	22.500 €
Minderung durch Abwertungsbetrag 20x2	- 25.000 €
	- 2.500 €

Der Restbetrag von 2.500 € wird anschließend als Aufwand über die GuV ausgebucht.

Im IFRS Abschluss ist zudem zu erläutern, wie die einzelnen Sachanlagen bewertet wurden, auf welchen Zeitraum die Anschaffungskosten verteilt werden (Nutzungsdauer) und welche Abschreibungsmethode gewählt wurde.

Wie gezeigt worden ist, erlaubt die Neubewertungsmethode auch den Ansatz von Werten, die höher als die fortgeführten Anschaffungs- oder Herstellungskosten sind. Damit erfolgt eine Durchbrechung des Anschaffungskostenprinzips, d. h. dass maximal die historischen Anschaffungs- oder Herstellungskosten angesetzt werden dürfen. Damit erlaubt die IFRS eine Bewertung, die gegen eine grundlegende Prämisse handelsrechtlicher Bewertung verstößt.

Die Neubewertungsrücklage, ein besonderes Eigenkapitalkonto, kennt das deutsche Handelsrecht nicht, da es nach HGB/GoB ja zu keiner Zuschreibung über den historischen Anschaffungs- oder Herstellungskosten kommen kann.

5.2.2 Bewertung von Vorräten

Im IAS 2, der sich mit dem Bilanzansatz und der Bewertung von Vorräten (*inventories*) beschäftigt, wird der Begriff der Vorräte zunächst genau definiert. Vorräte sind nach IAS 2.6 Vermögenswerte,

a) die im Rahmen der gewöhnlichen Unternehmenstätigkeiten verkauft werden oder

b) die sich in der Herstellung für einen solchen Verkauf befinden oder

c) die als Roh-, Hilfs- und Betriebsstoffe in die Produktion von anderen Vorräten oder Dienstleistungen eingehen.

Dazu gehören zum Weiterverkauf erworbene Waren (Handelswaren = Merchandise) oder Grundstücke und Gebäude, die zum Weiterverkauf gehalten werden. Auch vom Unternehmen hergestellte Fertigerzeugnisse und halbfertige Erzeugnisse gehören dazu. Bei Dienstleistungsunternehmen kommen auch noch nicht abrechenbare Dienstleistungen hinzu (IAS 2.8). Im Prinzip entspricht diese Aufstellung inhaltlich den Regelungen des HGB/GoB.

Nicht zu den Vorräten gehören nach IAS 2.2 insbesondere Finanzinstrumente und landwirtschaftliche Produkte sowie unfertige Erzeugnisse im Rahmen von Fertigungsaufträgen und die dazugehörigen Dienstleistungen. Für letztere gelten die Sonderregeln für Fertigungsaufträge nach IAS 11.

Handelsrechtlich sind Vorräte nach § 253 (1) HGB i. V. m. § 255 (1) HGB höchstens mit den Anschaffungs- oder Herstellungskosten oder einem evtl. niedrigeren Teilwert (§ 253 (4) HGB) zu bewerten. Nach IAS 2.9 sind Vorräte mit dem niedrigeren Wert aus Anschaffungs- oder Herstellungskosten (*cost*) und Nettoveräußerungspreis (*net realisable value*) zu bewerten.

Anschaffungskosten

Der Anschaffungskostenbegriff des IAS 2.10 (*cost of purchase*) entspricht weitestgehend der handelsrechtlichen Begriffsdefinition des § 255 (1) HGB. Danach gehören zu den Kosten des Erwerbs (IAS 2.11):

	Kaufpreis
+	Einfuhrzölle
+	Steuern, die nicht z. B. als Vorsteuern abgezogen werden können
+	Transport- und Entwicklungskosten
+	Sonstige Kosten, die dem Erwerb von Fertigerzeugnissen, Materialien und Leistungen unmittelbar zugerechnet werden können
-	Anschaffungspreisminderungen (Skonti, Boni, Rabatte)

Herstellungskosten

Zu den Herstellungskosten (*cost of conversion*) nach IAS 2.12 ff. gehören alle Kosten, die dem Erzeugnis (Produktionseinheit) direkt zuzurechnen sind. Dazu gehören neben den Material-, Fertigungs- und Sondereinzelkosten auch systematisch zugerechnete fixe und variable Produktionsgemeinkosten, die bei der Fertigung anfallen. Die Herstellkostenermittlung erfolgt somit auf Vollkostenbasis. Die Gemeinkosten sind nach IAS 2.13 auf der Grundlage einer normalen Kapazitätsauslastung zu ermitteln. Allgemeine, nicht der Produktionseinheit zurechenbare, Verwaltungsgemeinkosten sowie Vertriebsgemeinkosten dürfen bei der Ermittlung der Herstellkosten keine Berücksichtigung finden.

Die folgende Abbildung verdeutlicht den Unterschied zwischen den Herstellungskosten nach HGB und IFRS:

ABB. 74: Herstellungskosten nach HGB und IFRS

	HGB	IFRS
Einzelkosten ► Materialeinzelkosten ► Fertigungseinzelkosten ► Sondereinzelkosten der Fertigung	Aktivierungspflicht	Aktivierungspflicht
Gemeinkosten ► Materialgemeinkosten ► Fertigungsgemeinkosten ► Werteverzehr des Anlagevermögens	Aktivierungspflicht	Aktivierungspflicht
Sonstige Kosten ► Verwaltungsgemeinkosten	Aktivierungswahlrecht	Aktivierungspflicht, wenn produktionsnah, sonst Verbot
► Fremdkapitalzinsen	Aktivierungswahlrecht	Aktivierungspflicht
► Vertriebskosten	Aktivierungsverbot	Aktivierungsverbot

Grundsätzlich sind Vorräte nach IAS 2.9 mit dem niedrigeren Wert zu bewerten, der sich aus Anschaffungs- oder Herstellungskosten und dem Nettoveräußerungswert (*net realisable value*) ergibt. IAS 2.6 definiert den Nettoveräußerungswert als jenen geschätzten Veräußerungserlös, der sich im normalen Geschäftsverkehr abzüglich geschätzter Kosten bis zur Fertigstellung (bei unfertigen Erzeugnissen) und abzüglich geschätzter Vertriebskosten ergibt. Die Ermittlung dieses Wertes wird in IAS 2.28-2.33 näher spezifiziert. Diese Bewertungsvorschrift entspricht weitestgehend der retrograden Bewertungsmethode nach GoB.

Liegt der Nettoveräußerungswert unter den historischen Anschaffungs- oder Herstellungskosten, muss auf den niedrigeren Wert abgeschrieben werden. Fällt der Grund für die außerplanmäßige Abschreibung später fort, so muss eine Wertaufholung auf höchstens die Anschaffungs- oder Herstellungskosten erfolgen. Ziel dieser Abwertung ist es, dass die Vermögenswerte nicht mit einem höheren Wert in der Bilanz ausgewiesen werden, als bei Verkauf oder Gebrauch zu realisieren ist.

BEISPIEL:

Ein Baumarkt erwirbt im Oktober 20x1 500 Schneeräummaschinen zu einem Preis von 1.000 €/Stück. Aufgrund des ausbleibenden Winters ist keine einzige dieser Schneeräummaschinen zum 31. 12. x1 verkauft worden. Erst in 20x2 mit dem Einsetzen des ersten Winterwetters konnten die Schneeräummaschinen verkauft werden. Die milde Witterung führte zu einem Sinken des Verkaufspreises im Dezember auf 1.100 €. Im Rahmen eines Lockangebotes hat der Baumarkt auch noch den Transport der Schneeräummaschinen übernommen, wofür er 200 €/Stück abziehen musste.

In 20x1 beträgt der Nettoveräußerungswert folglich 1.100 € - 200 € = 900 €. Dieser Betrag liegt unter den Anschaffungskosten, folglich muss der niedrigere Betrag angesetzt werden. Der entstehende Verlust von 100 € * 500 Stück = 50.000 € würde im Rahmen des Gesamtkostenverfahrens in der Bestandsänderung erfasst.

Grundsatz der Vorratsbewertung ist das Einzelbewertungsprinzip. IAS 2.25 erlaubt allerdings folgende Bewertungsvereinfachungsverfahren, wo eine Einzelbewertung wirtschaftlich nicht vertretbar ist.

In jeder Periode ist der Nettoveräußerungswert neu zu ermitteln. Kommt es nach einer Abwertung in der Folgeperiode zu einem höheren Nettoveräußerungswert, so ist zwingend eine Wertaufholung (Zuschreibung) bis zu den ursprünglichen Anschaffungs- oder Herstellungskosten (Obergrenze) durchzuführen (IAS 2.33).

BEISPIEL:

Die Strandkorb AG hat folgende Vorräte in ihrem Bestand. Zudem sind zum 31. 12. 20x1 folgende Anschaffungskosten und Nettoveräußerungswerte bekannt:

	Ursprüngliche Anschaffungskosten	Nettoveräußerungswert	Bilanzansatz
Vorräte Polsterstoff	50.000 €	50.000 €	50.000 €
Vorräte Markisenstoff	60.000 €	40.000 €	40.000 €
Vorräte Korb	70.000 €	80.000 €	70.000 €

Die Vorräte Markisenstoff sind mit dem niedrigeren Nettoveräußerungswert anzusetzen. Sollte der Nettoveräußerungspreis in der Folgeperiode über einen Wert von 40.000 € steigen, aber unter dem Wert von 60.000 € liegen, dann ist eine Wertaufholung vorzunehmen.

Bewertungsvereinfachungsverfahren

Die nach dem HGB möglichen Bewertungsvereinfachungsverfahren

- Festbewertung (§ 240 (3) HGB),
- Gruppenbewertung (§ 240 (4) HGB) und
- Verbrauchsfolgeverfahren (§ 256 HGB – LiFo, FiFo)

sind nach IAS 2 in dieser Breite nicht anwendbar. IAS 2.25 erlaubt grundsätzlich nur die Anwendung der Fifo-Methode als Verbrauchsfolgeverfahren und die gewogene Durchschnittsmethode. Die einmal gewählte Methode ist im Zeitablauf beizubehalten (Stetigkeitsprinzip). Bei art- und funktionsgleichen Vorräten muss nach dem Wortlaut des IAS 2.25 dasselbe Verfahren zur Anwendung kommen!

Vorräte, die normalerweise nicht austauschbar sind und solche Erzeugnisse, Waren oder Leistungen, die für spezielle Projekte hergestellt und ausgesondert werden, sind zwingend mit ihren individuellen Anschaffungs- oder Herstellungskosten zu bewerten. Insoweit kommt eine Gruppenbewertung nicht in Betracht (IAS 2.23).

5.2.3 Bewertung von Verbindlichkeiten als Element der Schulden

Zu den Schulden (*liabilities*) gehören die Verbindlichkeiten und die Rückstellungen eines Unternehmens. Auch passive Rechnungsabgrenzungsposten (transitorische Rechnungsabgrenzungsposten) zählen nach IFRS zum Fremdkapital. Die Berechnung der transitorischen Rechnungsabgrenzungsposten entspricht den HGB Regeln. Lediglich der Ausweis erfolgt unter keiner gesonderten Position, sondern unter den Schulden, so dass hierauf nicht weiter eingegangen wird.

Zu den am häufigsten in der Praxis vorkommenden Verbindlichkeiten zählen:

- Verbindlichkeiten aus Lieferungen und Leistungen (*trade payables*),
- Verbindlichkeiten gegenüber Kreditinstituten (*bank loans*),
- Fremdwährungsverbindlichkeiten.

Die Regelungen des IAS 39, die bisher für die Bewertung der Verbindlichkeiten relevant waren, sind z. T. durch die Regelungen des IFRS 9 ersetzt worden. Da das Projekt zur Ablösung des IAS 39 in mehreren Phasen verläuft, sind zurzeit bereits einige Regelungen des IAS 39 gestrichen und durch Regelungen des IFRS 9 ersetzt worden, aber noch nicht alle. Der IASB hat am 12. November 2009 IFRS 9, Finanzinstrumente, herausgegeben. Als neuer Standard repräsentiert IFRS 9 die erste von drei Phasen (Klassifizierung und Bewertung, Wertminderung, Sicherungsbeziehungen) zur vollständigen Ablösung von IAS 39, Finanzinstrumente: Ansatz und Bewertung. Mit jedem Abschluss einer Phase werden bestimmte Teile des IAS 39 gelöscht und die neuen Regelungen in IFRS 9 eingefügt. Bis zur zweiten Jahreshälfte 2010 sollte IAS 39 durch IFRS 9 vollständig abgelöst sein, was allerdings auch Anfang 2012 noch nicht komplett erfolgt ist. IFRS 9 ist zwingend auf Geschäftsjahre anzuwenden, die am oder nach dem 1. Januar 2013 beginnen. Eine frühere Anwendung von IFRS ist grundsätzlich zulässig.

Nach IFRS 9, Kapitel 5 (zuvor IAS 39.43, jetzt B5.1.1) sind Verbindlichkeiten erstmalig zum beizulegenden Zeitwert zu bewerten. Es kommt nicht auf den Rückzahlungsbetrag an, sondern es erfolgt eine Bewertung nach dem *Fair Value* im Zeitpunkt der Anschaffung bzw. Darlehensaufnahme. Dieser *Fair Value* entspricht – i. d. R. – dem erhaltenen Geldbetrag bzw. Vereinnahmungsbetrag (*consideration received*).

Für die Bewertung der Verbindlichkeiten gilt somit:

- Langfristige Verbindlichkeiten

  → Ansatz mit dem Barwert
- Kurzfristige Verbindlichkeiten

  → Ansatz mit dem Rückzahlungsbetrag
- Fremdwährungsverbindlichkeiten (IAS 21.27)

  → Ansatz mit dem Kurs am Bilanzstichtag

  (Umrechnungsgewinne/-verluste sind auszuweisen, wobei Kursgewinne bereits vor ihrer Realisation, d. h. vor Rückzahlung der Fremdwährungsverbindlichkeit auszuweisen sind! Nach HGB (§ 256a HGB) ist diese Vorgehensweise bei Laufzeiten von mehr als einem Jahr ein Verstoß gegen das Realisationsprinzip.

Wird bei einem Darlehen ein Disagio einbehalten, wird nur der vereinnahmte Betrag ausgewiesen. Im Rahmen der IFRS gibt es ein Ansatzverbot des Disagios.

BEISPIEL:

Die Strandkorb AG nimmt Ende 20x1 bei ihrer Hausbank ein Darlehen über 1 Mio. € auf. Nach Abzug eines Disagios von 5 % werden 950.000 € auf dem Konto der AG gutgeschrieben. Der Zinssatz beträgt 4,0 %.

Der *Fair Value* entspricht hier dem vereinnahmten Betrag von 950.000 € (= Bilanzansatz).

In der Handelsbilanz wäre obiges Darlehen mit dem Erfüllungsbetrag von 1 Mio. € anzusetzen (§ 253 (1) Satz 2 HGB). Hinsichtlich des Disagios besteht nach § 250 (3) HGB ein Wahlrecht. Entweder kann das Disagio sofort als Aufwand verbucht werden oder es wird ein aktiver Rechnungsabgrenzungsposten (ARAP) gebildet, der über die Laufzeit des Darlehens verteilt aufgelöst wird.

Nach IFRS 9 (Kapitel 5) ist die Folgebewertung nach der Effektivzinsmethode (früher IAS 39.47) durchzuführen. Dies hat den Vorteil, dass sämtliche mit dem Darlehen im Zusammenhang stehenden Kosten und Gebühren, z. B. Nominalzins, Tilgungsmodalitäten, etc., mit berücksichtigt werden.

Fortsetzung des Beispiels:

Ergänzen wir das folgende Beispiel um einen angenommenen Effektivzins von 6 %, ergibt sich für das Folgejahr folgende Bewertung:

	Bilanzansatz 31. 12. 20x1	950.000 €
	Bilanzansatz 01. 01. 20x2	950.000 €
+	Effektivverzinsung 6 %	57.000 €
-	Zinsen 4 %	38.000 €
	Bilanzansatz 31. 12. 20x2	969.000 €

BEISPIEL:

Abschließend sei an dieser Stelle auch ein Beispiel für den Umgang mit Fremdwährungsverbindlichkeiten präsentiert.

Die Strandkorb AG nimmt zum 01. 10. 20x1 ein Darlehen in Höhe von 1 Mio. US$ auf. Der Marktzins betrage 5 %. Nach fünf Jahren ist das Darlehen zu vollem Betrag zurückzuzahlen. Die Kursentwicklung sei:

01. 10. x1: 1 $ entspricht 1 €

31. 12. x1: 1 $ entspricht 0,8 €

31. 12. x2: 1 $ entspricht 1,20 €

Unter Vernachlässigung der Zinsen gilt:
Aufgrund der Abwertung der Währungsparitäten wird die Verbindlichkeit auf 800.000 € abgewertet. Es entstehen sonstige Erträge in Höhe der Differenz von 200.000 €. Am 31. 12. x2 ist eine Aufwertung des Fremdwährungsdarlehens zu berücksichtigen. Der Bilanzansatz entspricht 1.200.000 €. Es entstehen sonstige Aufwendungen in Höhe von 400.000 € (1.200.000 € – 800.000 €).

5.2.4 Bewertung von Rückstellungen

IAS 37 enthält alle Regelungen, die zur Bilanzierung und Bewertung von Rückstellungen (*provisions*), Eventualverbindlichkeiten und -forderungen und deren Angaben im Anhang zu berücksichtigen sind. Nach IAS 37.10 ist eine Rückstellung eine Schuld, die bezüglich ihrer Höhe und Fälligkeit ungewiss ist. Dies entspricht inhaltlich der Definition des § 249 (1) HGB. Hinzuweisen ist darauf, dass Pensionsrückstellungen nicht unter den Anwendungsbereich des IAS 37 fallen, sondern in IAS 19 separat geregelt werden.

Nach IAS 37.14 ist eine Rückstellung (*non-financial liabilities*) dann zu bilden, wenn folgende Voraussetzungen erfüllt sind:

- eine gegenwärtige Verpflichtung ist aus einem in der Vergangenheit liegenden Ereignis entstanden (z. B. Entsorgung von Elektrogeräten durch den Hersteller),
- die Erfüllung der Verpflichtung ist mit einem Ressourcenabfluss verbunden,
- die Höhe der Verpflichtung muss zuverlässig geschätzt werden.

Sobald eine dieser Voraussetzungen, die in den IAS 37.17 bis 37.22 näher erläutert werden, nicht erfüllt ist, darf keine Rückstellung gebildet werden (IAS 37.14). Im Gegensatz zum HGB räumen die IFRS Vorschriften kein Wahlrecht zur Bildung von Rückstellungen ein.

Rückstellungen dürfen nach IFRS nur gebildet werden, wenn eine Außenverpflichtung gegenüber Dritten besteht (IAS 37.20). Aufwandsrückstellungen, die aus Innenverpflichtungen resultieren, dürfen nicht gebildet werden.

Eine Rückstellung ist zu bilden, wenn eine rechtliche oder faktische Verpflichtung besteht, wie nachfolgende Beispiele zeigen:

- Für am Ende des Wirtschaftsjahres entstehende Ertragssteuern, z. B. Gewerbesteuer, Körperschaftsteuer, ist eine Rückstellung zu bilden.
- Auch eine Rückstellung für Jahresabschlussarbeiten ist zu bilden.
- Garantieverpflichtungen können auch im Wege einer Rückstellung für Garantieverpflichtungen berücksichtigt werden.

Eine vernünftige Bewertung der Rückstellung ist gemäß IAS 37.36 bis 37.50 nur auf dem Wege der Schätzung möglich. Sie erfolgt mit dem Betrag, den ein Unternehmer bei vernünftiger, subjektiver kaufmännischer Betrachtung zahlen würde, um die Verbindlichkeit zu bezahlen. Nach IAS 37.41 muss die Bewertung von Rückstellungen vor Steuern erfolgen. Diese Art der Bewertungsvorschriften der IAS entspricht den Vorschriften des HGB, wobei die Bewertungsvorschriften des IAS 37 dem Vorsichtsprinzip bei der Bewertung von Rückstellungen weniger Bedeutung beimessen als im Handelsrecht verankert ist.

Nach IAS 37.45 ist eine Abzinsung des Rückstellungsbetrages dann vorzunehmen, wenn der Zinseffekt eine wesentliche Wirkung aufweist. Allerdings definieren die IAS 37 nicht, wann eine wesentliche Wirkung vorliegt. Folglich haben die bilanzierenden Unternehmen hier ein Wahlrecht, ob sie abzinsen. Auch nach § 253 (2) HGB sind Rückstellungen mit einer Restlaufzeit von mehr als einem Jahr zu verzinsen. Allerdings ist der Zinssatz im § 253 (2) HGB gesetzlich vorgeschrieben und dürfte von der Vorgehensweise des IAS 37 abweichen.

Eventualverbindlichkeiten und Eventualforderungen nach IAS 37.10 dürfen nicht bilanziert werden, müssen aber im Anhang näher erläutert werden.

6. IFRS und Steuerbilanz

Aus § 5 (1) EStG ergibt sich das Maßgeblichkeitsprinzip der Handelsbilanz für die Steuerbilanz. Eine ähnliche Verbindung zwischen IFRS Bilanz und Steuerbilanz gibt es in Deutschland nicht. Die nach internationalen Rechnungslegungsgrundsätzen erstellte Bilanz ist für die deutsche Steuerbilanz nicht maßgeblich. Vielmehr muss zusätzlich eine Steuerbilanz erstellt werden. Umgekehrt erlauben die IFRS Standards auch nicht, dass steuerliche Abschreibungen übernommen werden.

7. Abschließende tabellarische Zusammenfassung der Unterschiede/Gleichheiten HGB – IFRS

	HGB	IFRS
Normgeber	► Deutscher Gesetzgeber	► IASB (Privates Institut)
Rechts-grundlagen	► HGB, AktG, Steuergesetze	► Standards kein Gesetz, aber bei Anwendung: **Framework** = unverbindlich; **Standards** (IFRS) und Interpretations (SIC/IFRIC) verbindlich
Rechtssystem	► *code law* (Allgemeingültigkeit)	► *case law* (Einzelfallbezogenheit)
Ziele und Zweck des Jahresabschlusses	► Handelsbilanz = Ausschüttungsbilanz ► Erhaltung der Haftungssubstanz ► Gläubigerschutz	► IFRS-Bilanz = Informationsbilanz ► Anlegerschutz
Wichtige Prinzipien	► Annahme der Unternehmensfortführung ► Periodengerechte Gewinnermittlung ► Jahresabschluss muss so beschaffen sein, dass ein sachverständiger Dritter diesen leicht und einwandfrei nachvollziehen kann	► Annahme der Unternehmensfortführung ► Periodengerechte Gewinnermittlung ► Jahresabschluss muss für sachverständigen Dritten nachvollziehbar sein
Fortsetzung wichtiger Prinzipien	► Vorsichtsprinzip von außerordentlicher Bedeutung	► Vorsichtsprinzip nur von untergeordneter Bedeutung
Verhältnis HB-/IFRS-Bilanz zu Steuerbilanz	► Maßgeblichkeit der HB für die Steuerbilanz	► Zwei getrennte Bilanzen - keine Verbindung
Bilanzgliederung (nur für KapGes)	► mit detaillierten Gliederungs- und Ausweisvorschriften (§ 266 HGB)	► Darstellung wahlweise in Bilanz oder im Anhang (*notes*), keine detaillierten Vorgaben
GuV-Gliederung (nur für KapGes)	► Gesamt- oder Umsatzkostenverfahren (§ 275 HGB)	► Angaben in GuV oder im Anhang (*notes*)
Vorjahresbezug	► in Bilanz ► in GuV	► in allen Abschlussbestandteilen ist der Vorjahresbezug herzustellen

	HGB	IFRS
Bilanzierungsgegenstand	► Vermögenswert (Sachen, Rechte, etc., die selbständig bewertbar, verwertbar bzw. veräußerbar sind)	► *assets* (*ressource*, die aus vergangenen Ereignissen resultiert und von der zukünftig der Zufluss von wirtschaftlichen Nutzen erwartet wird)
Bewertung von Aktiva	► Anschaffungs-/Herstellungskostenprinzip, d. h. AK/HK immer Obergrenze	► Grundsatz: AK/HK Obergrenze, aber viele Ausnahmen, da aktuelle Bewertung möglich (*Fair Value*)
Begrifflichkeiten	► Anschaffungskosten (§ 255 Abs. 1 HGB) ► Herstellungskosten (§ 255 Abs. 2 HGB): Einzel- oder Vollkosten	► Anschaffungskosten wie HGB ► Herstellungskosten: nur Vollkosten
Bewertung von Sachanlagen (Anlagevermögen)	► AK/HK Obergrenze ► Abschreibungen, planmäßig über ND ► Außerplanmäßige Abschreibungen bei dauernder und vorüber gehender Wertminderung: Pflicht ► Wertaufholungswahlrecht; Wertaufholungsgebot ► Von der Verpflichtung der Wertaufholung bleibt der Geschäfts- oder Firmenwert gemäß § 253 Abs. 5 Satz 2 HGB ausgenommen (Wertaufholungsverbot) ► Neubewertung nicht zulässig (Ausnahmen!)	► AK/HK grundsätzl. Obergrenze ► Planmäßige Abschreibung über Nutzungsdauer ► Steuerliche Abschreibungen sind nicht zulässig ► Neubewertung zulässig, aber erfolgsneutrale Verbuchung gegen Rücklagen ► Wertaufholungsgebot
Umlaufvermögen (Vorräte)	► AK/HK Obergrenze ► Zulässigkeit von Verbrauchsfolgeverfahren (z. B. LiFo, FiFo) ► Strenges Niederstwertprinzip ist absatz- und beschaffungsmarktorientiert	► AK/HK Obergrenze ► Niederstwertprinzip ist absatzmarktorientiert ► Nur FiFo als Verbrauchsfolgeverfahren zulässig ► Wertaufholungsgebot

	HGB	IFRS
Disagio	► Wird getrennt von Verbindlichkeit gebucht ► Sofort als Aufwand buchbar oder ► Bildung eines ARAP	► Sofortaufwand unzulässig ► Verbuchung mit Verbindlichkeit in den Folgejahren (Effektivzinsmethode)
Verbindlichkeiten	► Ansatz mit dem Erfüllungsbetrag ► Verbot der Abzinsung (beachte Rückstellungen § 253 Abs. 2 HGB)	► Langfristige Verbindlichkeiten sind mit dem Barwert anzusetzen ► Kurzfristige Verbindlichkeiten sind mit dem Nennwert anzusetzen

8. Wiederholungsfragen

FRAGEN

(1) Welche Auswirkungen hat die Globalisierung der Kapitalmärkte auf die Rechnungslegung?

(2) Erläutern Sie den Anwendungsbereich der IFRS in der Deutschen Rechnungslegung.

(3) Was ist das IASC und welche Aufgaben hat es?

(4) Erläutern Sie den Aufbau des IASB.

(5) Welche Aufgabe hat der IASB?

(6) Welche Aufgaben obliegen dem IFRIC?

(7) Erläutern Sie den *„Due Process"*, den Entstehungsprozess eines IFRS-Standards.

(8) Erklären Sie das Endorsement-Verfahren der EU.

(9) Was ist das „Framework"?

(10) Welche Informationsbedürfnisse haben Investoren, Arbeitnehmer und Kreditgeber?

(11) Ein IFRS Abschluss besteht aus welchen wesentlichen Bestandteilen?

(12) Die vier wichtigsten qualitativen Anforderungen sind Verständlichkeit, Relevanz, Verlässlichkeit und Vergleichbarkeit. Erläutern Sie die einzelnen Begriffe.

(13) Welche Stellung haben das handelsrechtliche Vorsicht- und Imparitätsprinzip im IFRS Abschluss?

(14) Dominierender Rechnungslegungsgrundsatz des IFRS-Jahresabschlusses ist die *„Fair Presentation"*. Was ist darunter zu verstehen?

(15) Worin unterscheidet sich die Bilanzgliederung für Kapitalgesellschaften nach § 266 HGB von der Bilanzgliederung nach IFRS?

(16) Erläutern Sie die Begriffe Vermögenswerte, Eigenkapital und Schulden nach IFRS.

(17) Wie sieht die Gliederung der GuV nach dem IFRS Gesamtkostenverfahren und Umsatzkostenverfahren aus?

(18) Welches Ziel verfolgt der IFRS Abschluss mit der Eigenkapitalveränderungsrechnung?

(19) Ein eigenständiger Pflichtbestandteil des Jahresabschlusses ist die Kapitalflussrechnung. Welchen Zweck hat diese?

(20) Erläutern Sie die Cashflows aus:

- laufender Betriebstätigkeit,
- Investitionstätigkeit und
- Finanzierungstätigkeit.

(21) Welche Aufgaben hat der Anhang?

(22) Was versteht man unter einem Segmentbericht?

(23) Erläutern Sie die Unterschiede zwischen den Bewertungsgrundsätzen nach HGB und IFRS.

(24) Das Vorsichtsprinzip ist ein handelsrechtlicher Rechnungslegungsgrundsatz. Warum spielt dieses Prinzip im IFRS Abschluss nur eine untergeordnete Rolle?

(25) Wann sind Sachanlagen im IFRS Abschluss zu aktivieren und zu bewerten?

(26) Besteht ein Unterschied zwischen den handelrechtlichen Anschaffungskosten und dem Anschaffungskostenbegriff im IAS 16?

(27) Was ist das Anschaffungskostenmodell?

(28) Der IAS 16 sieht die Möglichkeit einer Neubewertung vor. Was ist darunter zu verstehen?

(29) Erläutern Sie an einem Beispiel die Neubewertung.

(30) Vorräte können nach IAS 2 mit den Anschaffungskosten, Herstellungskosten oder dem Nettoveräußerungswert bewertet werden. Erläutern Sie diese Begriffe?

(31) Inwieweit wird der IFRS Abschluss bei der Besteuerung zu Grunde gelegt?

9. Übungsaufgaben

AUFGABEN

Aufgabe 1: Umstellung auf IFRS Abschlüsse

Die Strandkorb AG will aufgrund ihrer zunehmend größeren Rolle auf internationalen Märkten ihren zum 31. 12. 20x1 fertig gestellten Einzelabschluss zum ersten Mal nach IFRS offen legen. Dazu ist es nach Meinung des Leiters Rechnungswesen der Strandkorb AG notwendig, zum 01. 01. 20x2 eine Eröffnungsbilanz nach IFRS aufzustellen, in der die IFRS-Posten ermittelt werden, die für Bilanz und Ergebnisrechnung nach IFRS zum 31. 12. x1 notwendig sind. Stimmen Sie dem Leiter Rechnungswesen zu?

Aufgabe 2: Ansatzvorschriften

Die Strandkorb AG liefert im Dezember x1 Strandkörbe der Sorte Friesland an den Gartenmöbelanbieter Ambiente, wobei sie sich einen Eigentumsvorbehalt bis zur endgültigen Bezahlung einräumen lässt. Zum Bilanzstichtag am 31. 12. x1 ist die Lieferung noch nicht bezahlt worden. Die Strandkörbe sind an Ambiente ausgeliefert und dort bereits im Frühjahresausstellungsgelände eingelagert. Wie ist dieser Sachverhalt nach IFRS zu bilanzieren?

Aufgabe 3: Wesentlichkeit

Die Näherei der Strandkorb AG erwirbt eine Haushaltsnähmaschine für Restarbeiten für 400 € und eine Schneidemaschine für 650 €, jeweils zuzüglich Umsatzsteuer. Wie würden Sie bilanzieren?

Aufgabe 4: Fremdwährungsverbindlichkeit

Die Strandkorb AG benötigt zur Finanzierung ihrer Exportgeschäfte einen Kredit. Zum 01. 10. x1 nimmt sie ein Darlehen mit fünfjähriger Laufzeit in Höhe von 250.000 US$ auf. Der Dollarkurs beträgt am 01. 10. x1 0,9 €. Wie wird das Fremdwährungsdarlehen nach IFRS bewertet, wenn am Bilanzstichtag der Dollarkurs

a) 1,10 €

b) 0,70 € beträgt? Gehen Sie auf Unterschiede zum Handelsrecht ein!

Aufgabe 5: Gesamt- und Umsatzkostenverfahren

Die Strandkorb AG stellt im Jahr 20x1 80.000 Strandkörbe her. Aufgrund des regenreichen Sommers werden lediglich 64.000 Strandkörbe zum Preis von 300 € netto verkauft. Zur Herstellung der Strandkörbe sind insgesamt 8.000.000 € an Aufwand (Rohstoffe, Personal etc.) entstanden, wovon 400.000 € allgemeiner Verwaltungsaufwand und 250.000 € Vertriebskosten sind. Erstellen Sie für das Jahr 2011 die GuV nach IFRS

a) nach dem Gesamtkostenverfahren

b) nach dem Umsatzkostenverfahren.

Vergleichen Sie die Ergebnisse aus a) und b).

Aufgabe 6: Ermittlung des Gesamtergebnisses

Die Strandkorb AG macht aufgrund des völlig verregneten Sommers und des damit einhergehenden Absatzeinbruchs 50.000 € Verlust. Aufgrund der Autobahnanbindung des Gewerbegebietes, in dem die Lagerhalle der Strandkorb AG steht, beträgt der Wert der Lagerhalle (Buchwert 200.000 €) nun 225.000 € (Fair Value). Der Fair Value der im Unternehmen gehaltenen Wertpapiere (*available for sale financial assets*) ist von 250.000 € auf 280.000 € gestiegen. Zu welchem Schluss kommt ein externer Betrachter der Strandkorb AG, der anhand des Gesamtergebnisses nach IFRS die wirtschaftliche Lage der Strandkorb AG beurteilen will?

Aufgabe 7: Eigenkapitalpositionen

Sie als neuer Leiter des Rechnungswesens der Strandkorb AG legen Ihrem Aufsichtsratsvorsitzenden den ersten IFRS Abschluss vor. Dieser, ein alter Hase handelsrechtlicher Abschlüsse, ist etwas irritiert und glaubt, Sie hätten einen Fehler gemacht, da er die Position Bilanzgewinn nirgends findet. Auch den Jahresüberschuss und die Gewinnrücklagen vermisst er. Erläutern Sie, ob tatsächlich ein Fehler vorliegt!

Aufgabe 8: Eigenkapitalveränderungsrechnung

Sie als Leiter Rechnungswesen der Strandkorb AG haben die Aufgabe, anhand der nachfolgenden Daten eine Eigenkapitalveränderungsrechnung für die Strandkorb AG für das Jahr 20x1 durchzuführen.

Zum 01. 01. 20x1 ergeben sich im handelsrechtlichen Abschluss Positionen in folgender Höhe:

Gezeichnetes Kapital	2.000.000 €
Gesetzliche Rücklagen	75.000 €
Andere Gewinnrücklagen	250.000 €
Bilanzgewinn	175.000 €
Jahresüberschuss	500.000 €

Beschluss der Gewinnverwendung:
Vollständige Ausschüttung des Bilanzgewinns in x1
Einstellung von 25.000 € in die gesetzliche Rücklage (5 % des Jahresüberschusses)
Der verbleibende Jahresüberschuss wird je zur Hälfte in die anderen Gewinnrücklagen eingestellt und als Bilanzgewinn ausgewiesen.

Aufgabe 9: Cashflow-Rechnung

a) Die Strandkorb AG macht im Jahr 20x1 einen Gewinn von 1.100.000 €. Die verrechneten Abschreibungen der gleichen Periode betragen 375.000 €. Die Bestände an fertigen Strandkörben stiegen im Jahr 20x1 auf 150.000 €. Es mussten weiterhin Rückstellungen in Höhe von 175.000 € eingebucht werden. Ermitteln Sie den Cashflow!

b) Ermitteln Sie aus den nachfolgenden Geschäftsvorfällen der Strandkorb AG im Jahr 20x1 den Cashflow aus laufender Geschäftstätigkeit, aus Investitionstätigkeit sowie aus Finanzierungstätigkeit.

   1. Es wurden im Wert von 1.500.000 € Strandkörbe verkauft, 80 % dieser Waren sind bereits bezahlt worden.
   2. Es wurde Stoff im Wert von 800.000 € bezogen, die Hälfte der Lieferanten wurde bereits bezahlt.
   3. Löhne und Gehälter in 20x1: 600.000 €
   4. Zinseinnahmen aus langfristig investiertem Kapital: 120.000 €
   5. Die Betriebs- und Geschäftseinrichtung wurde mit 125.000 € abgeschrieben.
   6. Zur Finanzierung des laufenden Geschäfts wurde ein Kredit in Höhe von 150.000 € aufgenommen.
   7. Das Kapital wurde durch die Ausgabe junger Aktien um insgesamt 250.000 € erhöht.
   8. Für die Bürotätigkeiten in der Verwaltung sind 60.000 € angefallen.
   9. Für die Lagerung der Strandkörbe wurden Kunststoffhauben im Wert von 50.000 € angeschafft.

LÖSUNGEN

Zu Aufgabe 1

Die Vorgehensweise des Leiters Rechnungswesen ist nicht korrekt! Im IFRS Abschluss ist vorgeschrieben, dass jeweils die Vorjahreswerte anzugeben sind. Will die Strandkorb AG einen IFRS Abschluss zum 31. 12. x1 präsentieren, so muss dieser auch die IFRS Posten des Jahres 20x0 beinhalten. Die Strandkorb AG sollte die IFRS Posten im Jahr 20x1 neben den handelsrechtlichen Werten ermitteln und die Umstellung zum Jahresabschluss 20x2 durchführen. Dann würde dieser Abschluss zum 31. 12. 20x2 die IFRS Posten des Jahres x1 und x2 beinhalten.

Zu Aufgabe 2

Wirtschaftlicher Eigentümer der Strandkörbe ist Ambiente. Da nach IFRS der Grundsatz der wirtschaftlichen Betrachtungsweise für den Bilanzierungsansatz gilt (*substance over form*), sind die Strandkörbe auch bei Ambiente zu bilanzieren.

Zu Aufgabe 3

Beide Anschaffungen dürfen nach den IFRS Vorschriften und dem dort verankerten Grundsatz der Wesentlichkeit (*materiality*) sofort als Aufwand verrechnet werden, da entgegen der steuerrechtlichen Grenzen der GWGs (410 €) im IFRS Abschluss keine Obergrenze für geringwertige Wirtschaftsgüter existiert. Hier ist im Einzelfall die Wesentlichkeit zu beurteilen.

Zu Aufgabe 4

Zum Aufnahmezeitpunkt wird das Fremdwährungsdarlehen zu 250.000 US$ * 0,9 €/$ = 225.000 € bewertet. Steigt der Dollarkurs zum Bilanzstichtag wie im Fall a) auf 1,10 $/€, muss eine Zuschreibung um 50.000 € auf 275.000 € (250.000 $ * 1,10 €/$ = 275.000 €) erfolgen. Die 50.000 € werden als sonstiger Aufwand in der GuV ausgewiesen. Im Fall b) der weiteren Abwertung des US$ im Verhältnis zum € ist das Darlehen noch 175.000 € wert (0,7 €/$ * 250.000 $). In Höhe von 75.000 € sind sonstige Erträge entstanden, die wiederum in der GuV auszuweisen sind.
Im Handelsrecht ist es nicht zulässig, Kursgewinne bei langfristigen Verbindlichkeiten als sonstige Erträge auszuweisen, da die Gewinne noch nicht realisiert sind.

Zu Aufgabe 5

Nach dem Gesamtkostenverfahren ergibt sich die GuV wie folgt:

Income Statement (Nature of Expense Method)

Umsatzerlöse[1]	19.200.000 €
Bestandsveränderungen[2]	1.470.000 €
Aufwand[3]	8.000.000 €
Ergebnis der betrieblichen Tätigkeit (vor Steuern)	12.670.000 €

1) 64.000 Strandkörbe * 300 €/Strandkorb

2) Ermittlung der Herstellkosten:
   Aufwand abzüglich Vertrieb und Verwaltung:
   8.000.000 € – 400.000 € – 250.000 € = 7.350.000 €
   Herstellkosten pro Stück: $\frac{7.350.000\,€}{80.000\text{ St}} = 91{,}875\,€$
   Herstellkosten der Bestandszunahme: (80.000 St. – 64.000 St) * 91,875 €/St = 1.470.000 €

3) Der Aufwand würde normalerweise nach Kostenarten differenziert (Aufwand für Roh-, Hilfs- und Betriebsstoffe, Personal etc.) aufgenommen werden. Da die Aufgabenstellung hier nicht weiter differenziert, ist er in einem Betrag aufgenommen worden.

Nach dem Umsatzkostenverfahren ergibt sich:

Income Statement (Cost of Sales Method))	
Umsatzerlöse[1)]	19.200.000 €
Umsatzaufwand[2)]	5.880.000 €
= Bruttogewinn vom Umsatz	13.320.000 €
Vertriebskosten	250.000 €
Verwaltungskosten	400.000 €
= Ergebnis der betrieblichen Tätigkeit (vor Steuern)	12.670.000 €

1) 64.000 Strandkörbe * 300 €/Strandkorb

2) 64.000 Strandkörbe * 91,875 €/St = 5.880.000 €

Beide Verfahren führen zum gleichen Ergebnis, da die Bestandsbewertung in gleicher Art und Weise erfolgt, lediglich der Ausweis der hergestellten, aber nicht verkauften Produkte ist hier ein anderer. Die Herstellkosten betragen in beiden Fällen 91,875 € (Vollkosten). Im Bruttoverfahren (Gesamtkostenverfahren) wird die erstellte, aber noch nicht verkaufte Leistung den Erträgen (bewertet zu Herstellkosten) hinzugerechnet. Im Nettoverfahren (Umsatzkostenverfahren) werden die Aufwendungen zur Herstellung um den Teil, der auf die nicht verkauften Produkte (bewertet zu Herstellkosten) entfällt, gekürzt. Das Ergebnis ist das gleiche und entspricht dem Handelsrecht!

Zu Aufgabe 6

Nach IFRS ergibt sich das Gesamtergebnis als Summe des Periodenergebnisses und des sonstigen Ergebnisses. Im sonstigen Ergebnis werden die Wertsteigerungen erfasst. Im Fall der Strandkorb AG sind 25.000 € Wertsteigerung der Lagerhalle und 30.000 € der Finanzmarktpapiere, in Summe 55.000 € zum Periodenergebnis hinzuzuaddieren.

Periodenergebnis	– 50.000 €
+ Sonstiges Ergebnis	+ 55.000 €
= Gesamtergebnis	+ 5.000 €

Ein externer Betrachter der Strandkorb AG sieht somit ein, wenn auch knappes, positives Gesamtergebnis. Anhand der einzelnen Positionen der Gesamtergebnisrechnung kann aber erkannt werden, dass das eigentliche Geschäft der Strandkorb AG zu einem negativen Ergebnis geführt hat, d. h. die wirtschaftliche Lage schlecht ist. Der externe Betrachter sieht über das sonstige Ergebnis auch, dass im Unternehmen Wertsteigerungen zu verzeichnen waren, die zu einem letztlich leicht positiven Gesamtergebnis geführt haben.

Zu Aufgabe 7

Es liegt kein Fehler vor, da weder der Bilanzgewinn noch die Größe Jahresüberschuss und Gewinnrücklagen in einem IFRS Abschluss gesondert ausgewiesen werden. Im IFRS Abschluss werden sie insgesamt unter der Position „Einbehaltene Ergebnisse“ (*retained earnings*) ausgewiesen. Zur Beurteilung muss der Aufsichtsratsvorsitzende nun die Eigenkapitalveränderungsrechnung zur Hilfe nehmen. Mit Hilfe dieser kann er nachvollziehen, wie der Gewinn nach IFRS verwendet wurde und in welcher Höhe Ausschüttungen erfolgt sind. Damit hat er mehr Informationen als im handelsrechtlichen Abschluss präsentiert werden. Denn der Bilanzgewinn gibt den Betrag an, über den die Anteilseigner in der Hauptversammlung zu befinden haben, d. h. er ist Ergebnis des Gewinnverwendungsvorschlags des Vorstands. Das Ergebnis der Entscheidung der Anteilseigner ist im handelsrechtlichen Abschluss des betrachteten Geschäftsjahres nicht nachvollziehbar. Beschließen die Anteilseigner eine Ausschüttungssumme, die kleiner als der Bilanzgewinn ist, wird dies erst im Abschluss des Folgejahres über die Position Gewinnvortrag sichtbar.

Zu Aufgabe 8

in €	Gezeichnetes Kapital (*issued capital*)	Gesetzliche Rücklagen (*legal reserves*)	Einbehaltene Ergebnisse (*retained earnings*)	Summe
Anfangsbestand 01. 01. x1	2.000.000	75.000	425.000[1)]	2.500.000
Zugänge Jahresüberschuss			500.000[2)]	500.000
Transferbuchungen: Einstellung in die gesetzlichen Rücklagen Dividendenzahlung		25.000	(-25.000) (-175.000)	0 (-175.000)
Endbestand 31. 12. x1	2.000.000	100.000	725.000	2.825.000

1) Die einbehaltenen Ergebnisse (*retained earnings*) bestehen zum 01. 01. x1 aus den anderen Gewinnrücklagen und dem Bilanzgewinn, d. h. 250.000 € + 175.000 € = 425.000 €

2) Der Jahresüberschuss wird nach Feststellung in die einbehaltenen Ergebnisse verbucht. Anschließend erfolgen die Transferbuchungen wie beschlossen.

Zu Aufgabe 9

a) Der Cashflow ist hier nach indirekter Methode zu ermitteln und ergibt sich zu:

	Gewinn 20x1	1.100.000 €
+	Abschreibungen (zahlungsunwirksamer Aufwand)	375.000 €
+	Rückstellungen (zahlungsunwirksamer Aufwand)	175.000 €
-	Bestandserhöhung (zahlungsunwirksamer Ertrag)	150.000 €
=	Cashflow	1.500.000 €

b) Der Cashflow beträgt:

aus laufender Geschäftstätigkeit

	Warenverkauf (80 % von 1.500.000 €)	1.200.000 €
-	Wareneinkauf (50 % von 800.000 €)	400.000 €
-	Löhne und Gehälter	600.000 €
-	Büroaufwand	60.000 €
=	Cashflow aus laufender Geschäftstätigkeit	140.000 €

aus Investitionstätigkeit

	Zinseinnahmen (langfristig gebundenes Kapital)	120.000 €
-	Auszahlung für Lagerinvestition	50.000 €
=	Cashflow aus Investitionstätigkeit	70.000 €

aus Finanzierungstätigkeit

	Einzahlung aus Kapitalerhöhung	250.000 €
+	Einzahlung aus Fremdkapitalaufnahme	150.000 €
=	Cashflow aus Finanzierungstätigkeit	400.000 €

LITERATURVERZEICHNIS

B

Baetge, J./Kirsch H.-J./Thiele S.: Bilanzen, 11. Auflage, Düsseldorf 2011

Bieg, H./Kußmaul, H./Petersen, K.: Bilanzrechtsmodernisierungsgesetz. Bilanzierung, Berichterstattung und Prüfung nach dem BilMoG, München 2009

Bitz, M./Schneeloch, D./Wittstock, W.: Der Jahresabschluss, München 2011

Blödtner, W./Bilke, K./Heining, R.: Lehrbuch Buchführung und Bilanzsteuerrecht, 8. Auflage, Herne 2011

Böttges-Papendorf, D.: Branchenkennzahlen 2009-2010, Köln 2009

Brösel, G./Olbrich, M.: Handbuch der Rechnungslegung, Einzelabschluss, Bd. 2, 6. Ergänzungslieferung, Stuttgart 2010

Buchholz, R.: Grundzüge des Jahresabschlusses nach HGB und IFRS, München 2011

Buchholz, R.: Internationale Rechnungslegung, 9. Auflage, Berlin 2011

Buchner, R.: Buchführung und Jahresabschluss, 7. überarbeitete Auflage, München 2005

C

Coenenberg, A.: Jahresabschluss und Jahresabschlussanalyse, 22. Auflage, Stuttgart 2012

D

Dillerup, R./Stoi, R.: Unternehmensführung, 2. Auflage, München 2008

Ditges, J./Arendt, U.: Bilanzen, 13. überarbeitete Auflage, Ludwigshafen 2010

E

Eisele, W./Knobloch, A.: Technik des betrieblichen Rechnungswesens, 8. Auflage, München 2011

F

Falterbaum, H./Bolk, W./Reiß, W./Kirchner, T.: Buchführung und Bilanz, 21. Auflage, Achim 2010

G

Gräfer, H./Schneider, G.: Bilanzanalyse, 11. Auflage, Herne 2010

Groll, K.-H.: Das Kennzahlensystem zur Bilanzanalyse, 2. Auflage, München 2004

H

Harms, J./Marx, J.: Bilanzrecht in Fällen, 10. Auflage, Herne 2010

Heinhold, M.: Buchführung in Fallbeispielen, 11. Auflage, Stuttgart 2010

I

IFRS Foundation: International Financial Reporting Standards, Teil A (Rahmenkonzept und Vorschriften), Deutsche Ausgabe, London 2011

IFRS Foundation: International Financial Reporting Standards, Teil B (Ergänzende Dokumente), Deutsche Ausgabe, London 2011

S

Schildbach, T.: Der handelsrechtliche Jahresabschluss, 9. Auflage, Herne 2009

Schmolke, S./Deitermann, M.: Industrielles Rechnungswesen IKR, 40. Auflage, Darmstadt 2011

W

Weber, J./Weißenberger, B.: Einführung in das Rechnungswesen, 8. Auflage, Stuttgart 2010

Wehrheim, M./Schmitz, T.: Jahresabschlussanalyse, 3. Auflage, Stuttgart 2009

STICHWORTVERZEICHNIS

A

Abschlussbuchungen, vorbereitende 57

Abschreibungen 57 ff.
- außerplanmäßige 65
- degressive 59
- degressive IFRS 242
- für geringwertige Wirtschaftsgüter (GWG) 61
- leistungsabhängige 60
- leistungsabhängige IFRS 242
- lineare 57
- lineare IFRS 242
- planmäßige 58

Abschreibungspolitik, Kennzahlen 178

Accrual Basis 209

Adressatenkreis, IFRS 204 f.

Aktivierungsfähigkeit 98

Aktiv-Passiv-Mehrung 18

Aktiv-Passiv-Minderung 18

Aktiv-Passiv-Tausch 18

Aktiv-Tausch 17

Altersversorgung 72, 101, 138

Anhang 158, 163 f.

Anlagen, abnutzbare 122

Anlagenabnutzungsgrad 178

Anlagenintensität 176

Anlagevermögen 10, 25, 122 f., 173

Ansatzverbot 100

Ansatzwahlrechte 100

Anschaffungskosten 104 ff.
- IFRS 241 ff.

Anschaffungskostenmodell 242

Anschaffungsnebenkosten 48, 104 ff.

Anteile, eigene 133, 174

Assets 219 ff.

Aufstellungsfristen 167

Aufwand 21

Aufwandskonten 44

Aufwandsrückstellungen 135 f.

Aufwendungen 16, 22

Aufwendungen, außerordentliche 22

Ausfallrisiken 130

Ausgabe 20 f.

Ausweis Bilanzpositionen 115 f.

Auszahlung 20 f.

B

Balance sheet 215 ff.

Bank loans 247

Beizulegender Wert 112

Bestandskonten 27

Betriebliche Aufwendungen, sonstige 22, 161

Betriebliche Erträge, sonstige 161

Betriebsabrechnung 2

Betriebsergebnis 186

Betriebsergebnisrechnung 2

Betriebsvermögensveränderungen 19

Betriebsvermögensvergleich 16

Bewertung 101 ff.

Bewertungsvereinfachungsverfahren 109
- Durchschnittsmethode 111
- Festbewertung 110
- Gruppenbewertung 110
- IFRS 246
- Verbrauchsfolgeverfahren 111

Bilanz 15 f., 216
- Aktivseite 173
- Gliederung 173
- Passivseite 174

Bilanzgliederung 116 f.

Bilanzierung, Bewertung 121, 132
- IFRS 239
- Kapitalgesellschaften 132

Bilanzierungsverbote 100

Bilanzierungsvorschriften
- handelsrechtliche 91
- steuerrechtliche 91

Bilanzstrukturkennziffern, horizontale 179

Bilanzverkürzung 19

Bilanzverlängerung 18 f.

Börsenpreis 112

Boni 47

Bruttogehälter 54

Bruttolöhne 54

Buchführung
– doppelte 33
– gesetzliche Grundlagen 5 ff.

Buchführungspflichten 5 ff.

Buchungen, Geschäftsbetrieb 44

Buchungen, Handelsbetrieb
– Jahresabschluss 57
– Warenverkehr 47

Buchungssatz 26

Buchungstechnik 23

C

Case law 202

Cashflow 181 f., 231 ff.
– aus Finanzierungstätigkeit 235
– aus Investitionstätigkeit 234
– aus laufender Betriebstätigkeit 233

Cashflow statement 231 ff.

Cost Model 242

D

Deckungsgrad 180

Disagio 140

Doppelte Buchführung 33

Doppik 33

Drohverlustrückstellungen 136

Durchschnittsmethode 111

E

Earnings before interest and taxes 161

Earnings before-Kennzahlen 184 ff.

Eigenkapital 13 ff., 132, 220

Eigenkapitalquote 179

Eigenkapitalrentabilität 186 f.

Eigenkapitalveränderungsrechnung 208, 229 f.

Einzelwertberichtigungen, gegenüber dem Finanzamt 130

Entschuldungsgrad 182

Equity 220

Erfolgsanalyse 183

Erfolgskonten 28 f.

Erfolgsstrukturkennziffern 185

Ergebnis
– außerordentliches 161, 185
– ordentliches 184

Erlösschmälerungen 47

Erträge, außerordentliche 23

Ertragskonten 29

Erzeugnisse, unfertige 128

Expenses 222 f.

F

Festbewertung 110
– IFRS 246

Festwertbildung 11

Finanzanlagen 126

Finanzbuchhaltung 2, 91

Finanzergebnis 161

Finanzierungsanalyse 178

Finanzierungskosten 105

Firmenwert
– derivativ 124
– originär 124

Folgebewertung 101 f.

Forderungen 129 ff.
– Einzelwertberichtung 129
– Pauschalwertberichtungen 66
– sonstige 67

Framework 202 ff.

Fremdkapital 174
– kurzfristiges 222
– langfristiges 222

Fremdkapitalquote 179

G

Geringwertige Wirtschaftsgüter 61

Gesamtergebnisrechnung 223 ff.

Gesamtkapitalrentabilität 186

Gesamtkostenverfahren 159, 225

Geschäftsvorfälle 20

Gewinn 15

Gewinn- und Verlustrechnung 158 ff., 225 f.

Gewinnermittlung 15

Gewinnermittlungsarten 16

Gewinnrücklagen 133

Gewinnvortrag 134

Gezeichnetes Kapital 132

Gläubigerschutz 92, 199

going-conzern-Prinzip 95, 209

Größenklassen 167

Grundsätze ordnungsmäßiger Buchführung 6, 95

Grundsatz der Relevanz, IFRS 210

Grundsatz der Vergleichbarkeit, IFRS 212

Grundsatz der Verläßlichkeit, IFRS 211

Grundsatz der Verständlichkeit, IFRS 210

Gruppenbewertung 11, 110
- IFRS 246

Gruppenbildung 11

H

Handelsbetrieb, Buchungen 44

Hauptabschlussübersicht 72 ff.

Herstellkosten 107

Herstellungskosten 104, 107, 162, 240 ff.

I

IFRS 199 ff.

IFRS Abschluss
- Bestandteile 208
- Qualitative Anforderungen 210 ff.

IFRS for SMEs 200

Immaterielle Vermögensgegenstände 108, 123

Imparitätsprinzip 94, 119

Implementation Guide 202

Income by function 227

Income by nature 225

Income Statement 223 ff.

International Accounting Standard
- Board 200
- Committee 200

International Financial Reporting Standards 199 ff.

Interpretations 202 ff.

Inventar 12

Inventur 9
- permanente 9
- zeitverschobene 10

Investitionsanalyse 176

Investitionspolitik, Kennzahlen 178

Issued capital 230

J

Jahresabschluss 57 ff., 91 ff., 115, 163, 169 ff.
- Dokumentationsfunktion 92
- Hauptabschlussübersicht 72
- Inhalt 115
- nach IFRS 215 ff.

Jahresabschlussanalyse 169 ff.
- Erfolgsanalyse 183

Jahresabschlussverpflichtung, IFRS 201

Jahresfehlbetrag 134

Jahresüberschuss 134

K

Kapital, gezeichnetes 132

Kapitalerhaltung 199

Kapitalerhaltungsfunktion 93
- Rechenschaftsfunktion 92

Kapitalflussrechnung 231 ff.

Kapitalgesellschaften
- Bilanzgliederung 14
- Größenklassen 14, 167

Kapitalrücklagen 132

Kontenrahmen 24

Kontoeröffnung 23 ff.

Kostenrechnung 2

Kundenziel 177 f.

L

Lagebericht 158, 163 f.

Leasinggegenstände 99

Leasingnehmer 99

Liabilities 221 ff.

Lifo-Methode 111 f.

Liquidität 121

Liquiditätsanalyse 179

Löhne und Gehälter 54

M

Marktpreis 112, 128

Maßgeblichkeitsprinzip 96

Materialaufwand 160

N

Nature of Expense Method 225
Nettoverschuldung 182
Neubewertungsmodell 242
Niederstwertprinzip 120 f.
Notes 235

P

Passivierungsfähigkeit 98
Passiv-Tausch 18
Pauschalwertberichtigung auf Forderungen 66, 130
Pensionsrückstellungen 138, 174
Permanente Inventur 9
Personalaufwendungen 54
Preiserhöhungen 105
Preisnachlässe 47, 105
Presentation of Financial Statement 215 ff.
Probability 219 ff.

R

Rabatte 47, 105
Realisationsprinzip 94, 117 f.
Rechnungsabgrenzungsposten 67, 71
Rechnungswesen, Bestandteile 2 f.
Reliable Measurement 220 f.
Reserves 230
Revaluation Model 242
Revenue 223
Roh-, Hilfs- und Betriebsstoffe 11, 25
Rücklagen 230
Rückstellungen 71, 135
– Bewertung 135
– IFRS 248
– ungewisse Verbindlichkeiten 136

S

Sachanlagen 122
– Erstbewertung IFRS 240
– Folgebewertung IFRS 241
Sachliche Abgrenzung 22
– Grundsatz 95
Schulden, Bilanzierung 97
Schwebende Geschäfte 136
Segmentberichterstattung 236
Selbstkostenermittlung 2
Skonto 47, 105
Sonstige Forderungen 67
Sonstige Verbindlichkeiten 67
Sozialversicherungsbeiträge 55 f.
Standards 205 ff.
Statement of changes in equity 229
Steuerbilanz 249
Stichprobeninventur 11
Stichtagsinventur 9
Stichtagswert 128
Stille Reserven 119
Strukturbilanz 172

T

Teilwert 113
Trade payables 247

U

Umlaufintensität 176
Umlaufvermögen 112, 127
– Abschreibungen 128
Umsatzerlöse 44 f., 223 ff.
Umsatzkostenverfahren 159 ff., 227
Umsatzrentabilität 186
Umsatzsteuer 49 ff.
– Buchung 50 ff.
Umschlagsdauer 177
US-GAAP 200

V

Verbindlichkeiten 138 f.
– aus Lieferungen und Leistungen 139
– Bewertung 138
– gegenüber Kreditinstituten 139
– IFRS 240 ff.
– sonstige 67 ff., 139
– ungewisse 136
Verbrauchsfolgeverfahren 111

- IFRS 246

Verlustantizipation 119 f.

Verlustvortrag 134

Vermögen, Bilanzierung 97

Vermögensänderungen, erfolgswirksame 19

Vermögensgegenstände 97, 101
- immaterielle 123
- sonstige 129

Vermögensgegenstand 98

Vermögensumschichtungen, erfolgsneutrale 17

Vermögenswert 219 ff.

Vertriebskosten 107 f., 161
- IFRS 227

Verwaltungskosten 161
- IFRS 227

Vorräte, IFRS 244

Vorratsvermögen 10, 109
- Umschlagdauer 177

Vorsichtsprinzip 94, 117 f.
- IFRS 215

W

Warenkonten 26

Warenverkehr, Buchungen 47

Wertaufholung 114

Wertkorrekturen 65

Wertminderungen 65, 102, 113

Wertobergrenze 107

Wertuntergrenze 107

Willkürreserven 177

Wirtschaftsgüter, immaterielle 61

Z

Zeitverschobene Inventur 10

Zinsen 107

Zugangsbewertung 101

Zwangsreserven 170